周期表

10	11	12	13	14	15	16	17	18	族／周期
								4.003 $_{2}$He ヘリウム $1s^{2}$ 24.59	1
			10.81 $_{5}$B ホウ素 $[He]2s^{2}2p^{1}$ 8.30 2.0	12.01 $_{6}$C 炭素 $[He]2s^{2}2p^{2}$ 11.26 2.5	14.01 $_{7}$N 窒素 $[He]2s^{2}2p^{3}$ 14.53 3.0	16.00 $_{8}$O 酸素 $[He]2s^{2}2p^{4}$ 13.62 3.5	19.00 $_{9}$F フッ素 $[He]2s^{2}2p^{5}$ 17.42 4.0	20.18 $_{10}$Ne ネオン $[He]2s^{2}2p^{6}$ 21.56	2
			26.98 $_{13}$Al アルミニウム $[Ne]3s^{2}3p^{1}$ 5.99 1.5	28.09 $_{14}$Si ケイ素 $[Ne]3s^{2}3p^{2}$ 8.15 1.8	30.97 $_{15}$P リン $[Ne]3s^{2}3p^{3}$ 10.49 2.1	32.07 $_{16}$S 硫黄 $[Ne]3s^{2}3p^{4}$ 10.36 2.5	35.45 $_{17}$Cl 塩素 $[Ne]3s^{2}3p^{5}$ 12.97 3.0	39.95 $_{18}$Ar アルゴン $[Ne]3s^{2}3p^{6}$ 15.76	3
58.69 Ni ッケル $r]3d^{8}4s^{2}$ 4 1.8	63.55 $_{29}$Cu 銅 $[Ar]3d^{10}4s^{1}$ 7.73 1.9	65.38 $_{30}$Zn 亜鉛 $[Ar]3d^{10}4s^{2}$ 9.39 1.6	69.72 $_{31}$Ga ガリウム $[Ar]3d^{10}4s^{2}4p^{1}$ 6.00 1.6	72.63 $_{32}$Ge ゲルマニウム $[Ar]3d^{10}4s^{2}4p^{2}$ 7.90 1.8	74.92 $_{33}$As ヒ素 $[Ar]3d^{10}4s^{2}4p^{3}$ 9.81 2.0	78.97 $_{34}$Se セレン $[Ar]3d^{10}4s^{2}4p^{4}$ 9.75 2.4	79.90 $_{35}$Br 臭素 $[Ar]3d^{10}4s^{2}4p^{5}$ 11.81 2.8	83.80 $_{36}$Kr クリプトン $[Ar]3d^{10}4s^{2}4p^{6}$ 14.00 3.0	4
106.4 Pd ラジウム $Kr]4d^{10}$ 4 2.2	107.9 $_{47}$Ag 銀 $[Kr]4d^{10}5s^{1}$ 7.58 1.9	112.4 $_{48}$Cd カドミウム $[Kr]4d^{10}5s^{2}$ 8.99 1.7	114.8 $_{49}$In インジウム $[Kr]4d^{10}5s^{2}5p^{1}$ 5.79 1.7	118.7 $_{50}$Sn スズ $[Kr]4d^{10}5s^{2}5p^{2}$ 7.34 1.8	121.8 $_{51}$Sb アンチモン $[Kr]4d^{10}5s^{2}5p^{3}$ 8.64 1.9	127.6 $_{52}$Te テルル $[Kr]4d^{10}5s^{2}5p^{4}$ 9.01 2.1	126.9 $_{53}$I ヨウ素 $[Kr]4d^{10}5s^{2}5p^{5}$ 10.45 2.5	131.3 $_{54}$Xe キセノン $[Kr]4d^{10}5s^{2}5p^{6}$ 12.13 2.7	5
195.1 Pt 白金 $4f^{14}5d^{9}6s^{1}$ 1 2.2	197.0 $_{79}$Au 金 $[Xe]4f^{14}5d^{10}6s^{1}$ 9.23 2.4	200.6 $_{80}$Hg 水銀 $[Xe]4f^{14}5d^{10}6s^{2}$ 10.44 1.9	204.4 $_{81}$Tl タリウム $[Xe]4f^{14}5d^{10}6s^{2}6p^{1}$ 6.11 1.8	207.2 $_{82}$Pb 鉛 $[Xe]4f^{14}5d^{10}6s^{2}6p^{2}$ 7.42 1.8	209.0 $_{83}$Bi ビスマス $[Xe]4f^{14}5d^{10}6s^{2}6p^{3}$ 7.29 1.9	(210) $_{84}$Po ポロニウム $[Xe]4f^{14}5d^{10}6s^{2}6p^{4}$ 8.42 2.0	(210) $_{85}$At アスタチン $[Xe]4f^{14}5d^{10}6s^{2}6p^{5}$ 9.5 2.2	(222) $_{86}$Rn ラドン $[Xe]4f^{14}5d^{10}6s^{2}6p^{6}$ 10.75	6
(281) Ds ムスタチウム	(280) $_{111}$Rg レントゲニウム	(285) $_{112}$Cn コペルニシウム $[Rn]5f^{14}6d^{10}7s^{2}$	(278) $_{113}$Nh ニホニウム	(289) $_{114}$Fl フレロビウム	(289) $_{115}$Mc モスコビウム	(293) $_{116}$Lv リバモリウム	(293) $_{117}$Ts テネシン	(294) $_{118}$Og オガネソン	7

152.0 Eu ーロピウム $Xe]4f^{7}6s^{2}$ 7 1.2	157.3 $_{64}$Gd ガドリニウム $[Xe]4f^{7}5d^{1}6s^{2}$ 6.15 1.2	158.9 $_{65}$Tb テルビウム $[Xe]4f^{9}6s^{2}$ 5.86 1.2	162.5 $_{66}$Dy ジスプロシウム $[Xe]4f^{10}6s^{2}$ 5.94 1.2	6.02				175.0 $_{71}$Lu ルテチウム $[Xe]4f^{14}5d^{1}6s^{2}$ 5.43 1.2	ランタノイド
(243) Am メリシウム $Rn]5f^{7}7s^{2}$ 1.3	(247) $_{96}$Cm キュリウム $[Rn]5f^{7}6d^{1}7s^{2}$ 6.09 1.3	(247) $_{97}$Bk バークリウム $[Rn]5f^{9}7s^{2}$ 6.30 1.3	(252) $_{98}$Cf カリホルニウム $[Rn]5f^{10}7s^{2}$ 6.30 1.3	(252) $_{99}$Es アインスタイニウム $[Rn]5f^{11}7s^{2}$ 6.52 1.3	$_{100}$Fm フェルミウム $[Rn]5f^{12}7s^{2}$ 6.64 1.3	$_{101}$M メンデレビウム $[Rn]5f^{13}7s^{2}$ 6.74 1.3	ノーベリウム $[Rn]5f^{14}7s^{2}$ 6.84 1.3	(262) $_{103}$Lr ローレンシウム $[Rn]5f^{14}7s^{2}7p^{1}$	アクチノイド

物理化学要論

理系常識としての化学

第3版

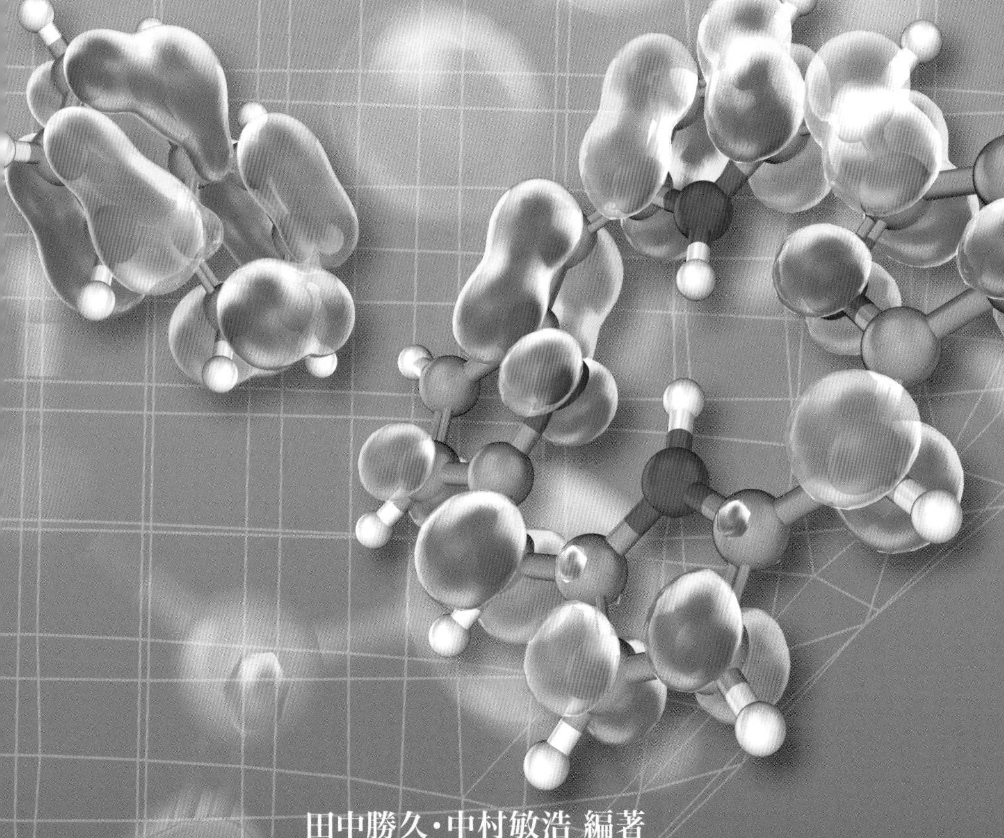

田中勝久・中村敏浩 編著
加藤立久・大北英生・馬場正昭・杉山雅人 著

学術図書出版社

はじめに

本書の目的

「化学」は物質が関わるあらゆる現象 (森羅万象) を原子・分子レベルで解き明かす学問である．身の回りの化学現象はもちろんのこと，社会が抱える課題 (エネルギー，環境など) や最先端テクノロジーの本質を原子・分子レベルで捉えるための基礎知識と方法論を修得することは重要であり，化学は一般市民としても身につけておくべき大切な科目である．その化学の理論的土台となるのが「物理化学」である．将来化学系の専攻を目指す学生には，専門科目として学ぶことになる化学の高度な内容への導入となる物理化学の指針書が必要であろう．またそうでない学生には，理系の大学生が常識として身につけておくべき知識と考え方を自分で学べる物理化学の教科書が要るのではないか．その要請に応える教科書として本書の初版は2015年に出版された．今回，2023年度から高等学校の化学の教科書が改訂されたことを契機に，高大接続をスムーズにして，より幅広く多くの読者に役立てていただけるように，本書の初版出版の際に掲げた目的や理念を大切にしながらも時代に即して内容をアップデートして本書を改訂した．

本書の対象は，主に理系の大学新入生であることから，本書では物理化学の柱となる基本的な考え方をコンパクトにまとめた．独力で学習できるように工夫したので，物理化学の基礎を身につけるために本書を役立ててほしい．特に本書の中で示した化学の論理構造や方法論は，他の自然科学の分野でも必ずや力となるので，本質的な理解に到達するまで，じっくりと学習に取り組んでいただきたい．

本書の構成

物理化学とは，広義には物質あるいはそれを構成する原子や分子について実験を行い，その結果を理論的に考察して，多様な原子や分子の性質やふるまいを物質全般に通用する原理や仕組みとして組み立てて理解する学問分野をいう．理論的な研究分野には，原子や分子の構造や性質を量子論に基づいて解明する領域，膨大な数の原子や分子が集団をなしている物質のふるまいを熱力学・統計力学によりつまびらかにする領域などがある．一方，実験的な研究分野には，光や電磁波を用いて分子自体の構造を決定する分光学，液体や固体物質の構造や性質を明らかにする物性科学，化学反応のメカニズムを詳細に解明する反応速度論と反応動力学などがある．他にもその境界的な領域や応用分野など，いまや研究テーマは多種多彩であるが，本書では著者らが最も重要であると考えている量子論，原子と分子の構造，結晶構造，熱力学，化学平衡と反応速度論について，最低必要だと考えられる事項に絞ってわかりやすく解説した．

学習の進め方

本書の構成は図のようになっている．1章には化学の基礎概念が書かれている．物理化学だけではなく，一般に化学を学ぼうとするときに必要となる知識と基本的な考え方をまとめているので，まずはここを読んでほしい．2章では重要な基本理論のひとつである量子論，3章では原子と分子，そして4章では分子構造と結晶構造を取り扱っている．ここまで順を追って読み進めていけば，目に見えない極めて小さい原子や分子の構造や性質を取り扱う微視的な視点から，多くの物質の性質やふるまいを十分に理解することができるようになる．次の5章では熱力学，6章では化学平衡と反応速度論について，膨大な数の原子や分子が集団として示す性質を取り扱う巨視的な立場に立って解説している．この2つの章で取り扱っている内容は，われわれが日常において扱っている目に見えるサイズの物質の性質を理解するために必要な考え方であるので，量子論より先にここから学習してもよい．特に6章で扱う化学平衡の理論は，大学1年生で多くの理系学生が履修する化学実験の授業と密接に関わっているので，これを早い段階で先に読んでおくことも本書のお勧めの読み方である．

大学の授業に先立って予習をしておくことは，授業内容の理解を深めるためには欠かせない．また，授業のあとで演習問題 (本書の章末問題) を解くことは効率のよい復習法であり，学習到達度を大いに高める効果が期待できる．大切なのは，自学自習である．化学は暗記科目との印象をもたれがちであるが，本来，さまざまな事項や数式が矛盾なく美しく噛み合ってできている論理構造こそが化学の本当の魅力である．その意味で化学は積み重ねの学問であり，本書による学習を順次重ねて進めていくことにより，化学の本当の面白さと重要性を感じてもらえることを願っている．

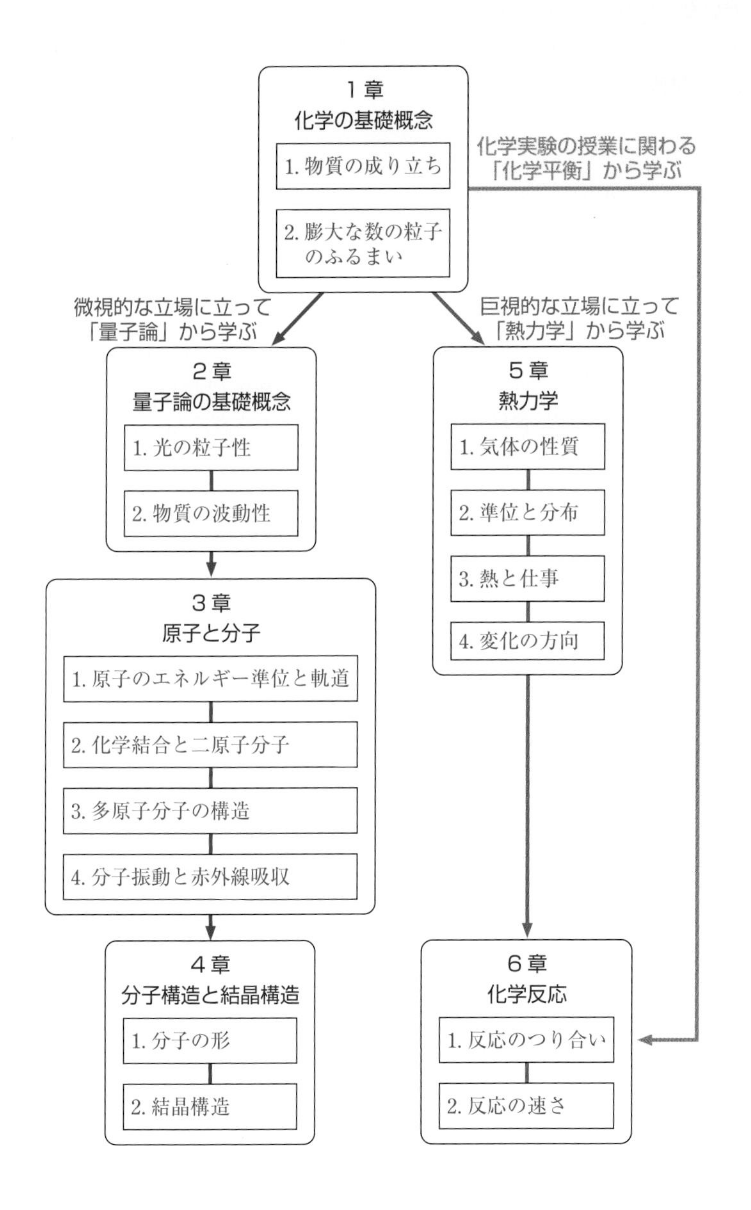
1章
化学の基礎概念
1. 物質の成り立ち
2. 膨大な数の粒子
のふるまい
化学実験の授業に関わる
「化学平衡」から学ぶ
微視的な立場に立って
「量子論」から学ぶ
巨視的な立場に立って
「熱力学」から学ぶ
2章
量子論の基礎概念
1. 光の粒子性
2. 物質の波動性
5章
熱力学
1. 気体の性質
2. 準位と分布
3. 熱と仕事
4. 変化の方向
3章
原子と分子
1. 原子のエネルギー準位と軌道
2. 化学結合と二原子分子
3. 多原子分子の構造
4. 分子振動と赤外線吸収
4章
分子構造と結晶構造
1. 分子の形
2. 結晶構造
6章
化学反応
1. 反応のつり合い
2. 反応の速さ

本書の改訂にあたり，学術図書出版社の高橋秀治氏にはあらゆる場面でサポートしていただいた．心から御礼申し上げる．

2023 年　初秋

編者
田中勝久，中村敏浩

執筆者 (執筆順)
加藤立久　京都大学国際高等教育院
／大学院人間・環境学研究科 名誉教授 (1，5 章)
大北英生　京都大学大学院工学研究科 教授 (2 章)
馬場正昭　京都大学大学院理学研究科 名誉教授 (3，4 章)
田中勝久　京都大学大学院工学研究科 教授 (4 章)
中村敏浩　京都大学国際高等教育院
／大学院人間・環境学研究科 教授 (5 章)
杉山雅人　京都大学国際高等教育院 特定教授
／大学院人間・環境学研究科 名誉教授 (6 章)

もくじ

第 1 章

化学の基礎概念

Dmitrij Ivanovich Mendeleev

19 世紀が終わる頃，科学の世界には短い無邪気な幻想の時代があった．現在われわれが古典論とよぶ化学や物理学の考え方で，自然科学の基本的問題はすべて解けたと科学者が信じた幻想の時代である．化学においては，メンデレーエフ (Dmitrij Ivanovich Mendeleev) が元素を原子質量で順序づけして周期表に分類し，化学反応をアレニウス (Arrhenius) 式で制御できると考えた．物理学においては，ラグランジェ (Joseph Louis Lagrange) とハミルトン (William Roman Hamilton) によるニュートン (Newton) 力学の拡張，ラムフォード (Reichsgraf von Rumford) とジュール (James Prescott Joule) が熱と仕事は等価であることを発見し，カルノー (Nicolas Leonard Sadi Carnot) とギブズ (Josiah Willard Gibbs) が現象の方向性を説明した．ところが，20 世紀の幕開けとともに，根本原理がひっくり返ることになり，相対性理論と量子力学の出現により，空間と時間，物質とエネルギーに対する考え方の全面的な変更を迫られることになる．この大変革はそれまでの古典的な考え方を拡張するとともに，正しい実像の理解へと導いた．特に量子力学は物質とエネルギーの理解に大きく貢献し，化学と熱力学に不可欠な基本原理となった．

1.1 物質の成り立ち

1.1.1 原子の構造

原子は原子核といくつかの電子によってできている．初期の原子の構造のモデルでは，負の電荷を持つ電子は，正の電荷を持つ原子核に引き付けられ，定められた軌道を描いていると考えられたが (図 1.1 参照)，第 2 章と第 3 章で説明するように，原子の正確な構造は量子力学によって解明されることになる．

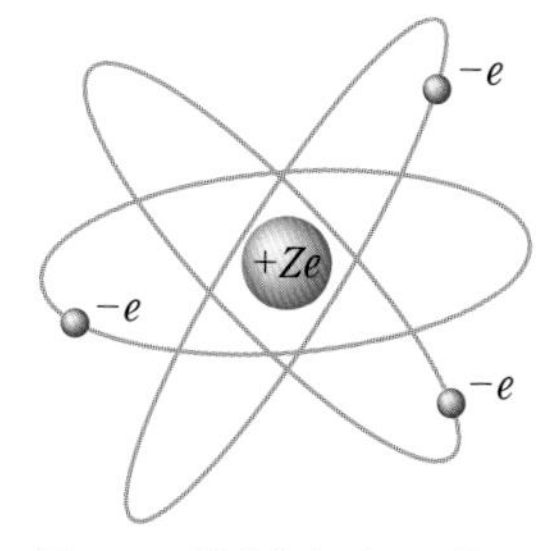

図 1.1 模式的な原子の構造

電子の質量は 9.11×10^{-31} kg で，その電荷は負の電気素量 [$-e = -1.60 \times 10^{-19}$ C (クーロン)] である．原子核は陽子 (proton) と中性子 (neutron) とで構成されている．陽子と中性子の質量はほぼ同じで，1.67×10^{-27} kg と電子よりおよそ 2000 倍大きい*．陽子は，電子と符号が反対の電気素量の正の電荷 ($+e$) を持つ．一方，中性子は電荷をもたない．原子核に含まれる陽子の数は原子によって決まっていて，原子番号 (Z) とよぶ．したがって，原子番号が Z の原子の原子核の電荷は，$+Ze$ で原子番号に比例する．

通常，原子は原子番号と同じ数の電子をもっていて，すべての電子の電荷は $-Ze$ で，原子全体では電気的に中性となる．また，原子番号によって原子が持つ電子の数が決まることで，それぞれの原子の化学的性質が決まる．表 1.1 に原子番号が 1 番の水素から 10 番のネオンまで，各原子の元素名，元素記号，原子量 (相対原子質量) をまとめたが，化学的性質の異なる元素の原子番号とともに原子量が増加していることがわかる．この表を見れば，1869 年に発表された原子質量で順序づけされた元素のメンデレーエフ (Dmitrij Ivanovich Mendeleev) の周期表が原子構造の理解の先駆けとなったことが理解できる．

表 1.1 の各元素の原子量は，水素を除いて原子番号のおよそ 2 倍の値で増加する．これは原子番号 2 以上の原子の原子核が，原子番号の数の陽子とそれにほぼ同数の中性子でできていることを示している．この陽子と中性子の数の和を質量数とよび，たとえば炭素原子であれば陽子 6 個と中性子 6 個でできあがっていて，質量数は 12 となる．とこ

---

* 電子，陽子，中性子の質量と電気素量

電子の質量

$m_{\mathrm{e}} = 9.1094 \times 10^{-31}$ kg

陽子の質量

$m_{\mathrm{p}} = 1.67262 \times 10^{-27}$ kg

中性子の質量

$m_{\mathrm{n}} = 1.67493 \times 10^{-27}$ kg

電気素量

$e = 1.6022 \times 10^{-19}$ C

表 1.1　原子番号 1 番から 10 番までの元素

原子番号	元素名	元素記号	原子量
1	水素	H	1.008
2	ヘリウム	He	4.003
3	リチウム	Li	6.941
4	ベリリウム	Be	9.012
5	ホウ素	B	10.81
6	炭素	C	12.01
7	窒素	N	14.01
8	酸素	O	16.00
9	フッ素	F	19.00
10	ネオン	Ne	20.18

ろが表中で炭素原子の原子量は 12.01 と表記されていて，質量数 12 に等しくない．この理由は，同じ元素でも (同じ原子番号でも) 中性子の数が異なる同位体が存在するためである．この同位体を区別するために，原子番号と質量数を用いた表記法がある．

元素記号の左下に原子番号を，左上に質量数を添え字として書く．元素記号で対応する原子番号は特定できるので，省略する場合もある．たとえば炭素の 2 種類の同位体を，質量数 12 の炭素を ^{12}C，質量数 13 の炭素を ^{13}C と表記する．この炭素の 2 種類の質量同位体の天然存在比は $^{12}C : {}^{13}C = 99 : 1$ であり，その原子質量の平均値は

質量数 12
原子番号 6 C

$$12 \times 0.99 + 13 \times 0.01 = 12.01$$

となり，この平均値を原子量と定義する*.

例題 1.1　$^{13}_{6}C$ の原子は陽子，中性子，電子をそれぞれ何個ずつ持つか？

【解答】

左下の原子番号 6 が陽子の数を示している．左上の質量数 13 から原子番号 6 を引いた数 7 が中性子の数である．電子の数は 6 個である．

* 原子量 (atomic weight) は炭素 ^{12}C の質量を 12 と定義し，これを基準とした相対質量で単位をもたない．

例題 1.2　天然の塩素には同位体が 2 種類存在する．天然存在比 75.8 % の $^{35}_{17}\mathrm{Cl}$ と天然存在比 24.2 % の $^{37}_{17}\mathrm{Cl}$ である．塩素の原子量はおよそいくらか？

【解答】

それぞれの同位体の質量数の天然存在比平均値で，

$$35 \times 0.758 + 37 \times 0.242 = 35.484 = 35.5$$

1.1.2　原子のサイズ

水素原子は 1 個の陽子に 1 個の電子が引き付けられて，定まった軌道を描いている 1 番小さな原子である．この電子の軌道半径はおよそ 50 pm* (ピコメートル) であって，水素原子の半径に対応する．これを，ボーア半径 (a_0) といい，正確には $a_0 = 52.9$ pm である．一方，陽子の半径はおよそ 1 fm (フェムトメートル) であり，ボーア半径より 5 万分の 1 ほど小さい．もしも陽子を直径 1 cm のシャツのボタンに例えれば，電子ははるか 250 m 離れた軌道半径を回っていることになる (図 1.2 参照)．しかし，前節にあるように陽子の質量は電子のおよそ 2000 倍であり，原子の質量は原子核の質量で決まっているといえる．つまり，原子 (水素原子) とは，直径 1 cm の中心にすべての重さが集中し，はるか 250 m 離れたところをふわふわと回る電子でその大きさが決まっていると想像できる．原子番号が大きな原子の場合には電子の数が増え，ボーア半径よりも大きな軌道半径を多くの電子が回ることになり，原子のサイズは大きくなるが，中心の原子核に原子質量が集中し，はるかに大きな空間をふわふわと軌道運動する電子で構成されているというイメージに変わりはない．

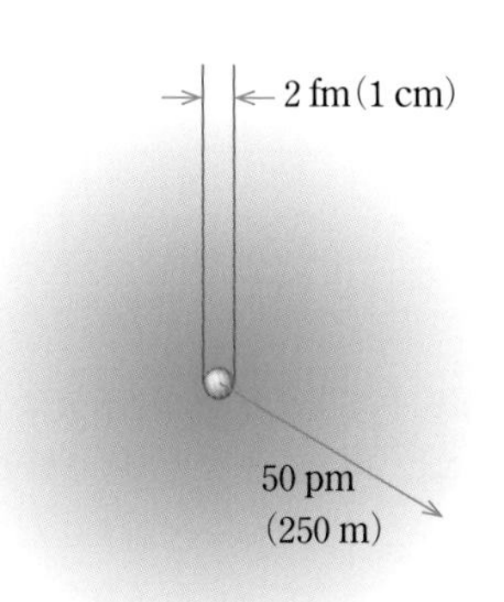

図 1.2　原子のモデル

原子質量のほとんどすべてが中心の原子核に集中しはるかに大きな空間をふわふわとした電子が軌道運動するという原子構造は，「ラザフォードの原子モデル」とよばれ，金箔の α 線散乱実験結果 (図 1.3 参照) を合理的に説明するため，1911 年にアーネスト・

---

*　1 mm (ミリメートル) = 10^{-3} m
1 μm (マイクロメートル) = 10^{-6} m
1 nm (ナノメートル) = 10^{-9} m
1 pm (ピコメートル) = 10^{-12} m
1 fm (フェムトメートル) = 10^{-15} m

ラザフォード (Ernest Rutherford) が提案した．彼は，ビーム状の α 粒子† を金箔に当て，金箔をすり抜ける粒子と跳ね返る粒子の数を数えたところ，20000 個に 1 個の割合で金原子に跳ね返される α 粒子があることを発見した．この現象を合理的に説明するために，「ラザフォードの原子モデル」を提案した．

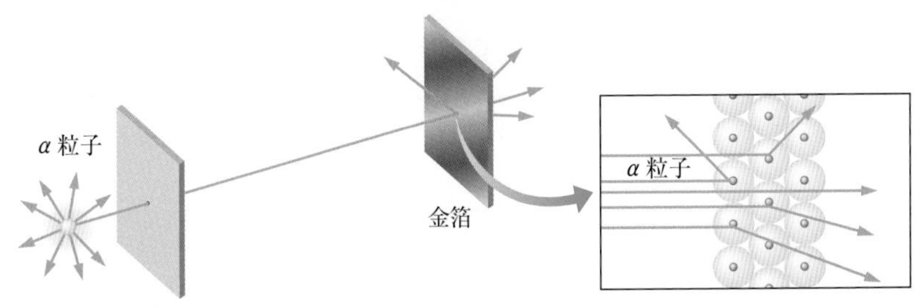

図 1.3　ラザフォードの散乱実験

例題 1.3　ラザフォードの散乱実験で用いた金の薄膜の厚さは約 5 μm であった．金原子の直径を 0.29 nm とすると，この薄膜は原子何個分の厚さか？

【解答】

それぞれ m 単位で計算すれば，

$$\frac{5 \times 10^{-6}}{0.29 \times 10^{-9}} = 1.7 \times 10^{4} \text{ 個}$$

1.1.3　アボガドロ定数

実際に私たちが取り扱える物質の中には膨大な数の原子が含まれている．そこで，正確に $6.02214076 \times 10^{23}$ 個の原子をひとまとめにして，これを 1 モル (mol) と定義する．これは原子のみならずイオンや分子にも定義できる量であり，1 mol に含まれるこのような粒子の数を表す定数 $6.02214076 \times 10^{23}\ \mathrm{mol}^{-1}$ を，イタリアの化学者アボガドロの名にちなんでアボガドロ定数とよぶ．

602,214,076,000,000,000,000,000

地球の人口（約 80 億人）

宇宙の年齢（4.3×10^{17} 秒 ≒ 137 億年）

地球の海の水量（1.4×10^{24} mL）

† 放射線の一種で高エネルギーを持った He の原子核のこと．

実際に 10 mol の水 180 mL に含まれる分子数がいかに膨大な数であるかを納得させる逸話がある．この 180 mL のすべての水に消えない赤印を付けることができると仮定して，印の付いた水を赤水と名付ける．赤水を，日本の太平洋沿岸に流し込んで，地球規模で赤水が全世界の海に均一に拡散するまで待った後に，イギリスの友人にドーバー海峡で 180 mL の水を汲んでくれるよう頼む．さて汲み上げた 180 mL の小さなコップの中に赤水分子が何個含まれているか予想してみよう．世界中の大海原に拡散してほとんどなくなると予想される赤水分子が，実に 180 mL の小さなコップの中におよそ 1000 個も戻ってくる．これはとりもなおさず，10 mol の水に含まれる分子の数が膨大であることに由来している．

例題 1.4　コップの水 180 mL に印を付け，海に十分に拡散させた後，海水 180 mL を汲みあげたとき，汲みあげた 180 mL の水の中に印を付けた水分子は何個見つかるか？

【解答】

体積 180 mL と海の体積の比だけ，印の付いた水分子がコップの中に見つかる．

$$\frac{1.8 \times 10^2}{1.4 \times 10^{24}} \times 6.0 \times 10^{23} \times \frac{180}{18} = 7.7 \times 10^2 \text{ 個}$$

1.2 膨大な数の粒子のふるまい

1.1.3 節での議論で，コップ 1 杯の水の中は膨大な数の水分子で構成されていることを理解した．つまり，化学反応など私たちが目にする現象は，すべて膨大な数の分子のふるまいである．ゆえに，化学反応の法則を理解することは，膨大な数の分子のふるまいを理解することである．

1.2.1 エネルギーの形態の変化

ピンポン球を床に落とした．高い位置で大きな位置エネルギーをもっていたピンポン球は，落下速度を増しながら落ちていき，床に衝突して止まる．この過程で，ピンポン球のもっていた位置エネルギーは，運動エネルギーに変わり，最後に床との衝撃で発生する熱エネルギーとなって床へと拡がっていく．このようにエネルギーの形態は変化するが，形態変化してもエネルギーの総量は決して変わらないことを「エネルギー保存則」として，人類が納得するのは 1850 年代のことである．

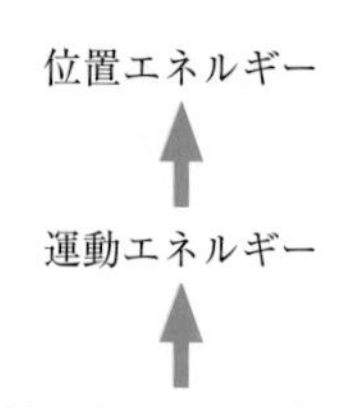

図 1.4　ピンポン球落下の逆過程

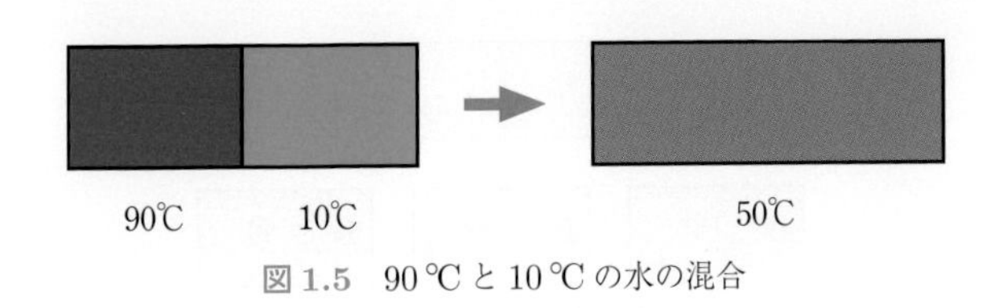

図 1.5　90 ℃ と 10 ℃ の水の混合

「エネルギー保存則」にしたがえば，床の熱エネルギーがピンポン球に集まり，運動エネルギーに変換して上昇し，ピンポン球が高い位置まで浮き上がって位置エネルギーを獲得してもよさそうである (図 1.4 参照)．この逆過程は，「エネルギー保存則」に矛盾しない．しかし，このような現象は見たこともないし，歴史上の記録もない．では逆過程は，絶対に起こらない現象だろうか？　逆過程が起こらないことを，合理的に説明できるだろうか？

このような一方向にしか進まない現象として，90 ℃ の 1 L の水と 10 ℃ の 1 L の水を混ぜると，50 ℃ の 2 L の水になる現象を考える (図 1.5 参照)．その逆過程である，50 ℃ の 2 L の水を放置しておいて，90 ℃ の 1 L の水と 10 ℃ の 1 L の水ができあがることはない．また，赤いインクをコップの水に落とすと拡がってコップ全体が薄いピンクになる．薄いピンクの水を置いておいたら，勝手に赤いインクが 1 カ所に集まって，コップの水が透明になっていることもない．

水の温度が冷める過程を，ミクロな水分子の立場で考えてみると，90 ℃ と 10 ℃ の分子が混ざり，ニュートン力学にしたがって衝突を繰り返しながら，運動エネルギーが平均化して 50 ℃ の水となる．映画フィルムを逆回転させるように，このニュートン力学過程を逆戻しすれば，もとの 90 ℃ と 10 ℃ の水ができあがってもよいように思える．しかし，一方向の過程しか起こらない．つまり，エネルギーの形態変化や熱エネルギーの移動，分子の拡がりは一方向にしか進まない．この一方向を，合理的に説明するにはどうすればよいのだろう？

1.2.2　もっとも起こりそうなことが起こる！ (混合の過程)

1.2.1 節で取り上げた 90 ℃ と 10 ℃ の水が混ざる過程をミクロなモデルで考え，50 ℃ の水が 90 ℃ と 10 ℃ の温水と冷水に分離することがないことを説明してみよう．まず 90 ℃ の熱い水分子 2 個 (図 1.6 の赤玉) と 10 ℃ の冷たい水分子 2 個 (図 1.6 の青玉)，合計 4 個の水分子 (すべての玉に背番号を付けて区別できるとする) の混合モデルを考える．左に赤玉 2 個と右に青玉 2 個あるときが，最初の状態である．2 つの領域を分ける壁を取り外して，4 個の玉を自由に混ぜ合わせたすべての場合を数え上げると，赤玉 1 個と青玉 1 個が等しく左右に分かれる場合の数が 4 通りで，最初とは逆に右に赤玉が 2 個と左に青玉が 2 個ある場合の数は 1 通りである．つまり，起こり得る分配の場合の数 6 通

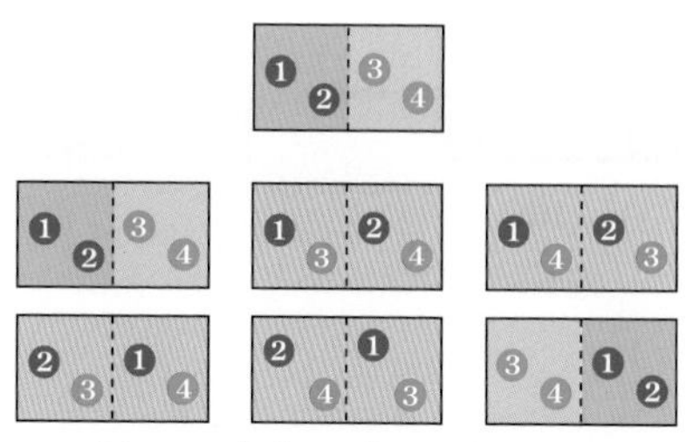

図 1.6　水分子 4 個の混合モデル

りのうち，左か右に高温の赤玉が集まる場合の数 2 に対して，赤玉と青玉が等しく分配されて平均温度 50 ℃ になる場合の数が 4 通りとなる．4 個の玉が自由に混ざる過程で，もっとも起こりそうな状態は平均温度 50 ℃ である．

さて同じモデルを，赤玉 4 個と青玉 4 個で考えてみる (図 1.7 参照)．すると左か右に高温の赤玉が集まる場合の数 2 に対して，赤玉と青玉が等しく分配されて平均温度 50 ℃ になる場合の数が 36 通りとなる．同様に，赤玉 10 個と青玉 10 個で考えると，左か右に高温の赤玉が集まる場合の数 2 に対して，赤玉と青玉が等しく分配されて平均温度 50 ℃ になる場合の数が 63,504 通りとなる (図 1.8 参照)．20 個の玉が自由に混ざる過程で，もっとも起こりそうな状態は圧倒的に平均温度 50 ℃ となる．

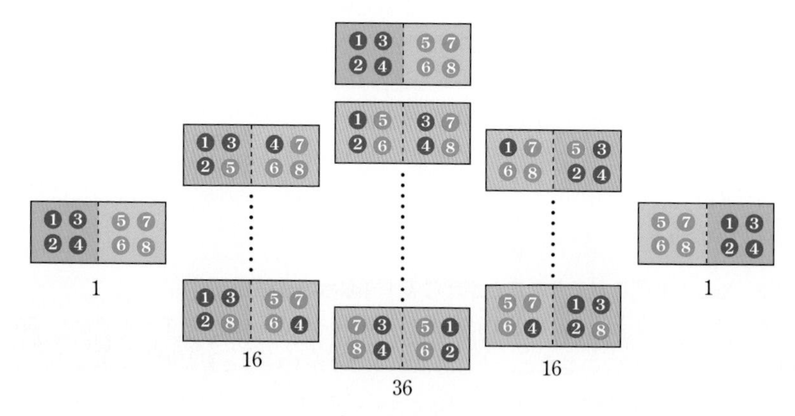

図 1.7　水分子 8 個の混合モデル

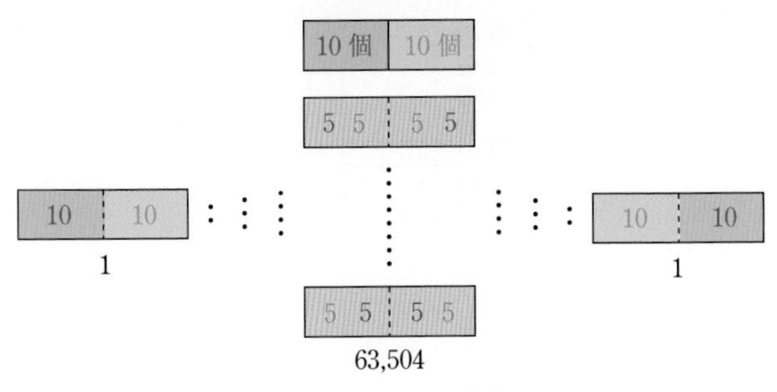

図 1.8　水分子 20 個の混合モデル

例題 1.5　それぞれ番号が付いていて区別できる赤玉 4 個と青玉 4 個を 2 つの篭に 4 個ずつ分配するとき，2 つの篭に赤玉 2 個，青玉 2 個と等しく分配される場合の数を求めよ．

【解答】

赤玉が 2 つの篭に 2 個ずつ分けられる場合の数：$\dfrac{4!}{2! \times 2!} = 6$ 通り，青玉が 2 つの篭に 2 個ずつ分けられる場合の数：$\dfrac{4!}{2! \times 2!} = 6$ 通りである．ゆえに，赤玉 2 個，青玉 2 個と等しく分配される場合の数は $6 \times 6 = 36$ 通りである．

以上の説明で，玉の数を増やすと，左か右に高温の赤玉が集まる場合の数 2 に対して，赤玉と青玉が等しく分配される場合の数が急激に増大することが想像される．もしも 1 L の水分子に対して，上のモデルを適用すれば，赤玉と青玉が等しく分配された場合の数が支配的で，その温度が 50 ℃ に平均化された状態がもっとも起こりそうな場合である．一方，左か右に 90 ℃ と 10 ℃ の水が集まる場合の数は無視できるくらいに小さいので，そんなことは起こらない．

1.2.3　もっとも起こりそうなことが起こる！（拡散の過程）

次の例として，ガスボンベの中の気体分子を考えよう (図 1.9 参照)．8 個の気体分子 (すべての分子に背番号を付けて区別できるとする) をガスボンベの左側に 8 個全部を集めた場合の数 1 に対して，左 7 個と右 1 個に分配した場合の数は 8，左 6 個と右 2 個で場合の数は 28，$\cdots$ 4 個ずつ分配した場合の数は 70 である．つまりガスボンベの中で気体分子を左右の部屋に等しく分配する場合の数がもっとも大きい．

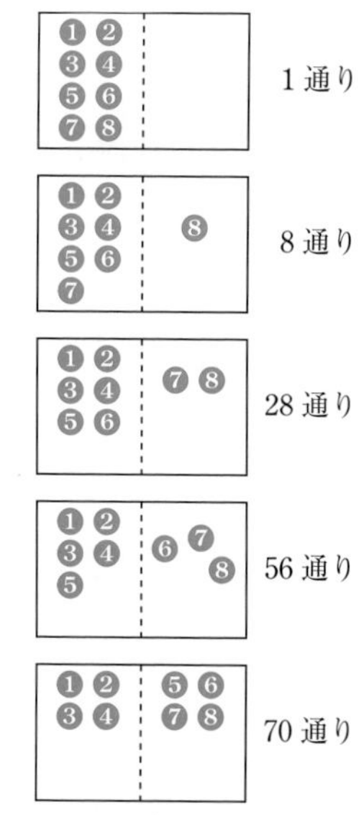

図 1.9　気体分子 8 個の拡散モデル

例題 1.6　それぞれ番号が付いていて区別できる玉 8 個を 2 つの篭に分けるとき，2 つの篭に 4 個ずつ等しく分配される場合の数を求めよ．

【解答】

2 つの篭に 4 個ずつ等しく分配される場合の数：$\dfrac{8!}{4! \times 4!} = 70$ 通りである．

このモデルにおいても，気体分子の数を増やしていけば，左か右に気体分子が集まっている場合の数よりも，左右に等しく分配される場合の数の方が圧倒的に大きくなることは簡単に想像され，これが気体は大きな空間に拡がる過程を説明している (気体の拡散)．

さて，ガスボンベの中を 4 個の同じ大きさの小部屋に分けて，8 個の気体分子を分配する同様の拡散のモデルを考えてみる (図 1.10 参照)．4 個の小部屋に等しく 2 個ずつの気

図 1.10　気体分子 8 個を 4 個の小部屋に分配するモデル

体分子を分配する場合の数は，$\dfrac{8!}{2! \times 2! \times 2! \times 2!} = 2,520$ で最大となる．モデルを気体分子 N 個と小部屋 r 個に一般化しても，結果は同様に r 個の小部屋に等しく $\dfrac{N}{r}$ 個の気体分子を分配する場合の数がもっとも大きい．また，同じ大きさのガスボンベでも仕切る小部屋の数 r が増加するほど，等しく $\dfrac{N}{r}$ 個の気体分子を分配する場合の数が大きくなることを注意してほしい (章末問題 1.7 参照)．

1.2.4　平衡状態ともっとも起こりそうな事象

ガスボンベを左右の小部屋に分けて，それぞれの部屋に等しい数の気体分子が分配されたときの場合の数が最大で，もっとも起こりそうな事象である．このもっとも起こりそうな状態が，左から右，または右から左への拡散過程の平衡状態に対応する．つまり，左と右の部屋の分子数を N_L と N_R とすれば，左から右へ移動する単位時間当たりの分子数 (拡散速度) は左の分子数 N_L に比例するだろう．また逆に，右から左への拡散速度も分子数 N_R に比例するだろう．見かけ上，左右の分子の拡散が止まる平衡状態は，右への拡散速度と左への拡散速度が等しくなった時点と考えられる．よって，左右の分子数が等しくなって平衡に達する (図 1.11 参照)．この議論で，場合の数が最大のもっとも起こりやすい状態は平衡状態に対応することが理解できる．気体分子 N 個を小部屋 r 個に分ける拡張したモデルにおいても，それぞれ隣り合う小部屋同士の拡散速度を考えれば，r 個の小部屋に等しく $\dfrac{N}{r}$ 個の気体分子が分配されたとき，平衡状態に達すると考えられる．

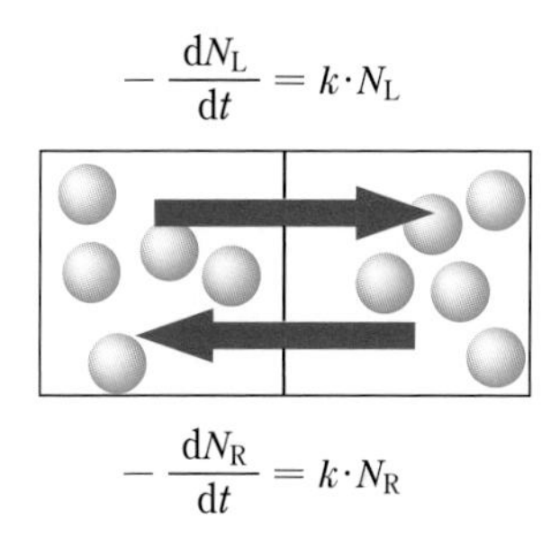

図 1.11　平衡状態

1.2.5　エネルギーと場合の数のつり合い

さて，**1.2.3** で説明した気体分子 N 個を小部屋 r 個に分けたガスボンベを縦にしてみよう (図 1.12 参照)．地球の重力で下の部屋に降りていくほど位置エネルギーが小さくなり安定となるので，すべての気体分子が 1 番下の小部屋に落ちていくだろうか？　いや，大きな運動エネルギーをもっている気体分子は，

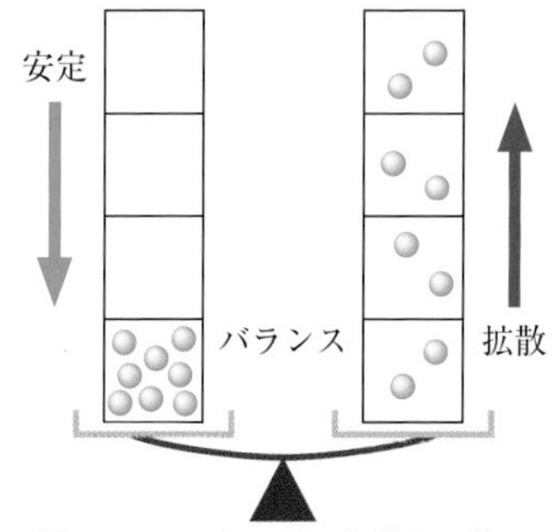

図 1.12　エネルギーと場合の数のつり合い

到達可能な高さの小部屋まで上がり拡散していくだろう．ならば r 個の小部屋に，N 個の気体分子はどのように拡散するのが，もっとも起こりやすい状態なのだろうか？　直感的に考えれば，重力の位置エネルギーを小さくして安定になろうとする傾向と，到達可能な部屋までは等しい数だけ拡散しようとする傾向がバランスしたところで，平衡状態に達するのだろうと予想される．事実，高い小部屋まで到達できる適当な運動エネルギーを持った少数の気体分子の集まりについて，各小部屋に分配できる場合の数を数え上げると，もっとも起こりそうな状態を予測することが可能である．この興味深いモデルは，第 5 章で勉強する「ボルツマン分布」を説明する簡単な例である．

図 1.13 に示す気体分子 5 個が縦に並んだ小部屋 5 個に拡散するモデルを考えてみる．気体分子 5 個が持つ全運動エネルギーを $E_{\text{total}} = 4$ として，運動エネルギーで到達できる小部屋の位置エネルギーは小部屋の高さに比例すると仮定する．つまり，1 番下の小部屋①の位置エネルギーは 0，小部屋②は 1，小部屋③は 2，小部屋④は 3，小部屋⑤は 4 とする．モデルが持つ全運動エネルギー 4 で到達できる小部屋と分子数は，⑤(位置エネルギー 4) に 1 個の気体分子だけが到達できる．残り 4 個の気体分子は位置エネルギー 0 の小部屋①に入るしかない．次に，小部屋④(位置エネルギー 3) に 1 個と②(位置エネルギー 1) に 1 個で，残り 3 個が①(位置エネルギー 0) に入ることができる．同様に，③に 2 個，①に 3 個入る状態，③に 1 個，②に 2 個，①に 2 個入る状態，②に 4 個，①に 1 個入る状態，合計 5 通りの分配の仕方がある．さて，気体分子には背番号を付けて区別できるとして，区別できる気体分子を小部屋に分配する場合の数を数える．たとえば，③に 1 個，②に 2 個，①に 2 個入る状態の場合の数は，$\dfrac{5!}{1! \times 2! \times 2!} = 30$ と計算でき，図に示すように，この状態の場合の数が最大である．よって，もっとも起こりやすい状態であると結論できる．もちろん，5 個の気体分子のモデルでは，最大の場合の

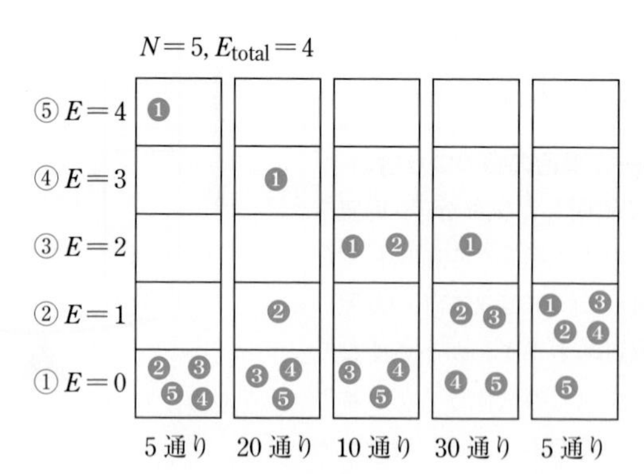

図 1.13　気体分子 5 個 (全運動エネルギー 4) の拡散モデル

数が圧倒的に大きいわけではないので，この状態が平衡状態であると結論付けるのは気が引けるが，アボガドロ定数の気体分子を持つモデルならば，最大の場合の数は他よりも圧倒的に大きく，その状態が平衡状態であるということができるだろう．縦においたガスボンベにおいても，仕切る小部屋の数 r が増加するほど，場合の数が大きくなることを注意しておこう．

章末問題 1

1.1 $^{235}_{92}U$ の原子は陽子，中性子，電子をそれぞれ何個ずつ持つか？

1.2 10.53 g のケイ素 Si は何 mol であるか？　また，その中に何個のケイ素原子があるか？　ただし，ケイ素の原子量は 28.0855 である．

1.3 鉛筆の芯は炭素の同素体の 1 つであるグラファイトで構成されている．鉛筆の芯の直径が 0.35 mm であるとき，その直径に何個の炭素原子が並んでいるだろうか？　ただし，炭素原子の直径は 0.15 nm である．

1.4 それぞれ番号が付いていて区別できる赤玉 10 個と青玉 10 個を 2 つの篭に 10 個ずつ分配するとき，2 つの篭に赤玉 5 個，青玉 5 個と等しく分配される場合の数を求めよ．

1.5 それぞれ番号が付いていて区別できる赤玉 4 個と青玉 4 個を 2 つの篭に 4 個ずつ分配するとき，片方の篭に赤玉が 4 個，3 個，2 個，1 個，0 個と分配される場合の数を求めよ．また同様に，赤玉 10 個と青玉 10 個を 2 つの篭に 10 個ずつ分配するとき，片方の篭に赤玉が 10 個，9 個，8 個，7 個，6 個，5 個，4 個，3 個，2 個，1 個，0 個と分配される場合の数を求め，相対的な赤玉の存在比に対する場合の数の相対比を比較せよ．

1.6 区別できる N 個 (十分に大きい) の玉を N_1 個と N_2 個に分ける場合の数 $W(N_1, N_2)$ を求めよ．ただし，$N_1 + N_2 = N$ である．そのときに $W(N_1, N_2)$ が最大になるときは $N_1 = \dfrac{N}{2}$ であることを証明せよ．ただし，スターリング (Stirling) の公式 $\ln N! = N \ln N - N$ を用いよ．

1.7 区別できる N 個 (十分に大きい) の玉を $N_1, N_2, \cdots, N_r$ 個の r 組に分ける場合の数 $W(N_1, N_2, \cdots, N_r)$ を求めよ．ただし，$N_1 + N_2 + \cdots + N_r = N$ である．そのときに $W(N_1, N_2, \cdots, N_r)$ が最大になるときは $N_1 = N_2 = \cdots = N_r = \dfrac{N}{r}$ であることを証明せよ．ただし，スターリングの公式 $\ln N! = N \ln N - N$ を用いよ．

第 2 章

量子論の基礎概念

量子論について議論された第 5 回ソルベー会議 (1927 年) での写真．量子論の草創期に活躍した科学者の多くはこの前後にノーベル賞を受賞している．この写真の 29 名中 17 名がノーベル賞受賞者である．

物質の運動や光にまつわる諸現象は，19 世紀までに確立されたニュートン力学やマクスウェル (James Clerk Maxwell) の電磁気学などの古典論に基づいてすべて説明することができると考えられてきた．しかし，ミクロな世界の物質や光は，粒子的性質 (粒子性) と波動的性質 (波動性) をあわせもつため，古典論では説明することができない．そこで登場したのが量子論である．量子論は，物質や光が粒子性と波動性を同時に示す二重性という基礎概念に基づいて構築された理論体系である．この章では，この基本概念が生み出されてきた経緯をたどりながら，二重性に立脚した量子論的な物質観を学ぶ．

2.1 光の粒子性

マクスウェルにより確立された電磁気学によると，光は電場と磁場からなる波 (電磁波) であると理解される．しかし，19 世紀の終わりから 20 世紀初頭にかけて，光を波として扱う電磁気学などの古典論では説明できない現象がつぎつぎにみつかった．

2.1.1 エネルギー量子の発見

(1) 空洞放射 (黒体放射)

製鉄所の溶鉱炉のような高温の物体が放射する光 (電磁波) のスペクトル分布を理論的に求めることが 20 世紀初頭の重要課題であった．図 2.1 に示すように，放射光を透過させない壁 (熱浴) と空洞 (真空) が温度 T で平衡状態に達すると，壁から出る放射と壁により吸収される放射がつり合う．このような空洞内の放射を空洞放射とよぶ．マクスウェルの電磁気学に基づくと，振動数が ν と $\nu + \mathrm{d}\nu$ のあいだに存在する固有振動の数は，単位

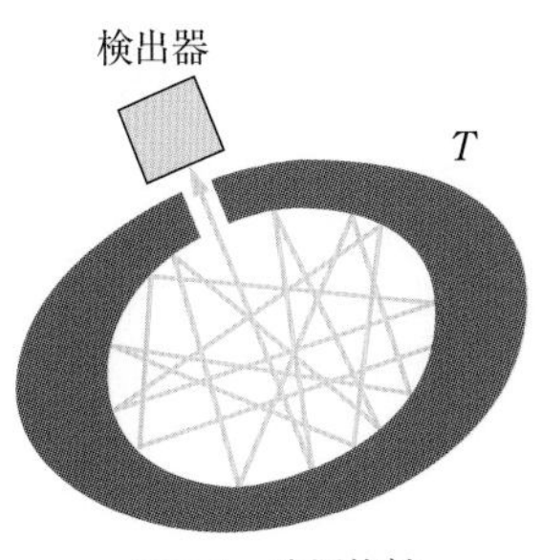

図 2.1　空洞放射

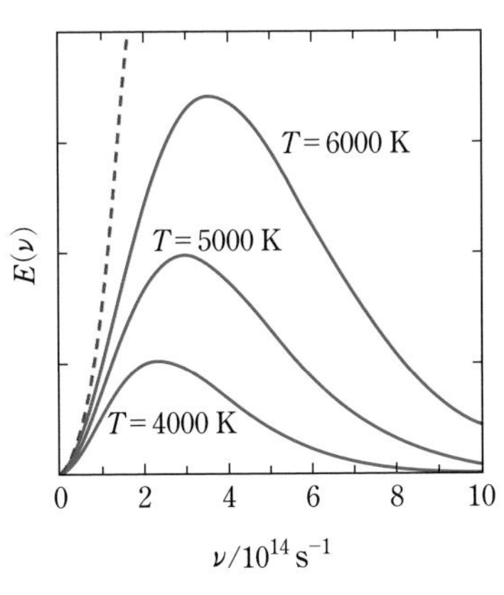

図 2.2　空洞放射スペクトル

体積当たり $\dfrac{8\pi}{c^3}\nu^2\,\mathrm{d}\nu$ と書ける (c は真空中の光の速さ*). **エネルギー等分配の法則**にしたがって，それぞれの固有振動に対して平均エネルギー $k_\mathrm{B}T$ が分配されるとすると，単位体積当たり，ν と $\nu+\mathrm{d}\nu$ のあいだの振動数を有する光 (放射) のエネルギー $E(\nu)\,\mathrm{d}\nu$ は

$$E(\nu)\,\mathrm{d}\nu = \frac{8\pi}{c^3}\nu^2 k_\mathrm{B}T\,\mathrm{d}\nu$$

となる．ここで，k_B はボルツマン定数である†．この式はレイリー (Lord Rayleigh) とジーンズ (James Hopwood Jeans) が古典論に基づいて導いたものであり，レイリー・ジーンズの式とよばれる．図 2.2 の破線で示すように，この式は振動数の低い領域では実験結果を再現するが，振動数が高い領域では大きく外れる．また低温ほどそのずれが大きい．光を波として扱う古典論では，放射スペクトルのエネルギー分布を説明できないことを示している．

(2)　プランクの公式

プランク (Max Karl Ernst Ludwig Planck) は，次のような式を用いるとすべての振動数に対して実験結果をうまく説明できることを見出した．

$$E(\nu)\,\mathrm{d}\nu = \frac{8\pi}{c^3}\nu^2\frac{h\nu}{e^{h\nu/k_\mathrm{B}T}-1}\,\mathrm{d}\nu$$

さきほどのレイリー・ジーンズの式と比べると，$k_\mathrm{B}T$ が $\dfrac{h\nu}{e^{h\nu/k_\mathrm{B}T}-1}$ に置き換わっていることがわかる．すなわち，古典的なエネルギー等分配の法則が破綻していることを示している．プランクはこの点に着目し，壁から出る放射と壁による吸収の際にやりとりされるエネルギー E は $h\nu$ の整数倍に限られるという**エネルギー量子仮説**を提案した．この仮説に基づくと，エネルギー E は連続変数ではなく $h\nu$ の整数倍に限られるので，温度 T において分配されるエネルギーの平均値は $k_\mathrm{B}T$ ではなく $\dfrac{h\nu}{e^{h\nu/k_\mathrm{B}T}-1}$ となる．この結果は，古典論では連続的であると考えられてきたエネルギーは，$h\nu$ という最小単位のエネルギー素量が存在し，不連続であることを示唆している．このエネルギーの最小単位を記述する物理定数を**プランク定数**とよび，以下の値をとる．

$$h = 6.626\times10^{-34}\,\mathrm{J\,s}$$

十分に高温で，$h\nu \ll k_\mathrm{B}T$ と見なせる場合には，プランクの式は古典論のレイリー・ジーンズの式に一致する (例題 2.1 参照)．一般に，$h\nu \ll k_\mathrm{B}T$ の条件で連続エネルギーと見なせる極限では，量子論の式は古典論の式に一致する．

---

*　真空中の光の速度 $c = 2.9979\times10^8\,\mathrm{m\,s^{-1}}$

†　ボルツマン定数 k_B と粒子の平均エネルギー $k_\mathrm{B}T$ については，「第 5 章 5.1.2　気体分子運動論」を参照のこと．

例題 2.1　十分に高温で $h\nu \ll k_{\mathrm{B}}T$ と見なせる場合には，プランクの式はレイリー・ジーンズの式に一致することを示せ．
指数関数 e^x のべき級数展開は

$$e^x \approx 1 + x + \frac{1}{2!}x^2 + \cdots$$

と書けることを利用せよ．

【解答】
$e^{h\nu/k_{\mathrm{B}}T}$ のべき級数展開

$$e^{h\nu/k_{\mathrm{B}}T} \approx 1 + \frac{h\nu}{k_{\mathrm{B}}T} + \frac{1}{2!}\left(\frac{h\nu}{k_{\mathrm{B}}T}\right)^2 + \cdots$$

について第 2 項までとれば

$$\frac{h\nu}{e^{h\nu/k_{\mathrm{B}}T} - 1} \approx \frac{h\nu}{1 + \dfrac{h\nu}{k_{\mathrm{B}}T} - 1} = k_{\mathrm{B}}T$$

となる．したがって，プランクの式は

$$\begin{aligned} E(\nu)\,\mathrm{d}\nu &= \frac{8\pi}{c^3}\nu^2 \frac{h\nu}{e^{h\nu/k_{\mathrm{B}}T} - 1}\,\mathrm{d}\nu \\ &\approx \frac{8\pi}{c^3}\nu^2 k_{\mathrm{B}}T\,\mathrm{d}\nu \end{aligned}$$

となり，レイリー・ジーンズの式に一致する．

2.1.2　光量子仮説

アインシュタイン (Albert Einstein) は，プランクのエネルギー量子の考えをさらにおしすすめて，光はエネルギー量子 $h\nu$ を有する粒子 (光量子) の性質も示すと考える「**光量子仮説**」を提唱した．この光量子仮説に基づくと，古典論では説明できなかった現象を見事に説明できる．現在では単に光子 (photon) とよばれる．

(1)　光電効果

光電効果とは，金属などの物質に光を照射するとその表面から電子が飛び出す現象である．光電効果により飛び出す電子を光電子という．照射する光の振動数がある閾値 ν_0 以上であれば光電子は観測され，光の強度を高めると観測される光電子数が増加する．しかし，閾値以下であれば光の強度をいくら高めても光電子は観測されない．光を古典的な波として考えると，波のエネルギーは振動数のみならず振幅の 2 乗にも比例するので，光の強度を十分に高めると振動数が低くても光電子が観測されるはずであり，このような現象は古典論では説明できない．

アインシュタインの光量子仮説に基づくと，古典論では説明できない光電効果を次のように説明できる．振動数 ν の光は，エネルギー量子 $h\nu$ をもつ粒子 (光子) であり，金属表面の電子と衝突すると電子にエネルギー $h\nu$ を与える．金属から電子を引き抜くのに必要なエネルギー (仕事関数) を W とすると，$h\nu > W$ のときに光量子が観測され，光量子が有する最大の運動エネルギー $E_{\max}$ は，

$$E_{\max} = h\nu - W$$

と書けるので，$h\nu_0 = W$ が成立する振動数 ν_0 が閾値となる．光の強度を高めることは光子の数 n を増やすことに相当する ($E = nh\nu$) ので，$h\nu < W$ の条件では光の強度をいくら高めても光量子は観測されない．このように光電効果は，光を粒子と見なすことで合理的に説明することができ，光が波動性のみならず粒子性をあわせもつとする光量子仮説を支持する実験事実である．

(2)　コンプトン効果

コンプトン効果とは，X 線が電子などの荷電粒子により散乱する際に振動数が低下する現象であり，コンプトン (Arthur Holly Compton) により発見された．古典論では，入射した X 線が電子を振動させ，その振動した電子が同じ振動数の X 線を散乱すると考えるので，入射した X 線と散乱した X 線の振動数は等しくなり，コンプトン効果を説明できない．この現象は，X 線を粒子としてとらえて電子との弾性散乱とみなすと容易に説明でき，光の粒子性を決定づけるものである．

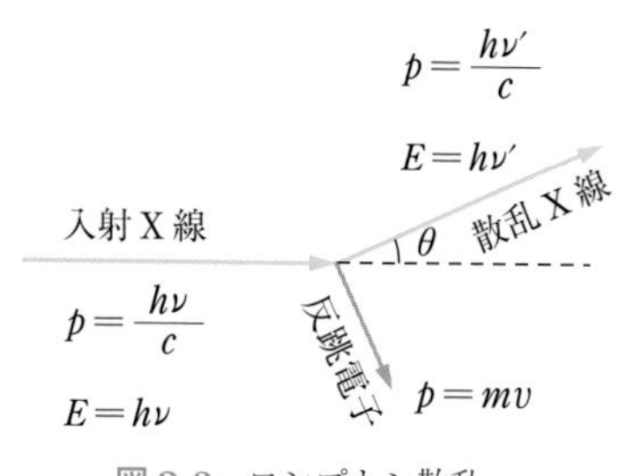

図 2.3　コンプトン散乱

図 2.3 に示すように，入射した X 線のエネルギーを $h\nu$，運動量を $\dfrac{h\nu}{c}$，散乱角 θ の方向に散乱した X 線のエネルギーを $h\nu'$，運動量を $\dfrac{h\nu'}{c}$，散乱により速度 v で跳ね飛ばされた反跳電子の質量を m とすると，運動量保存則より

$$m^2v^2 = \frac{h^2}{c^2}(\nu^2 + \nu'^2 - 2\nu\nu'\cos\theta)$$

が成立する．$\nu \approx \nu'$ と近似すると，$\nu^2 + \nu'^2 - 2\nu\nu' = (\nu - \nu')^2 \approx 0$ であるので，

$$mv^2 = \frac{2h^2}{mc^2}\nu\nu'(1 - \cos\theta)$$

をえる*．一方，エネルギー保存則より

$$\frac{1}{2}mv^2 = h(\nu - \nu')$$

*　相対論に基づいて計算すると，近似なしに同じ解が求まる．

であるので，

$$\frac{\nu-\nu'}{\nu\nu'}=\frac{h}{mc^2}(1-\cos\theta)$$

となる．したがって，入射 X 線の波長 λ と散乱 X 線の波長 λ' の差は

$$\lambda'-\lambda=\frac{c}{\nu'}-\frac{c}{\nu}=c\frac{\nu-\nu'}{\nu\nu'}=\frac{h}{mc}(1-\cos\theta)$$

と書ける．したがって，散乱角 θ が大きくなるほど，散乱 X 線の波長 λ' は長く，振動数 ν' は低下することを示しており，実験結果を説明することができる．

2.1.3 光の二重性

アインシュタインの光量子仮説に基づくと，粒子としての光のエネルギーは

$$E=h\nu$$

と表せる*．また，相対性理論によると，物体のエネルギー E と質量 m の間には，運動量を p として

$$E=\sqrt{m^2c^4+p^2c^2}$$

の関係が成立する．光子の質量はゼロであるので，運動量 p は光の波長 λ を用いて，

$$p=\frac{h\nu}{c}=\frac{h}{\lambda}$$

と表せる．この式は，光の粒子的な量を表す運動量と波動的な量を表す波長を結びつけるものであり，光が粒子性とともに波動性を有する**二重性**を示す重要な式である．

2.2 物質の波動性

ラザフォードの散乱実験によって，原子の大きさ (直径 10^{-10} m 程度) を支配しているのは電子であり，中心の原子核はその 1 万分の 1 以下の大きさであることが明らかになった (第 1 章)．この実験結果をもとに，太陽系のように原子核のまわりの軌道を周回する電子を想定した原子モデルが提唱された．しかし，電子を古典的な粒子としてとらえると，加速度運動する電子は電磁波を放出しながらエネルギーを失い，直ちに原子核と衝突してしまうことになり，安定に存在する原子を説明できない．前項では光が波動性と粒子性の両方の性質を同時にあわせもつ二重性を示すことを学んだが，ここでは電子などミクロな物質も粒子性と波動性を同時に示すことを学ぶ．この二重性が量子論の基礎をなす．

---

* 振動数 ν のかわりに角振動数 $\omega=2\pi\nu$ を，波長 λ のかわりに波数 $k=\dfrac{2\pi}{\lambda}$ を用いて，

$$E=\hbar\omega$$

$$\boldsymbol{p}=\hbar\boldsymbol{k}$$

と表すことも多い．ここで，$\hbar=\dfrac{h}{2\pi}$ であり，運動量と波数はベクトル量である．

2.2.1 原子スペクトル

先に述べたように，電子を古典的な粒子としてとらえると，原子核のまわりを加速度運動する電子は電磁波を放出しながら軌道半径がしだいに小さくなるので，その放射スペクトルは連続的になる．しかし，実験で観測される原子のスペクトルは，図 2.4 に示すように，不連続なものである．水素原子を例に挙げると，次のリュードベリ (Johannes Robert Rydberg) の式を満たす振動数 ν あるいは波長 λ の輝線スペクトルが得られることが実験により明らかにされている．

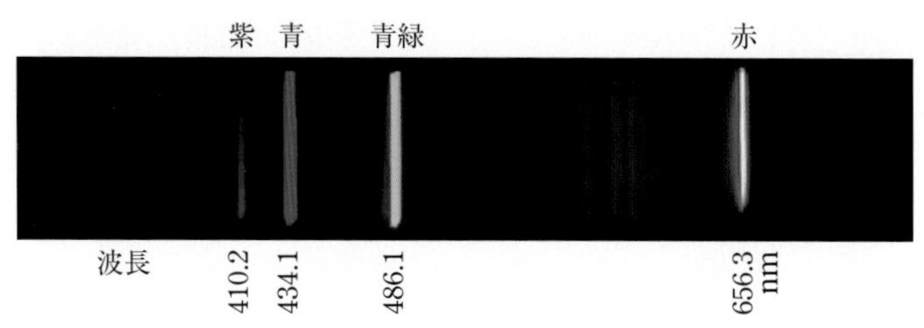

図 2.4　水素原子の輝線スペクトル (バルマー系列)

$$\frac{\nu}{c} = \frac{1}{\lambda} = R_\infty \left(\frac{1}{m^2} - \frac{1}{n^2} \right)$$

ここで，m, n は正の整数であり，$m < n$ を満たす．R_∞ は**リュードベリ定数**とよばれ，

$$R_\infty = 1.097 \times 10^7 \, \mathrm{m}^{-1}$$

の値が求められている．m の値ごとの輝線スペクトル群は，発見者にちなんで，以下のようによばれる．

$m = 1$	ライマン (Lyman) 系列	紫外
$m = 2$	バルマー (Balmer) 系列	可視
$m = 3$	パッシェン (Paschen) 系列	赤外
$m = 4$	ブラケット (Brackett) 系列	遠赤外
$m = 5$	プント (Pfund) 系列	遠赤外

2.2.2 ボーアの水素原子モデル

ボーア (Niels Henrik David Bohr) は，上述のような水素原子の発光スペクトルを説明するために，以下の①～③の仮説に基づく理論モデルを提案した．

① **定常状態** (stationary state) では，電子の運動は古典論により記述できる．

② 2 つの定常状態 m, n の間を遷移する時のみ光が放出 (吸収) され，定常状態 m, n のエネルギーを E_m, E_n とすると，放出 (吸収) される光の振動数は，次の**振動数条件** (frequency condition) を満たす．

$$h\nu = E_n - E_m \qquad (E_n > E_m, n > m)$$

③　定常状態が連続的に分布する極限では古典論に一致する (**対応原理**).

仮定①より，電子の運動は，図 2.5 に示すように，原点に静止している原子核 (陽子) のまわりの円軌道を運動しているとみなせる．電子の質量を m，電気素量を e，速度を v とし，円軌道の半径を r とすると，電子に作用する遠心力とクーロン力のつり合いの条件より，

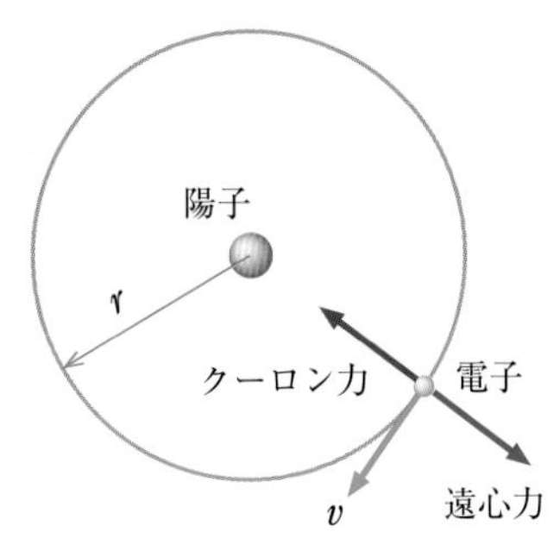

図 2.5　ボーアの水素原子モデル

$$\frac{mv^2}{r} = \frac{e^2}{4\pi\varepsilon_0 r^2}$$

である．ここで，ε_0 は真空の誘電率である．したがって，電子の運動エネルギー T とポテンシャルエネルギー V の和である全エネルギー E は，

$$\begin{aligned} E &= \frac{1}{2}mv^2 - \frac{e^2}{4\pi\varepsilon_0 r} = \frac{1}{2}mv^2 - mv^2 = -\frac{1}{2}mv^2 = -T \\ &= \frac{1}{2}mv^2 - \frac{e^2}{4\pi\varepsilon_0 r} = \frac{e^2}{8\pi\varepsilon_0 r} - \frac{e^2}{4\pi\varepsilon_0 r} = -\frac{e^2}{8\pi\varepsilon_0 r} = \frac{1}{2}V \end{aligned}$$

と書ける*.

仮定②の振動数条件より，

$$\nu = \frac{E_n}{h} - \frac{E_m}{h}$$

であるが，これが実験事実と対応するにはリュードベリの式に一致する必要がある．リュードベリの式は次のように変形できるので，

$$\nu = R_\infty c\left(\frac{1}{m^2} - \frac{1}{n^2}\right) = -\frac{R_\infty c}{n^2} - \left(-\frac{R_\infty c}{m^2}\right)$$

両者を比較して，

$$E_n = -\frac{hc}{n^2}R_\infty$$

と書けることがわかる．

仮定③については，n が十分に大きくなると $E_n \approx E_m$ となり，連続極限と見なせる．そこで，$m = n - 1$ とおいて $n \gg 1$ とすると，

---

*

$$E = -T = \frac{1}{2}V$$

すなわち，$2T + V = 0$ が常に成立している．これを**ビリアル定理**という．

$$\nu \approx R_\infty c \frac{2}{n^3}$$

と近似できる†．

$$E_n = -\frac{hc}{n^2} R_\infty = -T$$

であるから，

$$\nu \approx R_\infty c \frac{2}{n^3} = \frac{2T}{nh} = \frac{mv^2}{nh}$$

となる．一方，古典論では振動数は

$$\nu = \frac{v}{2\pi r}$$

と書けるので，対応原理により

$$\frac{mv^2}{nh} = \frac{v}{2\pi r}$$

が成立する．したがって，電子の速度 v は

$$2\pi rmv = nh$$

の条件を満たさなければならない．すなわち，電子の速度 v は連続的に変化するのではなく，整数 n の値に応じて不連続な値しかとれない．これを**ボーアの量子条件**とよぶ．左辺の mvr は角運動量であるから，角運動量が $\dfrac{h}{2\pi} = \hbar$ の整数倍に**量子化** (quantization) されていると見なすことができる．n が十分に大きい極限での対応により得られた量子条件が，n が小さい場合にも成立しているかは実験事実を説明できるかにより検証される．

ボーアの量子条件を用いて，つり合いの式から速度 v を消去すると，

$$r_n = \frac{\varepsilon_0 h^2}{e^2 \pi m} n^2 = a_0 n^2$$

となり，軌道半径も量子化されていることがわかる．すなわち，整数 n の値に応じて不連続な値しかとれない．ここで a_0 は**ボーア半径**とよばれ，水素原子の基底状態 $(n = 1)$ の軌道半径に対応する．物理定数の値を代入すると，

$$a_0 = 5.29 \times 10^{-11}\,\mathrm{m}$$

であり，原子の直径がおよそ $10^{-10}\,\mathrm{m}$ であることに一致している．

同様に，エネルギー E も量子化されており，整数 n の値に応じて不連続な値をとり，

$$E_n = -\frac{me^4}{8{\varepsilon_0}^2 h^2} \frac{1}{n^2} = -\frac{e^2}{8\pi\varepsilon_0 a_0} \frac{1}{n^2}$$

---

† $\nu = R_\infty c \left(\dfrac{1}{(n-1)^2} - \dfrac{1}{n^2} \right) = R_\infty c \dfrac{n^2 - (n-1)^2}{(n-1)^2 n^2} = R_\infty c \dfrac{2n-1}{(n-1)^2 n^2} \approx R_\infty c \dfrac{2}{n^3}$

と表せる．また，

$$E_n = -\frac{hc}{n^2} R_\infty$$

であるので，リュードベリ定数は

$$R_\infty = -\frac{n^2}{hc} E_n = \frac{me^4}{8\varepsilon_0{}^2 h^3 c} = \frac{e^2}{8\pi\varepsilon_0 a_0 hc}$$

と表せる．物理定数を代入して計算すると実験値にほぼ一致する*．

このように，ボーアの水素原子モデルは水素原子の構造を見事に再現し，仮説の正しさが実証された．しかし，定常状態を説明する量子条件がなぜ課せられるのかという物理的な根拠は示されていない．また，He など他の原子系への応用が困難であるなど不完全さが指摘されるようになり，新たな理論体系の構築が求められるようになった．

2.2.3 ド・ブロイの物質波

ボーアの原子モデルは，不連続な整数を導入することで安定な電子状態 (定常状態) を説明している．このように整数を含む物理現象は波の干渉や基準振動にもみられる点に着目し，ド・ブロイ (Louis-Victor de Broglie) は電子もまた粒子性とともに波動性を有するのではと考えた．つまり，光が二重性を示すのと同様に，電子などの物質もまた粒子性とともに波動性を同時に有すると考えたのである．光の二重性は，先に述べたように，

$$p = \frac{h}{\lambda}$$

で示される．質量 m，速度 v の物質が，光と同様に粒子性とともに波動性を示すのであれば，$p = mv$ の関係を用いて，物質の波長は

$$\lambda = \frac{h}{p} = \frac{h}{mv}$$

と表されると，ド・ブロイは仮定したのである．この式をド・ブロイの式とよび，物質粒子の波を**物質波**あるいは**ド・ブロイ波**という．この大胆な仮説は，X 線と同程度のド・ブロイ波長を有する電子線を用いても結晶による回折現象が同様に観測されることにより実験的に証明された．

---

* 原子核の質量を M，電子の質量を m とし，換算質量 μ

$$\mu = \frac{mM}{m + M}$$

を用いると，実験値との一致はさらに良くなる．

例題 2.2　以下に示す物質のド・ブロイ波長をそれぞれ求めよ．ただし，プランク定数は $6.6 \times 10^{-34}\,\mathrm{J\,s}$ とし，有効数字 2 桁で答えよ．また，相対論の効果は考えない．

1)　$1.0\,\mathrm{m\,s^{-1}}$ で運動する質量 $60\,\mathrm{kg}$ の成人男性

2)　$500\,\mathrm{m\,s^{-1}}$ で運動する窒素分子

3)　$100\,\mathrm{V}$ の電位差で加速された電子顕微鏡の電子

【解答】

1)　$\lambda = \dfrac{h}{mv} = \dfrac{6.6 \times 10^{-34}}{60 \times 1.0} = 1.1 \times 10^{-35}$ [m]

2)　$\lambda = \dfrac{h}{mv} = \dfrac{6.6 \times 10^{-34}}{\dfrac{0.028}{(6.0 \times 10^{23})} \times 500} = 2.8 \times 10^{-11}$ [m]

3)　電位差 V により加速された電子が獲得する運動エネルギーは，電子の質量を m，運動量を p として，

$$\frac{p^2}{2m} = V \times 1.6 \times 10^{-19}\ [\mathrm{J}]$$

したがって，

$$\lambda = \frac{h}{p} = \frac{6.6 \times 10^{-34}}{\sqrt{1.6 \times 10^{-19} \times 2 \times 9.1 \times 10^{-31} \times V}} = \frac{1.2 \times 10^{-9}}{\sqrt{V}}\ [\mathrm{m}]$$

$V = 100\,\mathrm{V}$ を代入すると、

$$\lambda = 1.2 \times 10^{-10}\ [\mathrm{m}]$$

この物質波の観点から水素原子中の電子の定常状態を考えると，波の性質を有する電子が円軌道上を安定に存在するためには，軌道を 1 周まわった時に元の波に一致し，定在波が成立する条件を満たさなければならない．図 2.6 に示すように，この条件を満たさない場合は，重なり合う波が干渉するので安定には存在できない．定在波として安定に存在するには，電子の波長を λ とすると，円周 $2\pi r$ が波長の整数倍でなければならない．

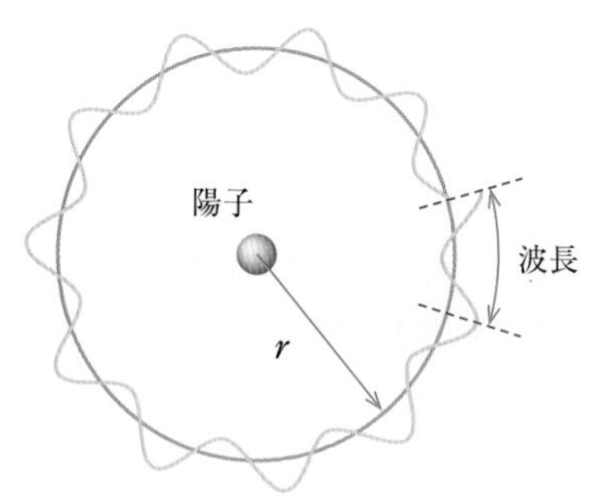

図 2.6　ボーアの量子条件 (定在波の条件)

$$2\pi r = n\lambda$$

この定在波の条件に，ド・ブロイの式を代入すると，

$$2\pi r = \frac{nh}{mv}$$

となり，ボーアの量子条件に一致する．すなわち，ボーアの量子条件は，波の性質を有する電子が定在波として安定に存在するための条件と解釈でき，電子のもつ波動性に起因するものであるといえる．

2.2.4 シュレーディンガー方程式

ド・ブロイの物質波の概念により，物質も粒子性と波動性をあわせもつことが示された．したがって，マクロな粒子に対する運動方程式のように，電子のような粒子性と波動性を同時に示すミクロな粒子に対する運動方程式が必要である．シュレーディンガー(Erwin Schrödinger) は，波動方程式にド・ブロイ波の概念を導入することで，ミクロな粒子の状態を記述する基本方程式である**シュレーディンガー方程式**を導いた．

ここでは，簡単のため定常状態の 1 次元の波について考える．x 軸方向に進行する波の式，$-x$ 軸方向に進行する波の式は，それぞれ

$$\psi^+(x,t) = A\sin(kx - \omega t)$$

$$\psi^-(x,t) = A\sin(kx + \omega t)$$

と表される．両者を重ね合わせると

$$\begin{aligned}\psi^+(x,t) + \psi^-(x,t) &= A[\sin(kx - \omega t) + \sin(kx + \omega t)] \\ &= 2A\sin kx \cos\omega t\end{aligned}$$

となり，進行しない波 (定在波) となる．そこで，定在波の式を位置 x の関数として，

$$\psi(x) = A\sin kx$$

と表す．この三角関数は x について二階微分すると，元の三角関数に戻り，

$$\frac{\mathrm{d}^2\psi(x)}{\mathrm{d}x^2} = -k^2 A\sin kx = -k^2\psi(x)$$

と表せる．この式は，時間に依存しない定在波の波動方程式である．したがって，この式にド・ブロイ波の概念を導入すれば，ミクロな粒子の定常状態を記述する基本方程式が得られると考えられる．

一方，ド・ブロイの式は，波数 k を用いて表すと，

$$p = \frac{h}{\lambda} = \frac{h}{2\pi}\frac{2\pi}{\lambda} = \hbar k$$

である*．また，運動エネルギー T は

---

* 波の式には，波数 $k = \dfrac{2\pi}{\lambda}$ や振動数 $\nu = \dfrac{\omega}{2\pi}$ などに 2π が含まれるので，h の代わりに $\hbar = \dfrac{h}{2\pi}$ を用いたほうが，式が簡単になることが多い．

$$T = \frac{1}{2}mv^2 = \frac{p^2}{2m} = \frac{\hbar^2 k^2}{2m}$$

であるので，全エネルギー E とポテンシャルエネルギー $V(x)$ を用いると，

$$k^2 = \frac{2m}{\hbar^2}T = \frac{2m}{\hbar^2}(E - V(x))$$

が成立する．したがって，ド・ブロイの式を波動方程式に導入すると，

$$\frac{\mathrm{d}^2\psi(x)}{\mathrm{d}x^2} = -k^2\psi(x) = -\frac{2m}{\hbar^2}(E - V(x))\psi(x)$$

となる．式を整理すると，

$$\left[-\frac{\hbar^2}{2m}\frac{\mathrm{d}^2}{\mathrm{d}x^2} + V(x)\right]\psi(x) = E\psi(x)$$

あるいは，

$$\left[-\frac{h^2}{8\pi^2 m}\frac{\mathrm{d}^2}{\mathrm{d}x^2} + V(x)\right]\psi(x) = E\psi(x)$$

と表せる．これが，時間に依存しないシュレーディンガー方程式である．$\psi(x)$ を**波動関数** (wave function) とよぶ．この式を 3 次元に拡張すると，

$$\left[-\frac{h^2}{8\pi^2 m}\left(\frac{\partial^2}{\partial x^2} + \frac{\partial^2}{\partial y^2} + \frac{\partial^2}{\partial z^2}\right) + V(x, y, z)\right]\psi(x, y, z) = E\psi(x, y, z)$$

となり*，**ラプラシアン** (Laplacian) ∇^2 を用いて

$$\left(-\frac{h^2}{8\pi^2 m}\nabla^2 + V(x, y, z)\right)\psi(x, y, z) = E\psi(x, y, z)$$

と表される．

ここで，左辺の**演算子** (operator) を**ハミルトニアン** (Hamiltonian) とよび† $\widehat{H}$ で表す．したがって，時間に依存しないシュレーディンガー方程式は

---

* $\dfrac{\partial f}{\partial x}$ は多変数関数 f を，変数 x で偏微分することを意味する．このとき，他の変数は定数と見なす．ラプラシアンは微分演算子であり，

$$\nabla^2 = \frac{\partial^2}{\partial x^2} + \frac{\partial^2}{\partial y^2} + \frac{\partial^2}{\partial z^2}$$

と記す．∇^2 は $\triangle$ と記すこともある．

† ハミルトニアンの第一項は運動エネルギーを表しており，運動量の演算子

$$\widehat{p}_x = -i\hbar\frac{\partial}{\partial x}$$

とは

$$\frac{\widehat{p}_x{}^2}{2m} = -\frac{h^2}{8\pi^2 m}\frac{\partial^2}{\partial x^2}$$

の関係がある．

$$\widehat{H}\psi = E\psi$$

の形式で表される．すなわち，波動関数 ψ に演算子 $\widehat{H}$ を作用させると，もとの関数の定数 E 倍となっている．このような方程式を**固有方程式** (characteristic equation) とよび，定数 E を**固有値** (eigenvalue)，関数 ψ を**固有関数** (eigenfunction) とよぶ．したがって，時間に依存しないシュレーディンガー方程式を解くことは，ハミルトニアンという演算子 $\widehat{H}$ の固有値と固有関数を求めることを意味する．

波動関数 $\psi(x, y, z)$ は一般に複素数であるため，物理量を定義することはできない．そこで，ボルン (Max Born) は「波動関数の絶対値の 2 乗は，粒子が位置 x に存在する確率密度を表す」という解釈を提案し，現在ではこの**確率解釈**がひろく受け入れられている．この定義に基づくと，波動関数の絶対値の 2 乗に体積素片 $\mathrm{d}\tau$ を乗じて全空間にわたって積分すると，粒子は必ずどこかに 1 個存在するので 1 となるように**規格化** (normalization) される．

$$\int |\psi(x, y, z)|^2 \mathrm{d}\tau = 1$$

シュレーディンガー方程式を解くことにより電子のようなミクロな物質の状態を知ることができるが，ニュートンの運動方程式のように粒子の運動の軌跡を知ることはできない．波動関数からわかるのは，あくまでも粒子の**存在確率** (観測した時に粒子を見出す確率) である*．

(1)　1 次元の箱の中の粒子

具体的なモデルとして，図 2.7 に示すような，1 次元の箱状のポテンシャルに閉じ込められた粒子について，シュレーディンガー方程式を解くことにする．x 軸上の区間 $(0 < x < a)$ ではポテンシャルエネルギーは $V(x) = 0$ であり，区間外 $(x \leqq 0, a \leqq x)$ では $V(x) = \infty$ とする．粒子の質量を m とすると，シュレーディンガー方程式は，

$$\frac{\mathrm{d}^2\psi(x)}{\mathrm{d}x^2} = -\frac{8\pi^2 m}{h^2}E\psi(x) = -k^2\psi(x)$$

---

*　確率解釈からこの他にも以下のことが導かれる．

- ψ は一価で連続，有限
  複数の確率，不連続な確率，無限の確率などはないということ．
- ψ と $\psi e^{i\theta}$ は同じ状態
  ψ に対して位相 θ だけずれた状態 $\psi e^{i\theta}$ の存在確率は
  $\psi^* e^{-i\theta}\psi e^{i\theta} = \psi^*\psi = |\psi|^2$
  となり，ψ の存在確率に一致する．したがって，ψ と $-\psi$ も同じ状態を表す．
- 物理量 A の期待値
  $\langle A\rangle = \int \psi^* \widehat{A}\psi \,\mathrm{d}\tau$

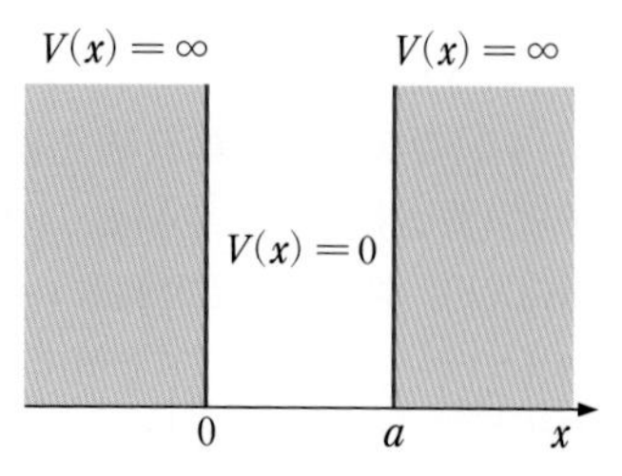

図 2.7　1 次元の箱ポテンシャル

と書ける．ここで，

$$k^2 = \frac{8\pi^2 m}{h^2}E$$

である．この 2 階線形微分方程式の一般解は，定数 A, B を用いて

$$\psi(x) = A\cos kx + B\sin kx$$

と書ける*.

境界条件より $\psi(0) = \psi(a) = 0$ であるので，

$$\psi(0) = 0 \text{ より } A = 0$$

$$\psi(a) = 0 \text{ より } \psi(a) = B\sin ka = 0$$

すなわち，

---

*　この 2 階微分方程式は

$$\left(\frac{\mathrm{d}}{\mathrm{d}x} + ik\right)\left(\frac{\mathrm{d}}{\mathrm{d}x} - ik\right)\psi(x) = 0$$

つまり

$$\left(\frac{\mathrm{d}}{\mathrm{d}x} + ik\right)\psi(x) = 0$$

または

$$\left(\frac{\mathrm{d}}{\mathrm{d}x} - ik\right)\psi(x) = 0$$

と変形できるので，一般解は定数 C, D を用いて

$$\psi(x) = Ce^{ikx} + De^{-ikx}$$

と書ける．

オイラーの公式

$$e^{\pm ikx} = \cos kx \pm i\sin kx$$

を用いると，

$$\psi(x) = A\cos kx + B\sin kx$$

となる．

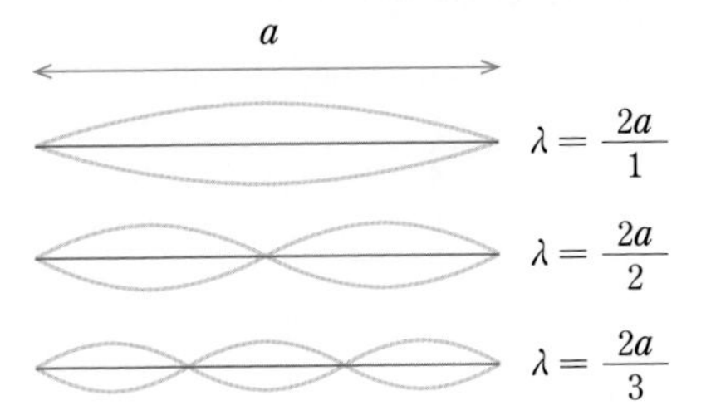

図 2.8　長さ a の弦の固有振動．両端が固定端であるため，波長 λ は $2a/1, 2a/2, 2a/3, \cdots$ となる．

$$k = \frac{n\pi}{a}$$

である．この結果は，図 2.8 に示す弦の固有振動の条件に一致し，定常状態の粒子は 1 次元の箱の中で定在波として存在していることがわかる．ボーアの量子条件と同様に，粒子の波動性に由来するものである．したがって，

$$\psi_n(x) = B \sin\left(\frac{n\pi}{a}x\right)$$

と書ける．

また，規格化条件より，

$$\begin{aligned}\int_0^a |\psi_n(x)|^2 \, \mathrm{d}x &= B^2 \int_0^a \sin^2\left(\frac{n\pi}{a}x\right) \mathrm{d}x \\ &= \frac{B^2}{2} \int_0^a \left[1 - \cos\left(\frac{2n\pi}{a}x\right)\right] \mathrm{d}x \\ &= B^2 \frac{a}{2} = 1\end{aligned}$$

である*．したがって，波動関数は

$$\psi_n(x) = \sqrt{\frac{2}{a}} \sin\left(\frac{n\pi}{a}x\right)$$

と書ける†．

一方，粒子のエネルギー E_n は

$$E_n = \frac{h^2}{8\pi^2 m}k^2 = \frac{h^2}{8ma^2}n^2$$

---

*　倍角の公式

$$2\sin^2 x = 1 - \cos 2x$$

†　$B = -\sqrt{\frac{2}{a}}$ としても ψ の符号が変わるだけであり，同じ状態を表すので，正だけを取ればよい．

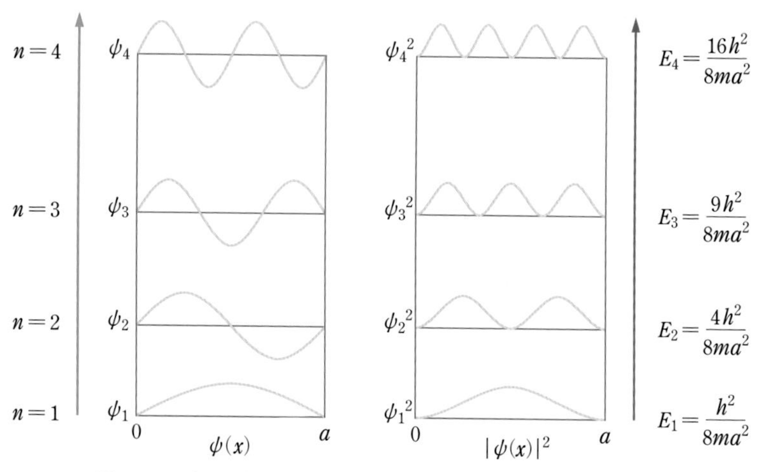

図 2.9　1 次元の箱の中の粒子の波動関数（左）と確率密度（右）

となる．したがって，エネルギー E_n は整数 n によって量子化されており，不連続な値をとることがわかる．この整数 n を**量子数** (quantum number) とよぶ．ここで，$n = 0$ とすると粒子が存在しなくなるので，n は正の整数である．

図 2.9 に，各量子数 n に対応する波動関数 $\psi_n(x)$，**確率密度** $|\psi_n(x)|^2$，エネルギー E_n を示す．$n = 1$ の状態を**基底状態** (ground state)，2 以上の状態を**励起状態** (excited state) とよぶ．基底状態では，箱の中央での存在確率が最も高く，両端ではほぼゼロである．$n = 2$ では，箱の中央で波動関数は**節** (node) を持ち存在確率はゼロとなっている．量子数 n が増加するにつれて節の数が増加し，十分に大きくなると箱の中を一様に存在するようになる．また，基底状態のエネルギー E_1 はゼロではなく有限の値をとる．$V(x) = 0$ であるから，最低エネルギー状態においても運動エネルギーを有していることがわかる．このようなエネルギーを**零点エネルギー** (zero-point energy) とよぶ．

このモデルは，極めて単純な系であるが，微小空間に閉じ込められた粒子の状態をよく表しており，分子の電子状態 (分子という微小空間に閉じ込められた電子の状態) を理解する上で役立つ．たとえば，共役二重結合と単結合からなる 1 次元状のポリエンの吸収帯は，ポリエンの長さが長くなるにつれて長波長側へ移動する．1 次元の箱モデルにより導出された E_n も a が長くなるにつれて小さくなる．つまり，電子は共役長を伸ばすほど (**非局在化**するほど) 安定化することがわかる．また，a が長くなるにつれて遷移エネルギー $E_m - E_n$ も小さくなることから，ポリエンの長さが長くなるにつれて吸収が長波長化することを説明できる．

(2) 3次元の箱の中の粒子

次に，x, y, z 軸の各辺の長さがそれぞれ a, b, c の3次元の箱に閉じ込められた質量 m の粒子を考える．1次元のときと同様に，箱の中では $V(x, y, z) = 0$ であり，箱の外では $V(x, y, z) = \infty$ とする．導出過程を省略して解のみを示すと，波動関数とエネルギーは，x, y, z それぞれに独立な3つの量子数 n_x, n_y, n_z を用いて以下のように記述される*．

$$\psi(x, y, z) = \sqrt{\frac{2}{a}} \sin\left(\frac{n_x \pi}{a} x\right) \sqrt{\frac{2}{b}} \sin\left(\frac{n_y \pi}{b} y\right) \sqrt{\frac{2}{c}} \sin\left(\frac{n_z \pi}{c} z\right)$$

$$E = \frac{h^2}{8ma^2} {n_x}^2 + \frac{h^2}{8mb^2} {n_y}^2 + \frac{h^2}{8mc^2} {n_z}^2$$

特に $a = b = c$ の立方体の場合には，

$$\psi(x, y, z) = \sqrt{\frac{8}{a^3}} \sin\left(\frac{n_x \pi}{a} x\right) \sin\left(\frac{n_y \pi}{a} y\right) \sin\left(\frac{n_z \pi}{a} z\right)$$

$$E = \frac{h^2}{8ma^2} ({n_x}^2 + {n_y}^2 + {n_z}^2)$$

と書け，異なる量子数 n_x, n_y, n_z の組み合わせに対しても同じエネルギーをとることがわかる．このように，異なる量子状態が同じエネルギーをとることを，**縮退 (縮重)** (degeneracy) しているという．$a = b = c$ のように対称性の高い分子ほど，縮退した電子状態をとりやすい．対称性の高い分子であるフラーレン (第4章参照) は，5重に縮退した**最高被占分子軌道** (highest occupied molecular orbital, HOMO) と3重に縮退した**最低空分子軌道** (lowest unoccupied molecular orbital, LUMO) をもつことが知られている．

章末問題 2

2.1 ボーアの水素原子モデルに基づいて，以下の問いに答えよ．

(1) 水素原子のイオン化エネルギーを eV 単位で求めよ．

(2) 基底状態における電子の速度 v を求め，光速の何%に相当するか計算せよ．

2.2 Z を正の整数として，$+Ze$ の正電荷を有する原子核と1電子から構成される水素様原子について，ボーアの水素原子モデルに基づき軌道半径 r_n，エネルギー E_n を求めよ．本文中の記号を用いて答えよ．

---

* 3次元のシュレーディンガー方程式

$$-\frac{h^2}{8\pi^2 m} \nabla^2 \psi(x, y, z) = E\psi(x, y, z)$$

に対して、波動関数を次のように変数分離して

$$\psi(x, y, z) = X(x)Y(y)Z(z)$$

解くと，$X(x), Y(y), Z(z)$ のそれぞれについて1次元の式に帰着する。

2.3 図 2.7 に示す 1 辺の長さが a の 1 次元の箱型ポテンシャルに存在する質量 m の物質について基底状態での速度 v を求め，1.0 nm 移動するのに要する時間を計算せよ．

(1) $a = 1.0\,\text{nm},\ m = 9.1 \times 10^{-31}\,\text{kg}$ の電子

(2) $a = 2.0\,\text{m},\ m = 25\,\text{g}$ のボール

2.4 エチレンやブタジエンなどの鎖状ポリエンを，図 2.7 に示す 1 辺の長さが a の 1 次元の箱型ポテンシャルと見なす．N 個の π 電子を有するポリエンでは，基底状態から $N/2$ 番目の準位まで 2 個ずつ π 電子が入っている．このとき，HOMO から LUMO へ π 電子を 1 個遷移させるのに必要なエネルギー ΔE を eV 単位で求めよ．ただし，C–C 結合長を $d = 0.14\,\text{nm}$ として $a = Nd$ と見なす．また，$N = 4$ のブタジエンについて ΔE を求め，対応する光の吸収波長を nm 単位で計算せよ．

2.5 x 軸，y 軸の各辺の長さが a の 2 次元の箱型ポテンシャルに閉じ込められた質量 m の粒子について考える．図 2.7 と同様に，箱の中では $V(x, y) = 0$ であり，箱の外では $V(x, y) = \infty$ とする．x, y それぞれに独立な量子数を n_x, n_y として，波動関数 $\psi(x, y)$ ならびにエネルギー E を，シュレーディンガー方程式を用いて導出せよ．

2.6 ポルフィリンは右図のような平面構造の分子であり，26 個の π 電子が存在する．この分子を 1 辺の長さを 1 nm とした 2 次元の箱型ポテンシャルと見なし，HOMO から LUMO へ π 電子を 1 個遷移させるのに必要なエネルギー ΔE を eV 単位で求めよ．

2.7 半径 $r = a$ の円周上を運動する質量 m の粒子を考える．すなわち，円周上では $V(r = a) = 0$ であり，それ以外では $V(r \neq a) = \infty$ とする．シュレーディンガー方程式を極座標系に変換して，波動関数 $\psi(\phi)$ ならびにエネルギー E を求めよ．ただし，極座標系 (r, θ, ϕ) ではラプラシアンは以下のように表される．

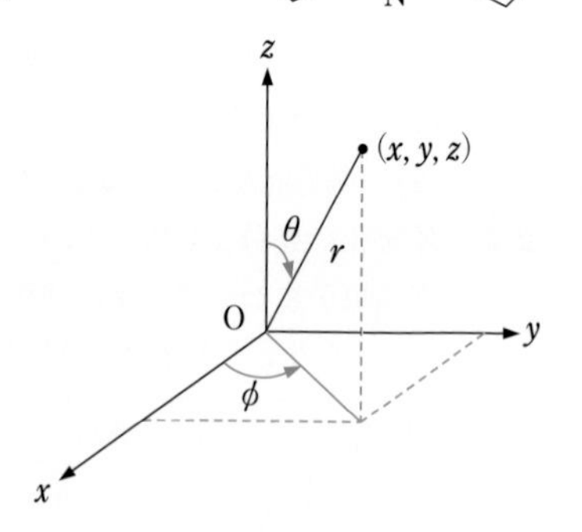

$$\nabla^2 = \frac{1}{r^2}\left\{\frac{\partial}{\partial r}\left(r^2\frac{\partial}{\partial r}\right) + \Lambda^2\right\}$$

$$\Lambda^2 = \frac{1}{\sin\theta}\frac{\partial}{\partial\theta}\left(\sin\theta\frac{\partial}{\partial\theta}\right) + \frac{1}{\sin^2\theta}\frac{\partial^2}{\partial\phi^2}$$

直交座標と極座標の関係

$$x = r\sin\theta\cos\phi$$
$$y = r\sin\theta\sin\phi$$
$$z = r\cos\theta$$

2.8 ベンゼン分子を半径 $r = 0.14\,\mathrm{nm}$ の円であるとみなし，上記のモデルを用いて，HOMO から LUMO へ π 電子を 1 個遷移させるのに必要なエネルギー ΔE を eV 単位で求めよ．

2.9 図 2.7 に示す 1 辺の長さが a の 1 次元の箱型ポテンシャルに存在する粒子について，位置 x と運動量 p の期待値，x^2 と p^2 の期待値をそれぞれ求めよ．

2.10 上記の結果を用いて，位置 x の不確かさ Δx と運動量 p の不確かさ Δp の積 $\Delta x \Delta p$ が以下の不等式を満たすことを示せ．

$$\Delta x \Delta p > \frac{h}{4\pi}$$

ここで，不確かさは以下のように標準偏差として与えられるとする．

$$\Delta x = \sqrt{\langle x^2 \rangle - \langle x \rangle^2}$$

$$\Delta p = \sqrt{\langle p^2 \rangle - \langle p \rangle^2}$$

第 3 章

原子と分子

元素の種類は 100 以上あるが，1 つの元素には 1 つの種類の原子が対応していて，その性質はそれぞれの原子が持つ電子の数によって決まっている．原子の種類は，原子核に含まれる陽子の数で定義され，これを原子番号という．安定な電気的に中性な原子はそれと同数の電子をもっており，それぞれの原子の個性は，電子がどのエネルギー準位にどのように入っているかという電子配置によって理解することができる．

多くの原子は他の原子と結合して分子を作る．そのメカニズムは量子力学によって明らかにされたが，基本的な考え方は，原子の持つ電子の波動関数 (原子軌道) を組み合わせて分子に固有の波動関数 (分子軌道) を作り，エネルギーや電子の存在確率を求めるというものである．

アメデオ–アボガドロ (Amedeo Avogadro)　すべての種類の気体は，1.013×10^5 Pa の圧力，0 ℃の温度で，6.022×10^{23} 個 (アボガドロ定数) の分子を集めると，その体積は 22.4 L になる．これから，気体は原子が 2 つ結合した分子からなるという仮説を提唱した．

この章ではまず，水素原子と，複数の電子を持つ原子 (多電子原子) の構造をきちんと学び，次に量子力学の基礎的な取り扱いを用いて化学結合について考えてみる．特に C 原子の混成軌道について詳しい考察をし，CO_2 分子などの振動と赤外線吸収を学んでから，地球温暖化のメカニズムについても考えてみる．

3.1 原子のエネルギー準位と軌道

3.1.1 H 原子のエネルギー準位

H 原子は原子核 (陽子：$+e$ の電荷を持つ) と 1 個の電子 ($-e$ の電荷を持つ) から成る (図 2.5)*．その間には静電引力が働き，ポテンシャルエネルギーは

$$U(r) = -\frac{e^2}{4\pi\varepsilon_0 r} \tag{3.1}$$

で与えられる．ここで，r は原子核と電子の間の距離である．これを基にシュレーディンガー方程式を解くと，次のようなエネルギー固有値が得られる．

$$E_n = -\frac{hc}{n^2}R_\infty \tag{3.2}$$

ここで，n は主量子数とよばれ，$n = 1, 2, 3, \cdots, \infty$ の値をとる．そのエネルギー準位を表したのが図 3.1 である．最もエネルギーが低いのは $n = 1$ の準位で，そのエネルギー固有値は $E_1 = -hcR_\infty$ である．水素原子は電子を 1 個持つが，通常の状態ではこの $n = 1$ の準位を占有している．n の値が増えるとともに，E_n は $\dfrac{1}{n^2}$ に比例して増加し，$E_\infty = 0$ へと収束していく．R_∞ はリュードベリ定数 (Rydberg constant) で

$$R_\infty = 1.1 \times 10^7\ \mathrm{m}^{-1}$$

という値を持ち，このときの E_n の値は波数

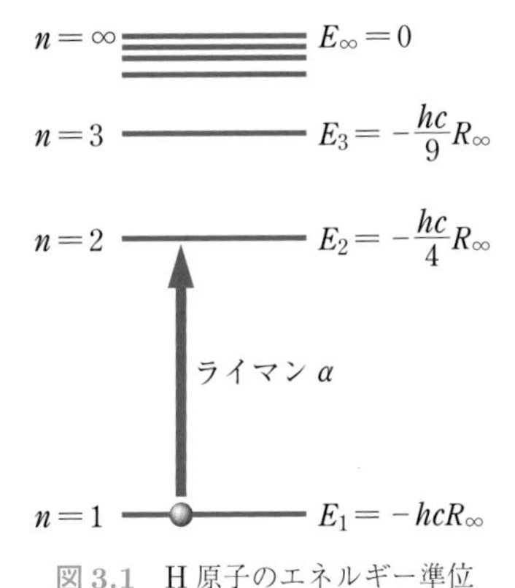

図 3.1　H 原子のエネルギー準位

---

*　**電気素量**

陽子の持つ電荷量

$$e = 1.6022 \times 10^{-19}\ \mathrm{C}$$

電子は $-e$ の電荷を持つ．

単位 [cm^{-1}] で与えられる* .

例題 3.1　H 原子の $n = 1$ の準位から $n = 2$ の準位への電子遷移をライマン α とよんでいる．そのスペクトル線の波長を予測せよ．

【解答】

エネルギー保存則から，$n = 1$ の準位から $n = 2$ の準位へ遷移するとき，そのエネルギー固有値の差に等しいエネルギーを持つ光を吸収する．これを波数単位で計算すると

$$\begin{aligned}\widetilde{\nu}_{L\alpha} &= \frac{1}{hc}(E_2 - E_1) = -\frac{1}{4}R_\infty + R_\infty = \frac{3}{4}R_\infty \\ &= 8.25 \times 10^7\,\mathrm{cm}^{-1}\end{aligned}$$

となる．波数は長さの逆数の単位であり，これを光の波長に直すと

$$\begin{aligned}\lambda_{L\alpha} &= \frac{1}{8.25 \times 10^7}\,\mathrm{cm} \\ &= 1.21 \times 10^{-7}\,\mathrm{m} = 121\,\mathrm{nm}\end{aligned}$$

が得られる．実測値は 120.6 nm である．

3.1.2　多電子原子のエネルギー準位

電子を複数持つ原子を多電子原子とよぶ．多電子原子は原子核と複数の電子から成り，原子核には複数の陽子を持つ (図 3.2)．この陽子の数を原子番号 (Z) といい，ほぼ同数の中性子 (質量は陽子とほぼ同じだが電荷はもたない) が加わって原子核が形成されている．この陽子と中性子の総数を質量数† といい，元素記号と組み合わせて (図 3.3) のように原子を表記する．通常の電気的に中性な原子では，原子番号と同数の電子を持つが，原

---

*　**波数単位と光の波長**

光子のエネルギーは

$$E = h\nu$$

で与えられ，光の振動数 (ν) に比例する．h はプランク定数である．光の速さは一定で振動数は波長に反比例するので，波長の逆数

$$\widetilde{\nu} = \frac{1}{\lambda} = \frac{\nu}{c}\ [\mathrm{cm}^{-1}]$$

をエネルギーの単位として使うことができる．実際には cm^{-1} が用いられるが，これは 1 cm の中に波がいくつあるかを表しており，波数 (wavenumber) とよぶ．

†　**粒子の質量**

電子の質量	$m_\mathrm{e} = 0.91095 \times 10^{-30}\,\mathrm{kg}$
陽子の質量	$m_\mathrm{p} = 1.67265 \times 10^{-27}\,\mathrm{kg}$
中性子の質量	$m_\mathrm{n} = 1.67495 \times 10^{-27}\,\mathrm{kg}$

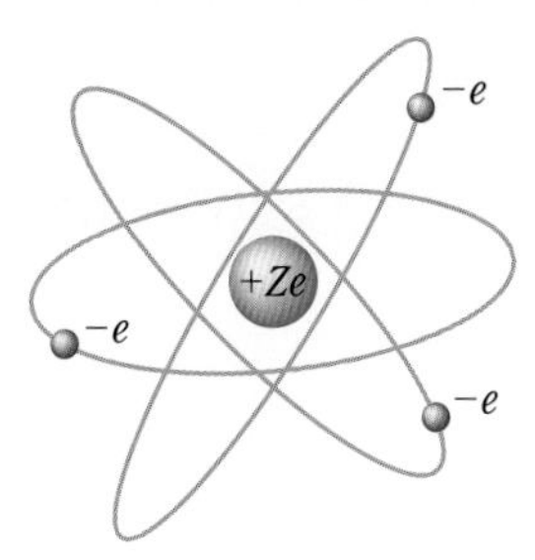

図 3.2　多電子原子の構造

質量数	元素記号
原子番号	

水素 (H) は　$^{1}_{1}\mathrm{H}$

炭素 (C) は　$^{12}_{6}\mathrm{C}$

酸素 (O) は　$^{16}_{8}\mathrm{O}$

図 3.3　原子の表記法

子核の周りを回っている電子は，決まった値のエネルギーしか取ることができない．H 原子ではその値が主量子数 n だけに依存していたが，多電子原子では方位量子数 l によってもエネルギーが異なり，$l = 0, 1, 2, \cdots$（これをそれぞれ s, p, d, $\cdots$ と表す）の順にエネルギーが高くなる．しかしながら，磁気量子数 m_l によってエネルギーは変化しないので，各準位の中の磁気副準位は同じエネルギーを持つ（これを縮退準位という）．これらをまとめると，一般に多電子原子のエネルギー準位は（図 3.4）のようになる．（p.42 の発展も参照するとよい．）各々の準位は，主量子数と方位量子数の記号 s, p, d で示してある．主量子数 $n = 1, 2, 3 \cdots$ の層をそれぞれ K 殻，L 殻，M 殻 $\cdots$ とよぶ．

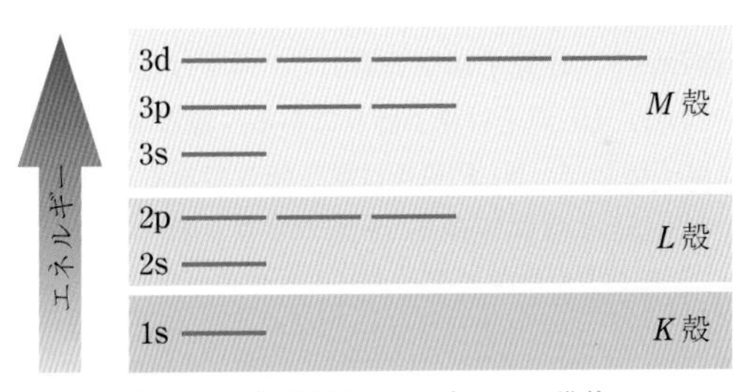

図 3.4　多電子原子のエネルギー準位

3.1.3　原子の電子配置と元素の周期性

原子のエネルギー準位に電子がどのように入っているかを電子配置という．それによって原子の性質が決まり，元素の特性もそれを反映したものとなる．多電子原子は原子番号と同じ数の電子を持つが，これをエネルギー準位に詰めていくときに，次のような**組み立て原理**がある．

1. 電子はエネルギーの低い準位から入っていく.
2. 1つのエネルギー準位には電子は2個まで入ることができる(**パウリ** (Pauli) **の排他律***).
3. エネルギーが同じ準位(縮退準位)では, できるだけ異なる準位に1個ずつ電子が入っていく(**フント** (Hund) **の規則**†).

3. については, たとえば p_x, p_y, p_z 軌道では, 電子は $p_x \to p_y \to p_z$ 軌道の順といった具合に異なるp軌道に順に1個ずつ入っていき, 1つの準位に2個まで入るからといって $p_x \to p_x \to p_y$ という入り方にはならない.

これらの規則にしたがって, 原子番号の順に電子を詰めていくと, 各原子の安定な電子配置が一義的に決まる. これをまとめたのが(図3.5)である. 多くの原子では, 1つのエネルギー準位に電子が1個だけ詰まっている配置になっているが, これを不対電子といい, 他の原子の不対電子と対を作ろうとする性質があり, これが化学結合を作る元になっている. たとえば, H原子は1個の不対電子だけを持つので, 2つのH原子が不対電子を出し合って化学結合を作り, H_2 分子として安定に存在する. これに対して, He原子には不対電子がないのでまったく化学結合を作らない‡. したがって, 不対電子を持つ原子は化学的に活性であるが, 不対電子をもたない原子は不活性である.

一般に, 不対電子がそれぞれ1個の化学結合を作るので, 不対電子の数だけ結合ができる. これを原子価という. H原子は原子価1で, 通常は化学結合を1つ作って H_2 分子となって存在している. He原子は原子価0である. 他には(図3.5を見ればわかるように, O, S原子は原子価2で, N, P原子は原子価3である. C原子だけは特別で, もともと原子価は2であると予測されるが, 実際には原子価は4になっている. これについては混成軌道という考え方を学ぶ必要があり, 3.3節で詳しく解説する.

---

* **パウリの排他律** 電子は, フェルミ粒子といってすべての量子数が同じ準位には2個以上入ることができないが, 自らの自転運動に対応する電子スピンの異なる2つの状態があって, 1つのエネルギー準位にはそれぞれの状態に1個ずつ, 計2個まで電子が入ることができる. 電子スピンの場合には右回りと左回りの自転に対応する量子数 $m_s = +1/2, -1/2$ の状態があり, これを α スピン, β スピンとよぶ.

† **フントの規則** エネルギーの同じ準位に電子を詰めるときはどの順序でもよさそうな気がするが, 実際にはできるかぎり異なる準位に電子スピンを揃えて入れた方がわずかに安定である. これは, 1つの準位に電子が2個はいるとお互いに近づく確率が高くなり負の電荷どうしの反発が大きくなるからであると考えられている.

‡ **不対電子の活性** 電子は, 1つの軌道にスピンの向きを逆にして2個入り, 対を作ると安定になる性質がある. 特に1つの主量子数の殻に許されるだけの数の電子が入ったらとても安定で化学結合を作らなくなる. これを閉殻構造という.

逆に対を作らず単独である軌道に入っている電子は化学的に活性で, 他の原子の電子と1つのエネルギー準位を共有して対を作る. これが共有結合である. 不対電子は同時にスピンがあるので, 磁気的にも活性である.

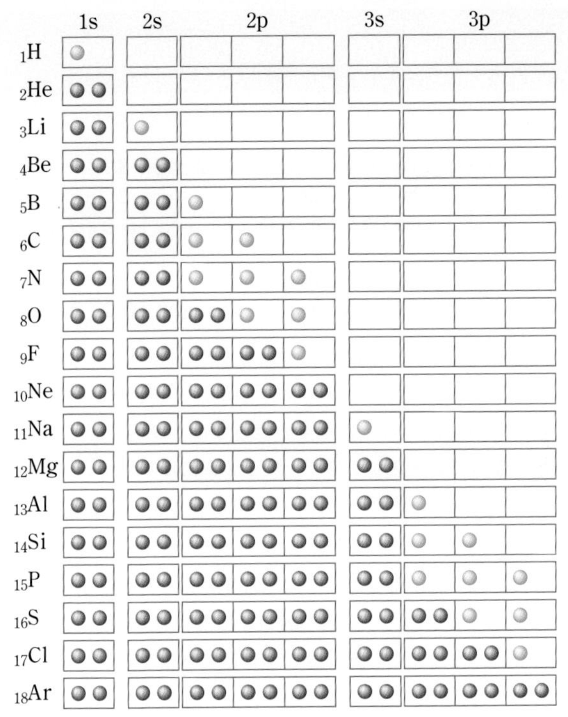

図 3.5　原子の電子配置

最外殻電子配置

原子番号 3 のリチウム Li では，K 殻の 1s 軌道に 2 個，さらに L 殻の 2s 軌道に 1 個という電子配置になっている．これは，主量子数は異なるが，s 軌道に不対電子が 1 個あるということを考えると，最外殻の電子配置は H 原子と同じになっている (図 3.6)．実際，リチウムは水素と同じく化学的に非常に活性であり，同じ配置を持つ Na や K などもその性質は似通っている．これから，「**原子の性質は，電子が入っている主量子数の最も大きい殻に電子がどのように入っているか (最外殻電子配置) で決まっている．**」と考えることができる．

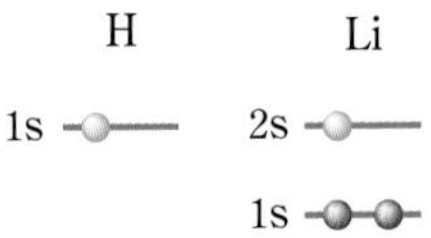

H　　Li
1s　　2s
　　1s

図 3.6　H 原子と Li 原子

例題 3.2　$_{11}$Na と $_{19}$K，$_{9}$F と $_{17}$Cl，$_{10}$Ne と $_{18}$Ar の原子の性質はよく似ている．その理由を，最外殻電子配置を示しながら説明せよ．

【解答】

それぞれの原子の最外殻電子配置は次のようになっている．

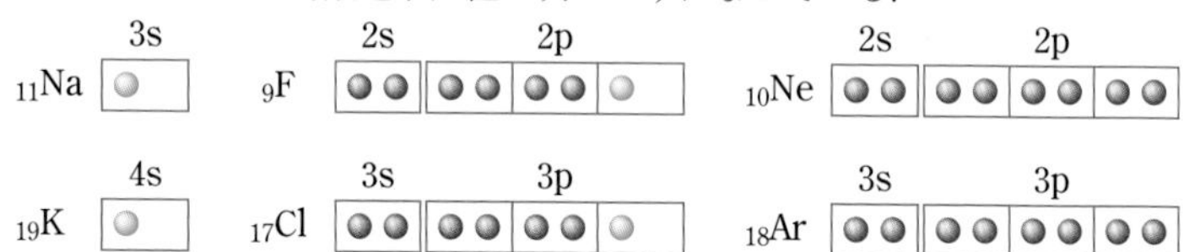

どれを見ても最外殻の電子配置は同じ形であるが，$_{11}$Na と $_{19}$K は s 軌道に不対電子 1 個を持ち，この 1 個の電子を失うと閉殻構造になって安定化するので，陽イオンになりやすい．$_{9}$F と $_{17}$Cl は p 軌道に電子の空きが 1 つあり，そこに電子を 1 個獲得すると閉殻構造になって安定化するので，陰イオンになりやすい．$_{10}$Ne と $_{18}$Ar は閉殻構造を取っており，単体 (単原子気体) は化学的に不活性である．

原子の持つ電子の数は，原子番号とともに増加するが，K 殻，L 殻，M 殻 $\cdots$ に入る最大の電子の数は決まっているので，最外殻電子配置は特定の原子番号で繰り返される．したがって，性質が似通った元素も繰り返し現れることになり，これを元素の周期律という．特に，s 軌道と p 軌道の配置は重要であり，主量子数 3 の M 殻までは，そこに入ることのできる電子数 8，つまり原子番号が 8 増加するごとに同じような性質の原子が現れる．同じ最外殻電子配置を持つ原子に対応する元素が縦一列に並ぶように元素を表にしたのが，元素の周期表である (裏見返し参照)．

左端の H 原子の下には，Li，Na，K，Rb，Cs，$\cdots$ の元素が並ぶ．これらはすべて，s 軌道に不対電子 1 個という最外殻電子配置を持つものであり，化学的に非常に活性で陽イオンになりやすい．これらはアルカリ金属原子とよばれ，Li などは電池の素材としてとても重要な元素である，右端の He 原子の下には，Ne，Ar，Kr，Xe，Rn，$\cdots$ の元素が並び，これらは貴ガスまたは不活性ガスとよばれる．電子配置は閉殻構造を取っていて化学的には極めて不活性である．だからといって社会的に役に立たないということはなく，その不活性さを活用して，化学反応の抑制や放電の調節安定化の用途に広く使われている．He は質量が小さいので地球上から飛散してしまい，量が少なくなって希少価値物質となっている．そういう意味で貴ガスともよばれる．その左隣の F 原子の下には，Cl，Br，I，$\cdots$ の元素が並ぶが，これらは p 軌道に不対電子が 1 個という最外殻電子配置を持っている．化学的に非常に活性で陰イオンになりやすい．これらはハロゲンとよばれ，水溶液中で強い酸として働く．

電気陰性度

原子の持つ電子のうち最もエネルギーの大きいものを 1 個取り去る，つまりイオン化するのに必要なエネルギーを**イオン化ポテンシャル** (IP) という．その値はアルカリ金属原子では小さく，貴ガス原子で最も大きい．最外殻電子配置によって決まる値なので，周期律が明確に現れる．これに対して，中性原子から陰イオンを作るときに放出されるエネルギーを**電子親和力** (EA) という．したがって，この 2 つの値を平均すると，原子がどれくらい電子を引き付け易いかを示す値が得られる．

表 3.1　ポーリングの電気陰性度

H						
2.1						
Li	Be	B	C	N	O	F
1.0	1.5	2.0	2.5	3.0	3.5	4.0
Na	Mg	Al	Si	P	S	Cl
0.9	1.2	1.5	1.8	2.1	2.5	3.0

$$\chi_{\mathrm{A}} = \left(\frac{1}{2}\right)(\mathrm{IP} + \mathrm{EA}) \tag{3.3}$$

これを，**電気陰性度** (Electronegativity) という．式 (3.3) はマリケン (Mulliken) による電気陰性度の定義であり，電気陰性度そのものは化学結合における共有結合性とイオン結合性の割合に基づいてポーリング (Pauling) が初めて提案した概念である．ポーリングの電気陰性度の値は F 原子 (4.0) を基準にして導かれている (表 3.1).

3.1.4　s 軌道と p 軌道

第 2 章で学んだように，量子力学の結果として，原子のエネルギー準位には，それぞれの固有の波動関数 (固有関数) が対応していて，その関数の値の二乗がその地点での電子の存在確率を表す．原子のエネルギー準位には，1s，2s，2p，3s，3p，3d，$\cdots$ という記号が付けられているが，ここでの s，p，d は波動関数の空間的な分布の違いを示すものである (図 3.7).

s 軌道は球対称で，波動関数の値の等しいところをなぞった等高面を示すと，丸い球面になる．つまり，電子はあらゆる方向に等確率で分布している．ただし，波動関数の値は原子核の位置 (原点 O) からの距離とともに小さくなっているので，電子が原子核から離れるにつれて存在確率は小さくなる．

これに対して，p 軌道は一軸周りの円筒対称であり，1 つの方向に伸びた分布をもっている．原点 O では波動関数の値は 0 であるが，1 つの座標軸の $+$ と $-$ の少し離れたところで，波の山と谷を示す．これを，しばしば $+$ と $-$ と表すが，それは電気的な $+$ と $-$ を表しているのではない．また，p 軌道は軸方向への円筒対称なので，x, y, z 軸方向に同じ形の軌道が考えられ，同じエネルギーの準位が 3 つ存在することになる．このような軌道を縮退軌道とよぶが，縮退した 3 つの p 軌道は互いに直交しており，これが次

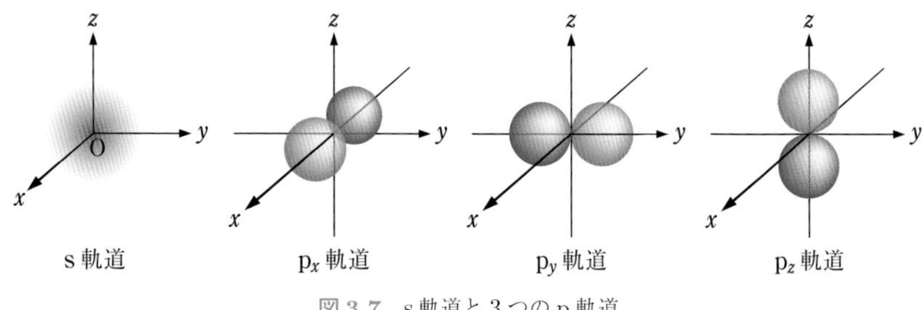

図 3.7　s 軌道と 3 つの p 軌道

節で学ぶ分子の構造を考えるときの重要なポイントになる (図 3.7).

発展　球面極座標と H 原子の波動関数

H 原子の波動関数は，シュレーディンガー方程式を解くことによって求められるが，通常のデカルト座標 (x, y, z) よりも，球面極座標を用いたほうが表現が簡単になる．(章末問題 2.7 参照)

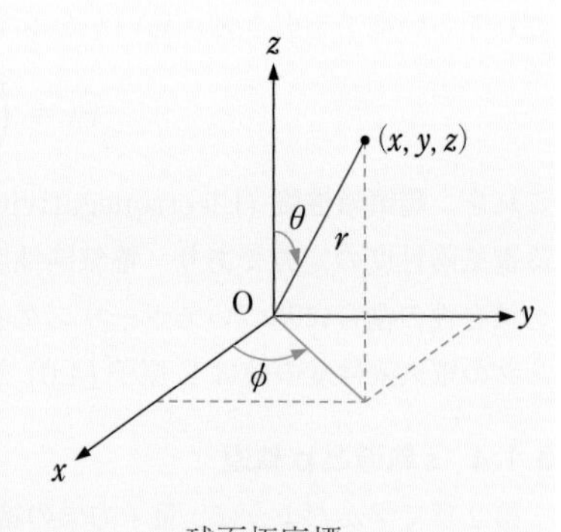

球面極座標

球面極座標　ある粒子の位置が (x, y, z) であったとする．その粒子と原点との距離を r とするとこの粒子を含む球面ができる．その球面上の位置はちょうど地球上の位置を緯度，経度で表すのと同じように，z 軸からの角度 θ および x 軸からの角度 ϕ によって表わすことができる．これを球面極座標という．デカルト座標の x, y, z は

$$x = r \sin\theta \cos\phi$$

$$y = r \sin\theta \sin\phi$$

$$z = r \cos\theta$$

という変換式で与えられる．

H 原子の波動関数　H 原子の 1s，2s，2p の波動関数を下の表にまとめてある．波動関数は原点からの距離 r と，球面上の角度 θ, ϕ に関する部分に分けることができ，前者を $R_{nl}(r)$ (これを動径部分という)，後者を $Y_{lm_l}(\theta, \phi)$ (球面調和関数とよばれ，これを角度部分という) と表す．

s 軌道は方位量子数は 0，したがって磁気量子数も 0 だけである．軌道は球対称なので角度部分は定数で座標変数を含んでいない．動径部分は r の指数関数を含んでいて，原子核から遠ざかるにつれて波動関数の値は小さくなる．

p 軌道は方位量子数は 1，したがって磁気量子数は 0 と ±1 である．波動関数の値は原点で 0 であり，1 つの軸上の少し離れたところで山と谷を示し，原子核からの距離が大きくなると，0 に収束していく．3 方向の軸成分は角度部分の三角関数で表現されていて，3 つの縮退軌道 p_x，p_y，p_z は直交しているのがわかる．

H 原子の波動関数 (ただし，$\rho = \dfrac{r}{a_0}$　(a_0：ボーア半径) である．)

	n	l	m_l	$R_{nl}(r)$	$Y_{lm_l}(\theta, \phi)$
1s	1	0	0	$2{a_0}^{-3/2}e^{-\rho}$	$(\sqrt{4\pi})^{-1}$
2s	2	0	0	$(2\sqrt{2})^{-1}{a_0}^{-3/2}(2-\rho)e^{-\rho/2}$	$(\sqrt{4\pi})^{-1}$
$2p_z$	2	1	0	$(2\sqrt{6})^{-1}{a_0}^{-3/2}\rho e^{-\rho/2}$	$\sqrt{3/4\pi}\cos\theta$
$2p_x$	2	1	±1	$(2\sqrt{6})^{-1}{a_0}^{-3/2}\rho e^{-\rho/2}$	$\sqrt{3/4\pi}\sin\theta\cos\phi$
$2p_y$	2	1	±1	$(2\sqrt{6})^{-1}{a_0}^{-3/2}\rho e^{-\rho/2}$	$\sqrt{3/4\pi}\sin\theta\sin\phi$

3.2 化学結合と二原子分子

3.2.1 1s 軌道の重なりと H_2 分子

原子核は $+Ze$ の電荷を持っており，これを 2 つ近づけても電気的な反発があって化学結合を作ることはできない．それを解消するには，負電荷を持った電子がうまく働くことが必要である．H 原子は，1s 軌道に不対電子を 1 個持っている．2 つの水素原子が近づくとそれぞれの 1s 軌道 ψ_A，ψ_B が重なりを持つようになる．重なってできる状態の波動関数を次のような線形結合で表す．

$$\Phi = c_A\psi_A + c_B\psi_B \tag{3.4}$$

これを分子軌道 (Molecular Orbital) という．この分子軌道から分子に許される準位のエネルギーの値 (エネルギー固有値) と，各々の準位に固有の波動関数 (固有関数) を求める方法を分子軌道法という．実際に計算された分子の分子軌道は (図 3.8) のようになり，これを式で表すと，

$$\Phi\sigma_{1s} = \frac{1}{\sqrt{2}}(\psi_A + \psi_B) \tag{3.5}$$

$$\Phi{\sigma_{1s}}^* = \frac{1}{\sqrt{2}}(\psi_A - \psi_B) \tag{3.6}$$

となる．

図の左側の分子軌道は 2 つの H 原子の 1s 軌道を同じ正の符号で足し合わせた形になっており，波動関数が結合軸に滑らかな形で伸びている．これを σ_{1s} と表す．右側の分子軌

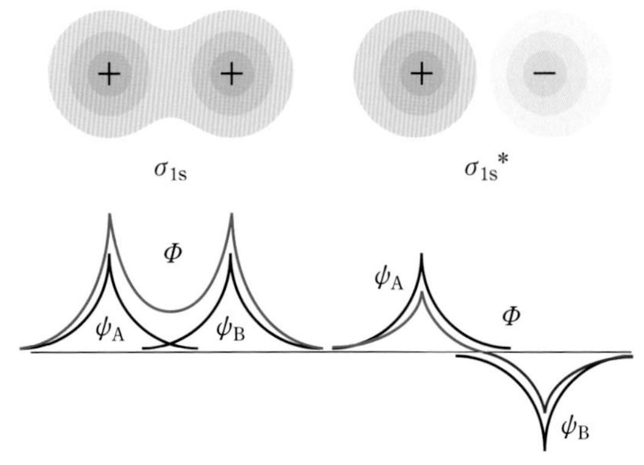

図 3.8　H_2 分子の固有関数

道は，片方の 1s 軌道を負の符号で足し合わせた形になっており，原子核の間の領域で波動関数が打ち消し合っている．これを $\sigma_{1s}{}^*$ で表す．それぞれの図の下には，結合軸上での波動関数の振幅を示している．

σ_{1s} 軌道では，2 つの H 原子の 1s 軌道が重なって原子核の間の領域で波動関数の値が大きくなる．これは，波の干渉でお互いに強め合う場合であるが，波動関数の 2 乗が電子の存在確率を表すので，この軌道にある電子は原子核の間で大きな確率で見出されることになる．1s 軌道自体は球対称の空間分布を持っているが，2 つの H 原子が近づいて波動関数が重なると，部分的に電子が原子核の間に集まる．するとその領域で負電荷の割合が大きくなって，原子核の持つ正電荷どうしの反発を小さくし，その結果安定な化学結合ができると考えられる．一方，$\sigma_{1s}{}^*$ 軌道では逆に原子核の間で 2 つの 1s 軌道の波動関数が波の干渉で打ち消し合い，その結果電子の存在確率が 2 つの原子核の内側で小さくなってしまい，原子核の正電荷による反発を助長する形になって，安定な化学結合はできない．このような軌道は反結合性といい，軌道の記号の右方に $*$ をつけて表す (たとえばシグマイチエススターと読む)．

このときのエネルギー準位と電子配置を模式的に示したのが図 3.9 である．2 つの H 原子が近づいて 1s 軌道に重なりができると，分子のエネルギー準位が 2 つでき，1 つは結合性の σ_{1s} 準位でエネルギーは低くなる．もう 1 つは反結合性の $\sigma_{1s}{}^*$ 準位で，これは逆にエネルギーが高くなる．

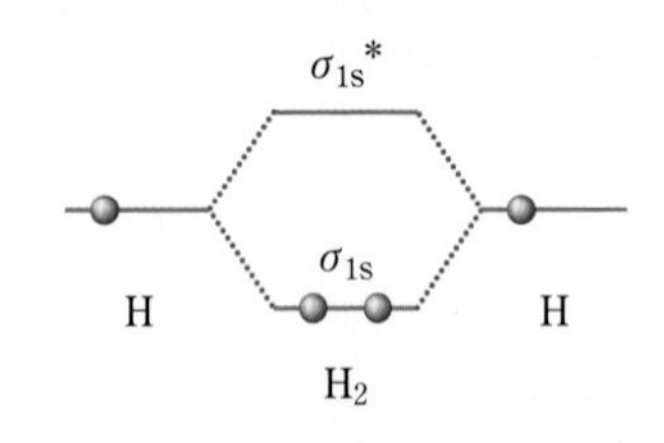

図 3.9　H_2 分子の電子配置

H 原子の 1s 軌道には不対電子があり，これが分子のエネルギー準位に入るのだが，原子の組み立て原理と同じように，分子でもエネルギーの低い準位から電子は2個ずつ入る．したがって，H_2 分子では σ_{1s} に2個電子が入るという配置になり，全体としての電子2個分のエネルギーは結合していない2個のH原子のエネルギーよりも小さくなるので，原子でいるよりは分子を作った方が安定であると考えられる．このとき，2つのH原子は電子が1個ずつ出し合い，分子のエネルギー準位で対を作っているという意味で共有結合 (covalent bond) とよばれる．

3.2.2 σ 結合と π 結合

次にp軌道も含めた化学結合について考えてみる．2つの原子軌道が重なって波の干渉によって強め合いが起こると結合性の準位のエネルギーが低くなり，その準位に電子が入ると安定な化学結合ができる．

s軌道は球対称なのでどの方向でも必ず重なりが生じ，原子核を結んだ軸 (結合軸) 上で波動関数の値が最も大きい分子軌道となる (図3.10)．s軌道とp軌道の重なりでも化学結合はできるが，結合軸上に沿って伸びたp軌道とその軸上にs軌道を持つ原子核が位置すると，2つの軌道の重なりが最大となり結合が強くなる．同じ方向に伸びたp軌道どうしも化学結合を作るが，2つのp軌道が1直線上に並んだ時に重なりが最大となる，この3つの結合では原子核の間の結合軸上で波動関数が大きく重なり，その領域で存在確率が大きくなって電子が正電荷を持つ原子核の間に部分的に集まり，安定な結合を作る．これを σ 結合とよぶ．片方の波動関数が負の値であれば，お互いが重なることによってその領域の電子の存在確率が小さくなり，この準位に電子が入っても安定な結合とはならない．これが σ^* 軌道である．

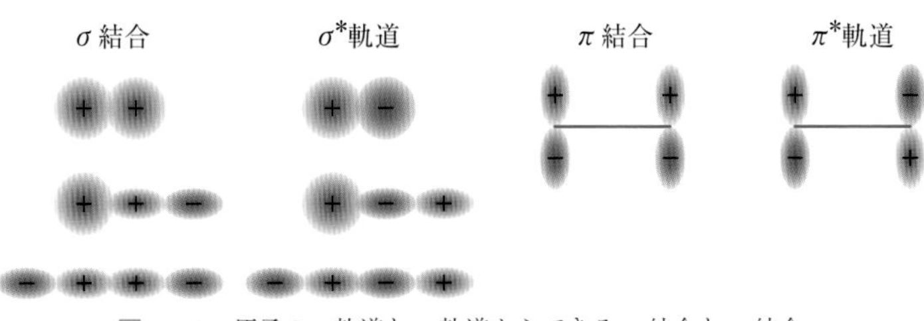

図3.10　原子のs軌道とp軌道からできる σ 結合と π 結合

p軌道が結合軸に垂直に向いて並んだときも化学結合を作る．これを π 結合とよぶが，結合軸の上側ではp軌道の正の符号どうし，結合軸の下側ではp軌道の負の符号どうしで波の干渉による強め合いが起こり安定な化学結合ができる．ただし，重なりの度合いは σ 結合ほど大きくないので，結合の強さも比較的弱い．π 結合では，結合軸上で波動関数の値は0となりそこに電子はいることができないが，それ以外の分子全体の領域に電子の存在確率が大きく広がった緩やかな結合である．片方の波動関数が逆の符号になっているときには反結合性の軌道になってエネルギーは高くなる．これを π^* 軌道と表す．

σ 結合と π 結合の違いのひとつに，軌道の空間的な対称性が挙げられる (図 3.11)．分子を結合軸の方向から見てみると，σ 軌道は結合軸回りに回しても符号も形も変わらない．これに対して，π 軌道は結合軸回りに回すと，形は重なるが波動関数の符号が逆転する．

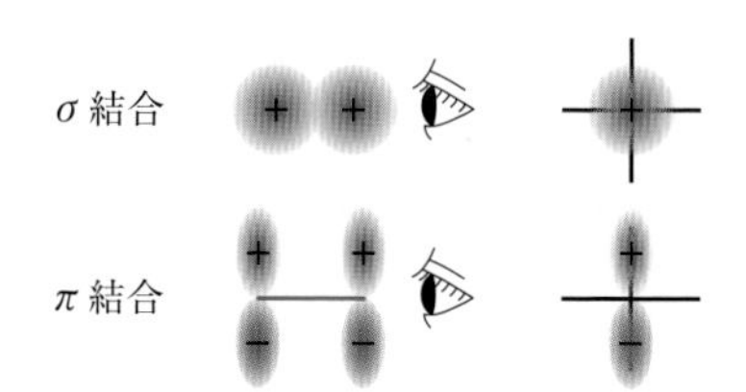

図 3.11　σ 軌道と π 軌道の対称性

σ 軌道は，結合軸方向から見るとどの角度でも符号は正であるが，π 軌道は上側半分で正，下側半分で負の符号になっていて，結合軸回りに 180° 回転させると，軌道の形は重なるが符号が逆転する．σ と π はこの軸回りの対称性を表現する記号でもある．

例題 3.3　O_2 分子と N_2 分子の σ 結合と π 結合を説明せよ．

【解答】

N 原子と O 原子の電子配置は次のようになっている．

	1s	2s	2p			3s	3p		
$_7N$	●●	●●	●	●	●				
$_8O$	●●	●●	●●	●	●				

O 原子は p_y 軌道，p_z 軌道に 1 個ずつ不対電子を持ち，原子価は 2 である．図 3.12 (a) に示すように，p_y 軌道は結合軸方向に伸びた σ 結合を作る．一方，p_z 軌道は結合軸に垂直に平行に並んで π 結合を作り，O_2 分子は σ 結合 1 つと π 結合 1 つで分子を形成している．

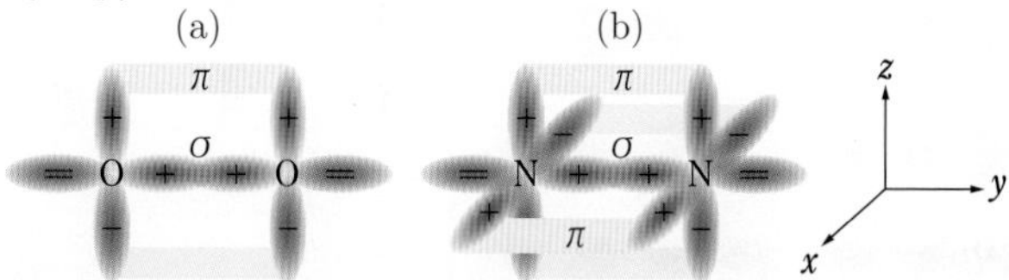

図 3.12　(a) O_2 分子と (b) N_2 分子の σ 軌道と π 軌道

N 原子は p_x 軌道，p_y 軌道，p_z 軌道に 1 個ずつ不対電子を持ち，原子価は 3 である．図 3.12 (b) に示すように，p_y 軌道は σ 結合を作るが，p_x 軌道，p_z 軌道は結合軸に垂直にかつお互いに直交した 2 つの π 結合を作る．

O_2 分子には 2 つの結合があり，これを二重結合といって，O=O のように二重線で表す．しかし，2 つは同じ結合ではなく，1 つは結合軸上に局在した形の強い σ 結合，もう

1つは分子全体に広がった比較的弱いπ結合でその性質は大きく異なる．さらに，このπ結合は電子スピンによって反結合性を併せ持つ形になっており，不対電子の性質が分子に現れる．実際のO_2分子は，助燃性があって反応性が高く，磁気的にも活性である．

N_2分子には3つの結合があって，これを三重結合とよび，N≡Nのように表す．そのうち1つはσ結合，もう2つはπ結合である．これら3つの結合はすべて結合性の安定なものであり，そのためN_2分子も化学的には不活性で，通常の状態では反応を起こさない．二重結合と三重結合をまとめて多重結合という．

3.2.3 等核二原子分子の特性

主量子数$n = 2$，周期表の2行目の元素について，その等核二原子分子の分子軌道と電子配置をまとめたのが，図3.13である．2つの原子の2s軌道が組み合わさって，結合性のσ_{2s}，反結合性の$\sigma_{2s}{}^*$の分子軌道ができる．Li原子は2s軌道に電子を1個もっているので，Li_2ではσ_{2s}に電子対ができて安定な分子を作っている．これに対して，Be_2では反結合性の$\sigma_{2s}{}^*$にも電子対ができるので，分子は安定ではない．

Beよりも原子番号が大きい原子では，2p軌道からなる分子軌道σ_{2p}，$\sigma_{2p}{}^*$，π_{2p}，$\pi_{2p}{}^*$に電子が入り，その配置によって分子の特性が決まっている．B_2では，フントの規則によって2つのπ_{2p}に不対電子が1個ずつ入り，分子としてはあまり安定ではない．C_2では，π結合が2つできて安定な分子を作るように思われるが，次節で解説するようにC原子では混成軌道を考える必要があるので，分子もその理解は簡単ではない．

さて，N_2とO_2は，前節で示したようにπ結合ができて，分子はともに安定であると考えられる．しかしながら，N_2は化学的に不活性であるのに対し，O_2は活性で多くの分子と反応する．この違いは図3.13の電子配置で理解することができる．N_2では3つの結合性のσ_{2p}，π_{2p}に電子対ができて，三重結合を作ってとても安定な分子となる．O_2では，さらに反結合性の2つの$\pi_{2p}{}^*$に不対電子が1個ずつ入るので，二重結合が完全に

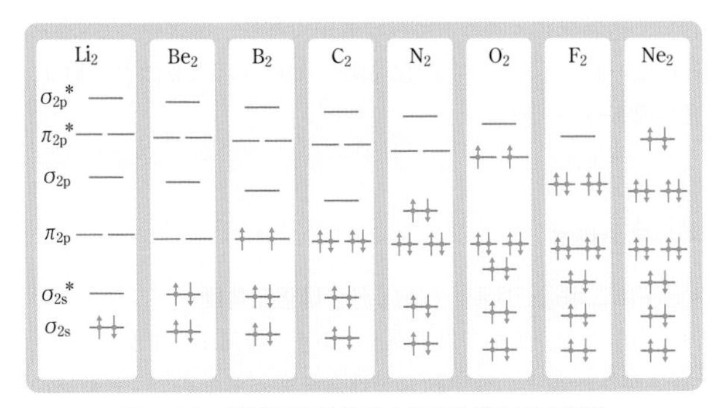

図3.13　等核二原子分子の分子軌道と電子配置

できず分子としては化学的に活性になる．

F_2 では，2p 電子対が 5 つでき，結果的には安定な単結合で分子は安定になる．さらに Ne_2 になると，原子の L 殻に由来する分子軌道がすべて電子で占有されるので化学結合は作らず，分子は安定に存在しない．

コラム　空気の主成分は N≡N と O=O

地球の大気の成分を示したのが右の図である．体積比率で 78％が窒素分子 N≡N であるが，これは化学的に不活性であり，我々生物にとっては無用のものである．呼吸や代謝など，生命に必要なのは酸素分子 O=O であるが，大気中の割合は 21％である．実は，この割合が高等生物である哺乳類には絶妙で，たとえば 2 億年前の中生代には，酸素の割合が低かったので，恐竜や爬虫類などの卵生の生物が繁栄した．哺乳類は母親の胎内で子どもを育てるので，高濃度の酸素が必要である．また，脳の活動が盛んな人類は通常でも高い濃度の酸素が必要で，20％を切ると多くの人が意識を失ったり，いわゆる高山病という症状で苦しむ．しかし，逆に酸素濃度が高すぎると，代謝が進みすぎて健康状態を保てないし，何より火が消せなくなるので，安全に生きていけなくなると予想される．

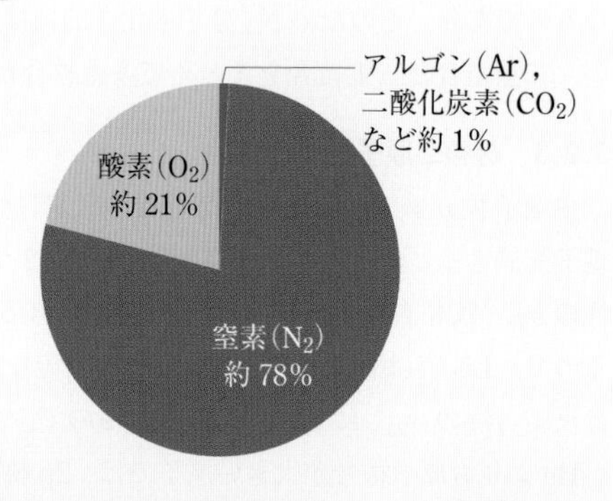

このように，安定で健全な環境を保つためには，生命に直接役に立つわけではないが，不活性な窒素分子が欠かせない．物理化学というのは，特性の異なる分子を最高の条件で活用し，生命や環境を健全に保っていくのに重要な分野である．その他には，Ar ガスが 1％ほど含まれている．貴ガス元素なので化学的に不活性であるが，これも反応を抑制して状態変化を制御するのに有用であり，溶接のときのバッファーガスなどで活用されている．さらに，二酸化炭素が 0.04％ほど含まれており，植物はこれを利用して光合成を行っている．

3.3 多原子分子の構造

3.3.1 H_2O 分子は二等辺三角形，NH_3 分子は正三角錐

3 つ以上の原子からなる分子を多原子分子という．多原子分子ができるためには，少なくとも 1 つの原子が 2 つ以上の化学結合を作る必要があるので，p 軌道の不対電子を複数使わなければならない．ここでは，H_2O 分子と NH_3 分子で化学結合のしくみを詳し

くみてみる．

水分子 H_2O

O 原子は，$2p_y$，$2p_z$ 軌道に 1 個ずつ不対電子を持ち，それぞれが H 原子の 1s 軌道の不対電子と共有結合する (図 3.14)．波動関数が大きく重なるのは，p 軌道が伸びている方向に H 原子が位置するときであり，$2p_y$，$2p_z$ 軌道はお互いに直交しているので，2 つの O–H 結合の角度は 90° になる (図 3.15)．したがって，H_2O 分子の形は直角二等辺三角形であることが予測される．実際には H 原子どうしの電気的な反発があって結合角は少し大きくなっている (104°) が，形が二等辺三角形であることが分子に電気的な分極をもたらし，分子どうしの引きつけ合う力が大きくて沸点が比較的高いといった水という物質に特有の性質をもたらしている．

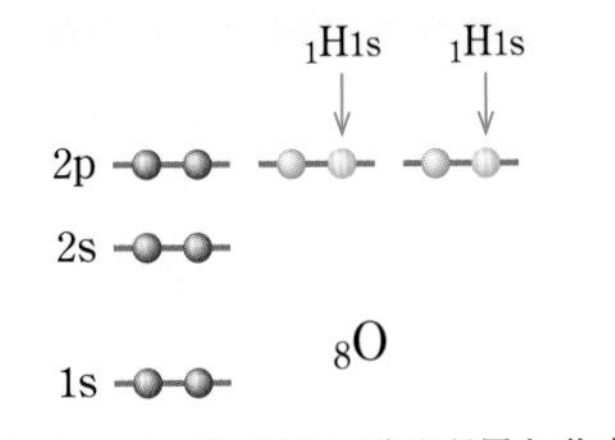

図 3.14　O 原子の電子配置と共有結合

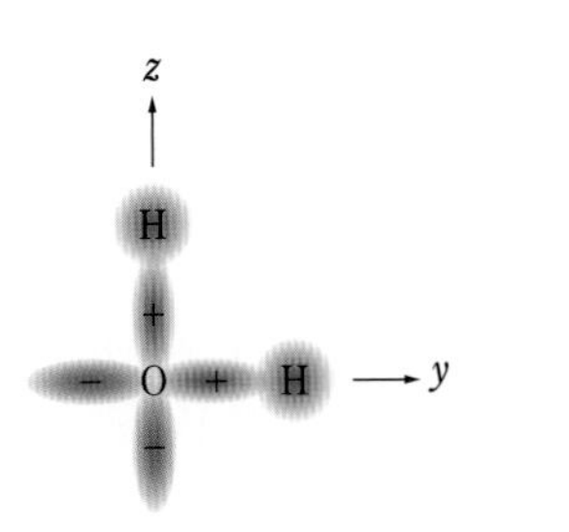

図 3.15　H_2O の分子軌道

アンモニア分子 NH_3

N 原子は，$2p_x$，$2p_y$，$2p_z$ 軌道に 1 個ずつ不対電子を持ち，それぞれが H 原子の 1s 軌道の不対電子と共有結合する (図 3.16)．この結合が最も強くなるのは，p 軌道が伸びている 3 方向に H 原子が位置するときであり，$2p_x$，$2p_y$，$2p_z$ 軌道はすべてお互いに直交しているので，3 つの O–H 結合も直交し，NH_3 分子の形は結合角が 90° の正三角錐であることが予測される (図 3.17)．実際には H 原子どうしの電気的な反発があって結合角は少し大きくなっている (107.8°) が，三角錐の形であることから分子全体の分極が大きく，金属錯体や無機塩など多様な化合物を作る．また，3 つの H 原子が空間的に偏り，さらにもう 1 つの H 原子が近づきやすい構造でもあるので，アンモニアは水によく溶け部分的に電離する．そのためアンモニア水は塩基性を示す．

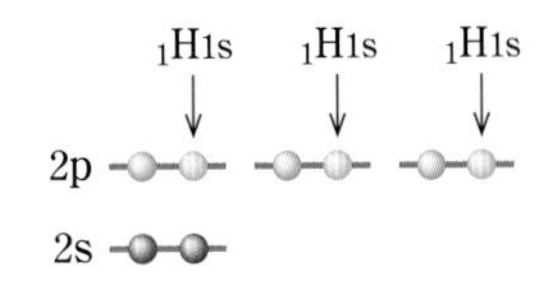

図 3.16　N 原子の電子配置と共有結合

$$NH_3 + H_2O \longrightarrow NH_4{}^+ + OH^- \qquad (3.7)$$

このように，多原子分子の多くは，p 軌道に複数の不対電子を持つ原子からその数だけの化学結合ができ

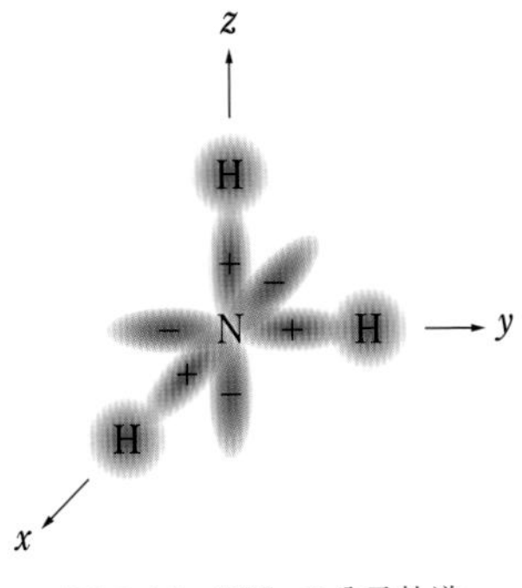

図 3.17　NH_3 の分子軌道

ているので，原則的に結合角は 90° であることが考えられる．ところが，(3.7) 式に現れるアンモニウムイオン NH_4^+ (アンモニアに水素イオンが付加した陽イオン) は正四面体構造をとっており，また C 原子を含む分子は，正四面体の配置を取ったり，平面で結合角が 120° だったり，直線分子だったりと多様性に富む構造をしている．これは次に示す混成軌道という考え方によって理解することができる．

3.3.2 CH_4 分子は正四面体

C 原子の混成軌道

C 原子は原子価が 4 であり，結合の間の角は 109°，120°，180° の 3 つの場合がある．これらを，2s 軌道と 2p 軌道を混合して新たに構成する原子軌道によって考える．原子番号 6 の C 原子の電子配置は元来は図 3.18 (a) で原子価は 2 だと予測されるが，実際の原子価は 4 である．そこで，不対電子を 4 個にするために，図 3.18 (b) に示すように 2s 軌道の電子のうち 1 個を $2p_z$ の空の軌道に励起する．さらに，たとえばメタン分子 (CH_4) では 4 つの C–H 結合が全く同じ長さ同じエネルギーであることを説明するために，4 つの軌道を組み合わせて同じ形の軌道にする．これを**混成軌道**という．混成の仕方には，sp^3，sp^2，sp の 3 つがある．

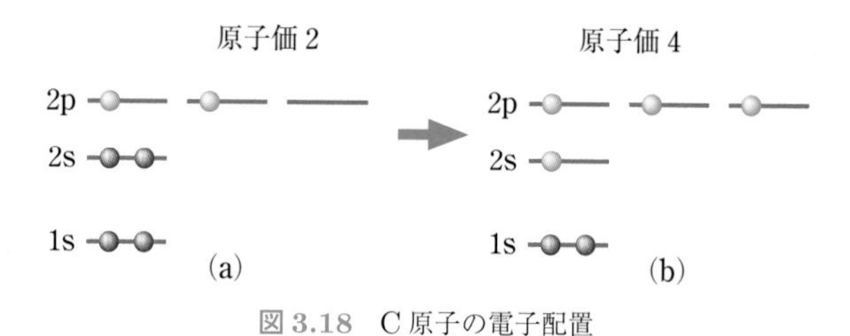

図 3.18　C 原子の電子配置

sp^3 混成

C 原子の 2s 軌道の電子のうち 1 個を $2p_z$ の空軌道に励起すると原子価は 4 になるが，s 軌道の電子 1 個，p 軌道の電子 3 個になって 1 つの結合だけが異なるということになる．そこで，この 4 つの軌道を巧みに組み合わせてすべて同じ形の軌道にする．これを **sp^3 混成軌道**という (図 3.19)．

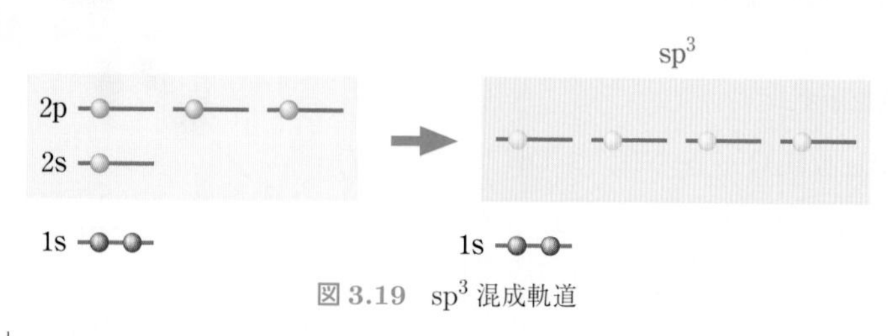

図 3.19　sp^3 混成軌道

メタン分子では，4つのC–H結合は長さもエネルギーも同じであるが，さらにその周りの状況も同じでなければならないので，C原子のsp^3混成軌道は空間的には正四面体の頂点へ向かう方向に伸びていると考えられ，その先にH原子が1個ずつ結合すると実際のメタン分子の構造を理解することができる (図3.20)．結合角はすべて109°，結合長はすべて0.109 nmになっている．

このように，メタンは対称性が高い極性のない分子であり，沸点が低いし水にもほとんど溶けない．また，4つの最外殻電子がすべて安定な結合に使われているので，無味無臭の気体である．ただし，高温で酸素と反応して大きな熱エネルギーを出すので，都市ガス (天然ガス) や火力発電の燃料として利用されている．

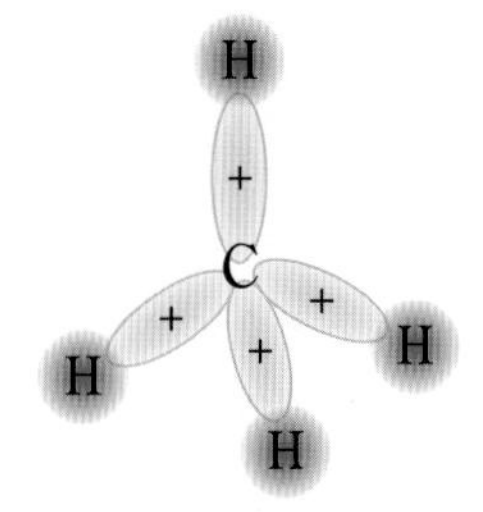

図3.20　CH_4 メタン分子

3.3.3　平面分子と直線分子

sp^2 混成

C原子の原子価4の配置で，2s軌道と，$2p_x$，$2p_y$ 軌道を組み合わせる．これを**sp^2混成軌道**という (図3.21)．この場合は3つの同じ軌道ができることになるが，空間的にはxy平面内で120°の角度をなし，3方向への伸びる軌道を作ってその先にH原子が結合することが考えられる．しかしながら．混成に参加していない$2p_z$軌道にも不対電子があって，これも結合させた方が安定な分子になることが予想される．sp^2混成軌道を持つ2つのC原子を結合させたのがエチレン分子 (C_2H_4) である．3つのsp^2混成軌道のうちの2つはH原子と結合し，1つはC原子のsp^2混成軌道とσ結合を作る．3つの結合はxy平面内で120°の方向に伸びている．混成に参加していない$2p_z$軌道は混成軌道のxy平面に垂直の方向に伸びており，2つのC原子が結合すると平行に並んでπ結合を作る (図3.22)．このように，C–C結合はσ結合が1つとπ結合が1つという二重結合になっていて結合長は0.132 nmであり，6つの原子はすべてxy平面上に位置する．このような分子を平面分子とよぶ．4つのC–H結合は全く同じで結合長は0.108 nm，結

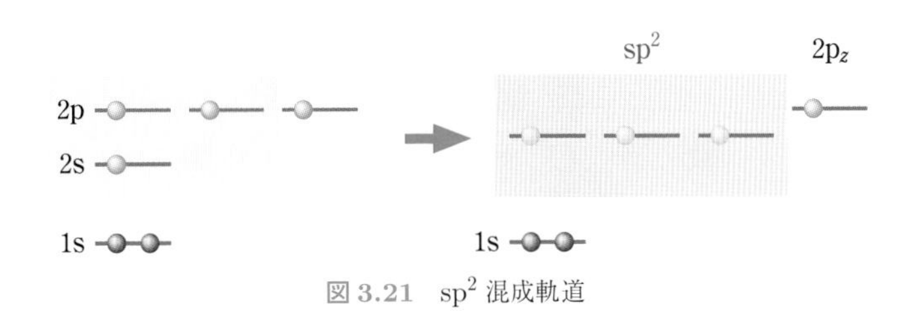

図3.21　sp^2 混成軌道

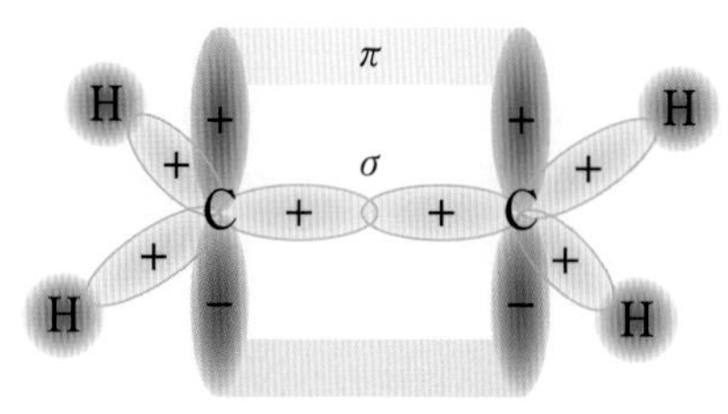

図 3.22　エチレン分子

合角はほぼ 120° である.

π 結合は σ 結合に比べるとかなり弱いので，容易に結合が切れて他の原子が平面の上下から近づいて付加反応を起こしたり，エチレン分子同士が数多く重合してポリマーを作る．エチレン分子は比較的堅固であるが，重合してできるポリエチレンは sp^3 混成になるので変形しやすく，ゴミ袋などに広く利用されている.

sp 混成

C 原子の原子価 4 の配置で，2s 軌道と，$2p_x$ 軌道を組み合わせる．これを **sp 混成軌道**という (図 3.23)．この場合 2 つの同じ軌道ができるが，それは x 軸上で 180° の角度をなし，反対方向への伸びる軌道に H 原子が結合することが考えられる．このときは，混成に参加していない $2p_y$，$2p_z$ 軌道にそれぞれ不対電子があってこれらも結合させた方が安定な分子になる．典型的な例がこの sp 混成軌道を持つ C 原子を 2 つ結合させたアセチレン分子 (C_2H_2) である．混成に参加していない $2p_y$，$2p_z$ 軌道は混成軌道の x 軸に

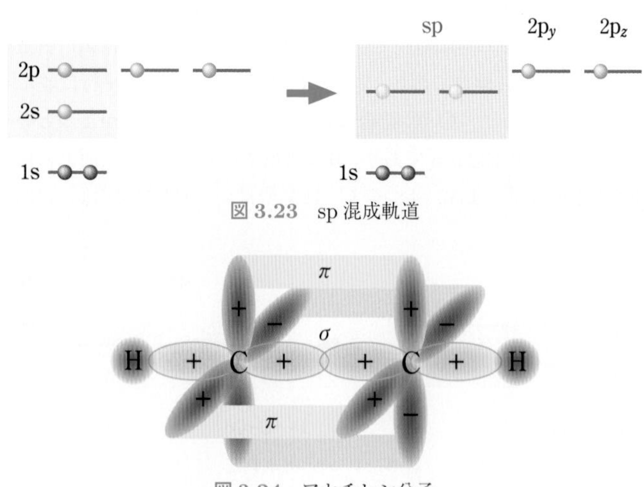

図 3.23　sp 混成軌道

図 3.24　アセチレン分子

垂直の方向にかつお互いに垂直に伸びており，2 つの C 原子が結合すると平行に並んで 2 つの直交した π 結合を作る (図 3.24)．混成軌道どうしの結合は σ 結合なので，C–C 結合は σ 結合が 1 つと π 結合が 2 つという三重結合になっていて結合長は 0.120 nm と，単結合や二重結合より短くなっている．2 つの C–H 結合は同じで結合長は 0.108 nm，結合角は 180° であり，4 つの原子が一直線上に並ぶ直線分子である．π 結合が多いのでアセチレンは付加反応や重合反応を受けやすく，多くの有用な物質の合成の原料にもなっている．また，酸素と高温で反応して非常に大きい熱エネルギーを生じるので，高温の炎 (酸素アセチレン炎) の燃料として有用になっている．

例題 3.4　sp^2 混成軌道は次のような式で表すことができる．この 3 つが xy 面内で 120° の角度を成して 3 方向へ伸びていることを示せ．

$$\psi_1(\mathrm{sp}^2) = \frac{1}{\sqrt{3}}\psi_s + \sqrt{\frac{2}{3}}\psi_{P_x}$$

$$\psi_2(\mathrm{sp}^2) = \frac{1}{\sqrt{3}}\psi_s - \frac{1}{\sqrt{6}}\psi_{P_x} + \frac{1}{\sqrt{2}}\psi_{P_y}$$

$$\psi_3(\mathrm{sp}^2) = \frac{1}{\sqrt{3}}\psi_s - \frac{1}{\sqrt{6}}\psi_{P_x} - \frac{1}{\sqrt{2}}\psi_{P_y}$$

【解答】

この 3 つの式の中で，s 軌道の係数はすべて $\frac{1}{\sqrt{3}}$ になっており，同じ割合で 3 つに振り分けられている．sp^2 混成軌道の方向を決めているのは，p_x，p_y 軌道の係数である．上の式の係数をすべて $\sqrt{\frac{2}{3}}$ で割ると，図 3.25 に示してある面内での xy 面内で半径 1 の円の 3 等分点の座標と一致しており，これら 3 つの軌道が 120° の角度を成して 3 方向へ向いていることがわかる．

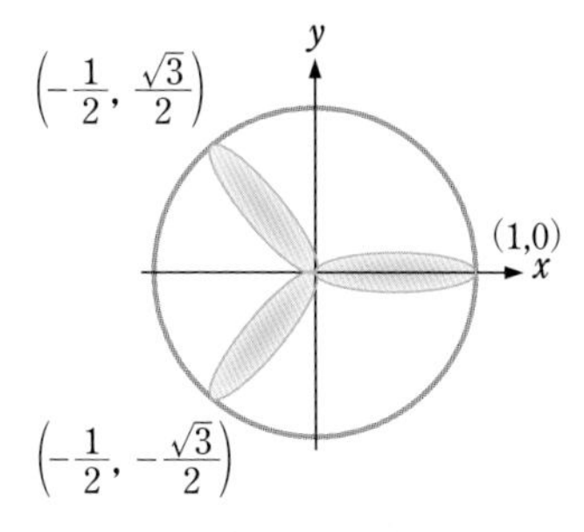

図 3.25　sp^2 混成軌道の x, y 成分

3.4 分子振動と赤外線吸収

3.4.1 分子振動のエネルギー準位

分子を形成している化学結合は，常にその結合長を周期的に変えていて，バネの振動のような運動を繰り返している．これを，分子振動とよぶ．基本的には分子を構成する原子の核の運動であり，第2章で学んだ量子論で考えることができる．二原子分子では，振動は2つの原子の核間距離（結合長）R の変化として表される．図3.26は，横軸に R を取り，ポテンシャルエネルギーの変化と，振動のエネルギー準位（量子数は v で表す）の様子を示したものである．ポテンシャルエネルギーは $R=0$ で無限大となるが，最も安定な結合長（平衡核間距離）R_e のところで極小値を取り，$R=\infty$ ではある有限の値（解離した2つの原子のエネルギー）に収束する．

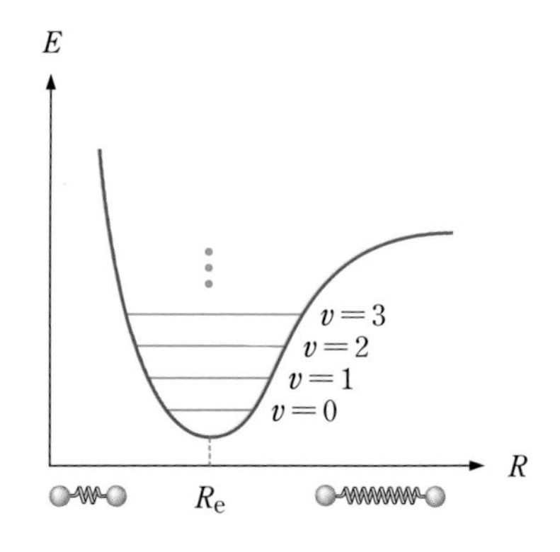

図 3.26　ポテンシャルエネルギー曲線と振動エネルギー準位

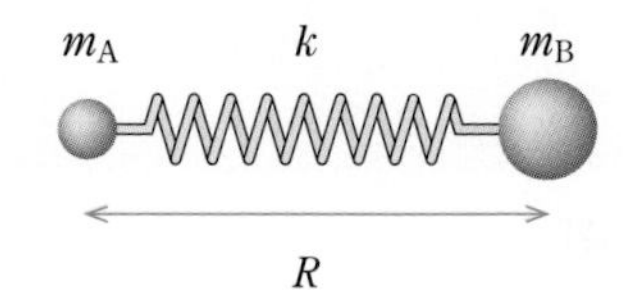

図 3.27　二原子分子の振動

いま，質量 m_A，m_B の原子A，Bが，距離 R で結合しているとし，これをバネの運動のモデルで考えてみる（図3.27）．原子の波動関数が重なると共有結合ができるので，2つの原子が近づくにつれてポテンシャルエネルギーは小さくなる．しかし，正電荷を持つ原子核の間には電気的な反発があり，R が小さくなりすぎると，逆にポテンシャルエネルギーは大きくなる．したがって，二原子分子のポテンシャルエネルギーはある R の値で極小点を持ち，これを R_e で表す．

ポテンシャルエネルギー曲線を正確に式で表すのは難しいので，近似的に簡単な関数で表すことが多い．次の式は，原子の間の相互作用を表すのによく用いられるレナード-ジョーンズポテンシャルである．

$$U(R) = 4\varepsilon\left[\left(\frac{\sigma}{R}\right)^{12} - \left(\frac{\sigma}{R}\right)^{6}\right] \tag{3.8}$$

この式では，原子核どうしの反発を R^{-12} の項で，電子による安定化のエネルギーを R^{-6} の項で近似的に表している．ε と σ は実験で得られる結果と一致するように決定されるパラメーターであるが，ε はポテンシャルエネルギーの極小点と分子が解離して2個の原子になったときのエネルギーの差を表し，これを結合エネルギーまたは解離エネルギーという.

このようなポテンシャルエネルギー曲線は，R_e 付近の領域では二次曲線で近似することができる．バネ定数を k (通常 $500\,\mathrm{N\,m^{-1}}$ くらいの値である) とすると，ポテンシャルエネルギー曲線は次の式で表される.

$$U(R) = \frac{1}{2}k(R - R_e)^2 = 2\pi^2 \mu \nu_0{}^2 (R - R_e)^2 \tag{3.9}$$

μ は換算質量で次のように表される.

$$\mu = \frac{m_A m_B}{m_A + m_B} \tag{3.10}$$

また，ν_0 は分子振動の固有振動数で，波数単位で次の式で与えられ，

$$\widetilde{\nu}_0 = \frac{1}{2\pi c}\sqrt{\frac{k}{\mu}} \qquad [\mathrm{cm^{-1}}] \tag{3.11}$$

通常，振動数は 1 秒間に 100 兆回くらいになる.

これを用いて，分子振動のエネルギー準位の固有値は

$$E_{\mathrm{vib}} = h\nu_0 \left(v + \frac{1}{2}\right) \qquad v = 0, 1, 2, 3, \cdots \tag{3.12}$$

で与えられる.

実際には，赤外吸収スペクトルの測定によってこの値を実験的に決めるのだが，その解析に便利なようにエネルギー固有値も波数単位で表す.

$$E_{\mathrm{vib}} = \widetilde{\nu}_0 \left(v + \frac{1}{2}\right) \qquad [\mathrm{cm^{-1}}] \tag{3.13}$$

これから，一連のエネルギー準位は等間隔のハシゴ段のようになっていることがわかる (図 3.28)．通常では，ほとんどの分子が最もエネルギーの低い $v = 0$ の準位にあるのだが，その準位でも振動エネルギーはゼロではなく

$$E_0 = \frac{1}{2}\widetilde{\nu}_0 \qquad [\mathrm{cm^{-1}}] \tag{3.14}$$

であり，これを零点エネルギーという．$v = 0$ の準位にある分子に $\widetilde{\nu}_0$ の波数の赤外線を照射すると，これを吸収して $v = 1$ の準位に励起される．これが分子の赤外線吸収である.

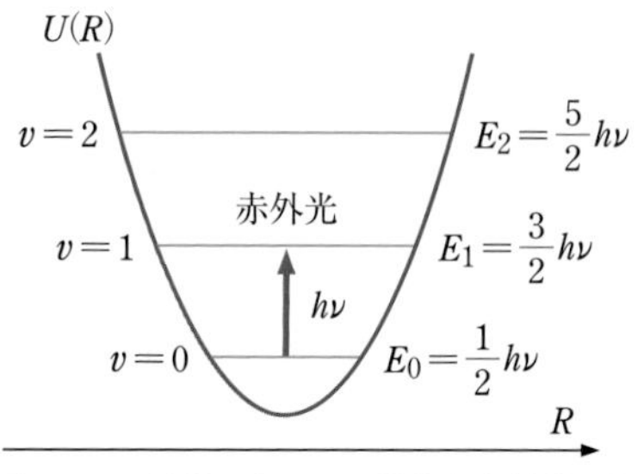

図 3.28　振動エネルギー準位と赤外線吸収

例題 3.5　HCl 分子では，赤外吸収スペクトルを測定すると，$2700\,\mathrm{cm}^{-1}$ にスペクトル線が観測される．分子の振動数が，この赤外光の振動数と同じだと考え，1 秒間に何回振動しているかを計算せよ．

【解答】

光の振動数は

$$\nu = \frac{c}{\lambda} = c\widetilde{\nu}$$

で与えられる．ここで，$\widetilde{\nu} = \dfrac{1}{\lambda}$ は，この光のエネルギーを波数単位で表したものである．$v = 0$ の分子が $v = 1$ へ励起されるとき，その差のエネルギーを持つ赤外光を吸収する (図 3.28)．その振動数 ν は上の式から

$$\begin{aligned}\nu &= 3 \times 10^8\,[\mathrm{m\,s^{-1}}] \times 2700 \times 100\,[\mathrm{m^{-1}}] \\ &= 8.1 \times 10^{13}\,[\mathrm{s^{-1}}]\end{aligned}$$

となり，これが分子振動の振動数と同じだとすると，HCl 分子は 1 秒間に 81 兆回振動していることになる．

ばね定数 (力の定数) k は化学結合の強さを表し，その値はそれぞれの分子に固有である．赤外吸収スペクトルを測定して $\widetilde{\nu}_0$ を決定すれば，k を求めて化学結合の強さを推定することができるし，未知の物質が何の分子であるかを同定することもできる．また，吸収強度からその分子の密度を知ることもでき，大気中の汚染物質の濃度などもこの方法で観測されている．

ただし，N_2 や O_2 のような等核二原子分子は赤外光を全く吸収しない．それは，これらの分子が振動しても対称性が高いために分子全体の電荷分布が偏ることがなく，赤外光の波に同期して分子が揺れることができないためである．

3.4.2 振動モードと赤外線吸収

多原子分子の振動モード

多原子分子では化学結合が複数あるので，その結合長の伸び縮みや結合角の変化によってポテンシャルエネルギーが複雑に変化する．しかし，分子振動については定常的に続けられる振動の形がそれぞれの分子で決まっていて，これを**基準振動モード**という．また，実際にそれぞれの原子核がどのように動くかを表したのが**基準座標**である．N 個の原子から成る多原子分子では，$3N-6$ 個 (直線分子では $3N-5$ 個) の振動モードが存在する．

水分子には 3 つの基準振動モードがあり (図 3.29)，通常はこれに慣例的な規則で番号を付け，モードを的確に表現する名称でよぶ．2 つの O–H 結合が同時に同じだけ伸びるモードが ν_1 であり，これを対称伸縮振動とよぶ．この振動モードに対応する赤外吸収のスペクトル線は $3657\,\mathrm{cm}^{-1}$ に観測され，これがこのモードの固有振動数になる．2 つの O–H 結合の間の角度が変化するモードが ν_2 であり，これを変角振動とよぶ．ハサミが開いたり閉じたりする動きと似ているので，ハサミ振動とよぶこともある．2 つの O–H 結合で片方が伸びると他方が縮むモードが ν_3 であり，これを逆対称伸縮振動とよぶ．

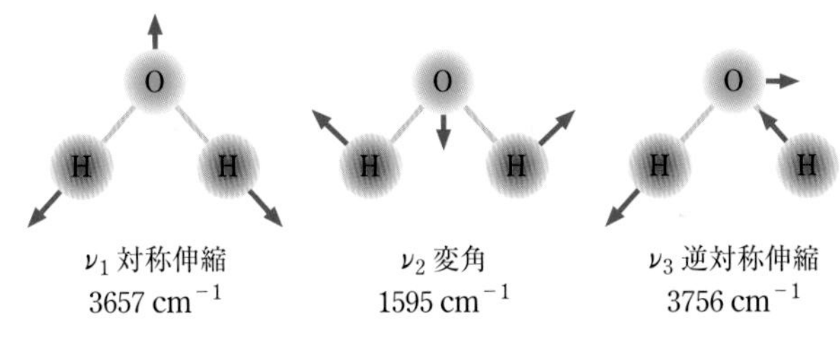

図 3.29 H_2O 分子の基準振動モードと固有振動数

このように，多原子分子の基準振動モードには伸縮と変角の 2 種類があるが，その固有振動数は分子によっても振動モードによっても異なる．一般に，変角振動モードの固有振動数は伸縮にくらべると小さい．また，それぞれの原子核の動きは分子の対称性にしたがうものでなければならない．ただし，大きさは同じでも方向が逆の場合も許され，同じ O–H 結合の 2 つの伸縮には対称と逆対称の 2 つがある．2 つの振動モードの固有振動数の差は小さいことが多い．

赤外線を吸収するかどうかは基準振動モードの対称性で決まり，これを遷移選択則という．水の 3 つのモードはすべて赤外活性であり，水は太陽光に含まれる赤外線を吸収して温度が上昇する．同じ 3 原子分子でも直線形の二酸化炭素分子 (CO_2) では，対称伸縮振動だけが赤外不活性になり，逆にこれらの赤外スペクトルを測定して分子の構造を推定することができる．等核二原子分子以外では，どれかの振動モードが赤外活性となり，何らかの波長の赤外線を必ず吸収する．

CO_2 の赤外線吸収と地球温暖化　二酸化炭素 CO_2 は赤外線を吸収する．その結果，分子は $v=0$ から $v=1$ の振動励起準位に遷移し，3 つの原子の運動エネルギーが増加し，分子としては温度の高い状態になる．CO_2 は大気中に 400 ppm (0.04 %) 含まれているが，太陽光にはすべての波長の赤外線が含まれているのでそれを吸収し，温度が上昇する．これに対し，等核二原子分子である N_2，O_2 分子は赤外線をまったく吸収しない．したがって，わずかの量の CO_2 が赤外線を吸収しても，大気全体の温度が上昇するとは考えにくい．ところが，1 気圧の大気中の CO_2 分子は 1 秒間に 30 億回ほど N_2，O_2 分子と衝突をしてエネルギーを渡している．エントロピー増大の法則によって，エネルギーは温度の高いところから低いところへ移るので，赤外線吸収で温められた CO_2 分子のエネルギーは，周囲の圧倒的に多い N_2，O_2 分子へと移り，CO_2 分子は $v=0$ の準位へ戻る．太陽光の中の赤外線は絶えず降り注いでいるから，他の分子との衝突によって冷めた CO_2 分子は再び赤外線を吸収して励起され，周囲の分子にエネルギーを渡す．このプロセスは太陽が照っている時間，絶えず繰り返されているので，結果として大気全体の温度が上昇する．これが，地球温暖化のメカニズムである．

CO_2 はとても安定な分子なので，これを C と O_2 に分解するのには大きなエネルギーが必要である．そのために化石燃料を燃やしていては，大気中の CO_2 の量をさらに増加させてしまうので，この問題を解決するのは基本的に難しい．地球温暖化を抑制するには，化石燃料の燃焼をできる限り少なくして，CO_2 の増加を防ぐしか方法がない．エネルギー問題で“脱炭素”が叫ばれているのはこういう状況であるからであり，科学的に何とかしようと思うと，この章で学んだ分子の構造や振動だけではなく，第 5 章で学ぶエンタルピー，エントロピー，第 6 章で学ぶ化学反応まで，広い範囲にわたる物理化学をきちんと理解することが重要である．

CO_2 は地球温暖化の原因になっているので，大気中から除いてしまえばいいかというと，そうではない．植物には CO_2 と H_2O が絶対必要で，

$$6CO_2 + 6H_2O \longrightarrow C_6H_{12}O_6 + 6O_2 \qquad \Delta H = 2808\,\mathrm{kJ/mol}$$

という化学反応で栄養素と酸素を作り出している．人間も含めてほとんどの生命がそれによって生きていることを思えば，CO_2 は生命にとってなくてはならない物質なのである．それでも，植物も地球温暖化で気温が上昇したら生きていくのが難しくなり，重要なのは大気の成分の割合を一定に保っていくことである．

右図は，1985 年から現在までの大気中の CO_2 の濃度の変化 (世界平均) を示したものであるが，右肩上がりにずっと増加を続けている．この増加曲線が平均気温の上昇とよく対応していることから，CO_2 の増加が地球温暖化の要因であることは認めざるをえないが，物理化学を学ぶとそれが必然の結果であることも理解できる．

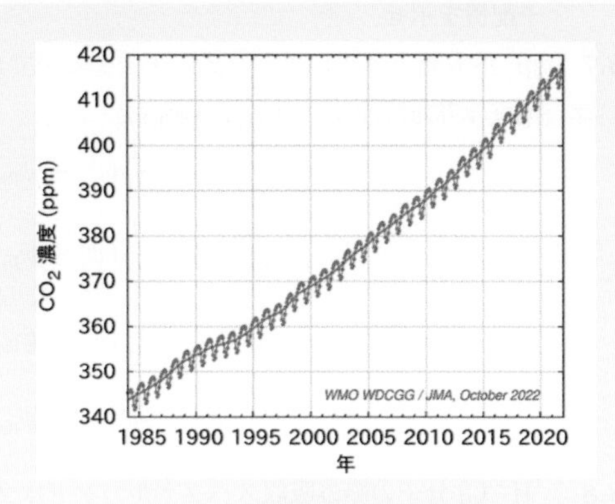

(温室効果ガス世界資料センター)

グラフに示された CO_2 の濃度には一年毎に 3 ppm の変動が見られるが，これは植物の光合成によるものだと考えられている．世界の森林の中には落葉樹が多く，冬は光合成ができない．季節毎の CO_2 濃度の変動は，人類が排出している炭酸ガスを植物が命がけで酸素に戻しているのを示しているのである．それでも排出量があまりにも多くてそれが間に合わず，全体としては年々増加の一途を辿っているのは，サイエンスに携わっている者にはとても悲しいことである．

章末問題 3

3.1 主量子数 n の殻に入る電子の数は最大 $2n^2$ であることを示せ．

3.2 H 原子の $n = 2$ の準位からの電子の励起による遷移で，スペクトル線の波長が最も長いのはどの準位への遷移か，またその波長を予測せよ．

3.3 Li 原子の (2s-2p) と Na 原子の (3s-3p) の準位のエネルギー差は，それぞれ $14900\,\mathrm{cm}^{-1}$ と $17000\,\mathrm{cm}^{-1}$ である．これらの原子の炎色反応の色を予測せよ．

3.4 H_2 分子は安定であるが，He_2 分子は不安定である．2 つの分子のエネルギー準位と波動関数が近似的に同じだとして，分子軌道法を用いてその理由を説明せよ．

3.5 水素原子に対してシュレーディンガー方程式を解くと，主量子数が 2，方位量子数が 1，磁気量子数が +1 および −1 に対応する波動関数 p_{+1} および p_{-1} として次式が得られる．

$$p_{\pm 1} = \mp \frac{1}{8\sqrt{\pi}} a_0^{-\frac{3}{2}} \rho \mathrm{e}^{-\frac{\rho}{2}} \sin\theta \mathrm{e}^{\pm i\phi}$$

この式を用いて $2\mathrm{p}_x$ 軌道と $2\mathrm{p}_y$ 軌道を表現する波動関数を導け．

3.6 図 3.13 を参考にして，CO 分子の分子軌道エネルギー準位図を模式的に描き，電

子配置を示せ.

3.7 sp^3 混成軌道は次のような式で表すことができる．この4つの軌道が正四面体の頂点の方向に伸びていることを示せ.

$$\psi_1(\mathrm{sp}^3) = \frac{1}{2}(\psi_s + \psi_{p_x} + \psi_{p_y} + \psi_{p_z})$$

$$\psi_2(\mathrm{sp}^3) = \frac{1}{2}(\psi_s + \psi_{p_x} - \psi_{p_y} - \psi_{p_z})$$

$$\psi_3(\mathrm{sp}^3) = \frac{1}{2}(\psi_s - \psi_{p_x} + \psi_{p_y} - \psi_{p_z})$$

$$\psi_4(\mathrm{sp}^3) = \frac{1}{2}(\psi_s - \psi_{p_x} - \psi_{p_y} + \psi_{p_z})$$

3.8 $^{1}\mathrm{H}^{35}\mathrm{Cl}$ 分子の赤外吸収スペクトルバンドは $2886\,\mathrm{cm}^{-1}$ に観測される．換算質量を計算して，$^{2}\mathrm{H}^{35}\mathrm{Cl}$ と $^{1}\mathrm{H}^{37}\mathrm{Cl}$ のスペクトルバンドの観測波数を予測せよ.

3.9 CO_2 の振動モードは H_2O と類似していて，対称伸縮振動，変角振動 (二重縮退)，逆対称伸縮振動がある．それぞれの基準座標を図示せよ.

3.10 インターネットを検索して空気の赤外吸収スペクトルのデータを見つけ出し，それぞれのスペクトルバンドの由来分子と振動モードを同定せよ.

第 4 章

分子構造と結晶構造

物質には，それぞれの持つ性質とそれを生かした固有の機能がある．化学で重要なのは，それを系統的に理解し，さらに優れた特性を持つ分子あるいはその集合体を創り出すことである．この章では，まず単独の分子の形について学び，それが物質の性質にどのように関連しているかを考える．分子の形を見るときに必要なのが対称性の取り扱いであ

ライナス・ポーリング (Linus Pauling)　量子論を化学結合に応用し，原子の電気陰性度，炭素原子の混成軌道，分子構造などで基礎的な理論を確立した．また，X 線回折の結果を詳細に考察し，タンパク質などの生体分子の構造についての研究を発展させた．1954 年にノーベル化学賞，1963 年にノーベル平和賞を受賞している．

り，その基本的な考え方を解説するが，それが理解できたら，我々が広く用いている多くの分子の構造とその性質を一段と深く考えることができるであろう．

さらに，その見方を分子の集合体に拡張すると，それぞれの物質の個性と役割が理解できる．この章の後半では，空間的に規則正しく原子や分子が並んだ結晶の構造について解説する．1つ1つの原子や分子も特有の性質を持っているのであるが，これらがそれぞれに固有の規則で繰り返し配置されることによって，非常に高度で優れた機能を発現することも多い．いくつかの典型的な結晶構造の例を挙げながら，その基本的な考え方と詳しい取り扱いを示す．

4.1 分子の形

4.1.1 分子の構造と対称性

H_2O 分子は二等辺三角形の形状を持ち，O 原子を通り 2 つの H 原子を結ぶ線分を二等分する直線を含む鏡を分子面に垂直に置くと，その像が元の分子と重なる．NH_3 分子は正三角錐で，3 つの H 原子から成る正三角形の重心と N 原子を通る直線を軸としてその回りに 120° 回転させるとすべての原子が元の位置と重なる．CO_2 分子は直線形であり，中心の C 原子を通り分子軸に垂直な直線の回りで 180° だけ回転させると元の分子と重なる．このような性質を分子の対称性といい，分子の構造を維持する操作は**対称操作**とよばれ，図 4.1 に示すように，回転，鏡映，反転などの対称操作が知られている．

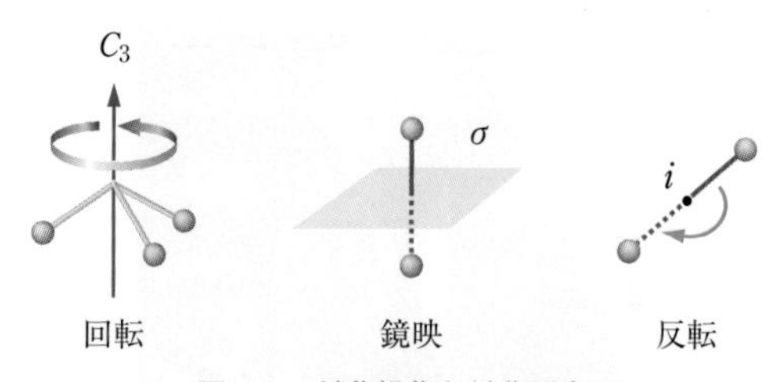

図 4.1　対称操作と対称要素

基本的には，線，面，点に対する原子 (位置) の移動によって分子が同じ形で重なるかどうかを考える．対称操作を行う上で基準となる固定された線，面，点を**対称要素**という．線に対する対称性については，ある軸の回りに特定の角度で回転させると，すべての原子が元の位置に重なるときに，この分子は回転対称性または軸対称性を持つ，この原子の移動を**回転操作**といい，その軸を**回転軸**とよんで C_n で表す．n は，回転操作を何回行えば 1 周するかを表し，図 4.1 の場合は 120° 回転すると重なり，その操作を 3 回行うと 1 周するので回転軸は C_3 と表される．これを 3 回回転軸とよぶ．

面に対する対称性については，ある平面に置いた鏡の像の位置に原子を動かす．すべての原子が元の位置に重なるときに，この分子は面対称性を持つ．この対称操作を**鏡映**といい，対称要素である面を**鏡映面**とよんで σ で表す．平面分子の場合は，すべての原子を含む分子面がそのまま鏡映面になる．

点に対する対称性については，ある点の回りに原子を 180° 回して反対側へ移す．すべての原子が元の位置に重なるときに，この分子は点対称性を持つ．この対称操作を**反転**といい，対称要素である点を**対称心**とよんで i で表す．

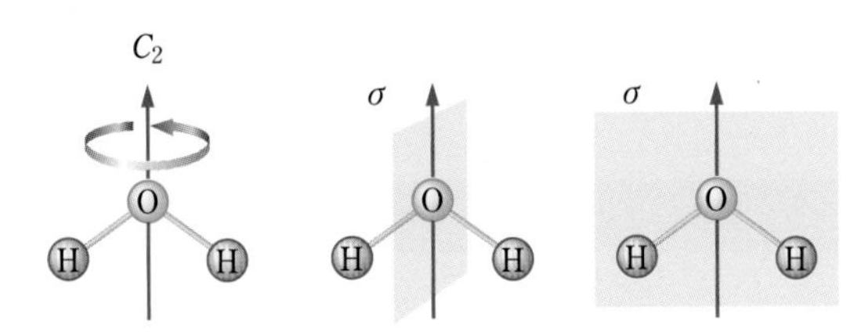

図 4.2　H_2O 分子の対称操作と対称要素

まずは，H_2O 分子の対称性を見てみよう (図 4.2)．O 原子を通り 2 つの H 原子を結ぶ線分を二等分する直線が 2 回回転軸 C_2 であり，この軸の回りに 180° 回すと H 原子が反対側に移り，もう 1 つの H 原子と重なる．軸上にある O 原子は動かない．さらにこの軸を含む鏡映面が 2 つある．1 つは，分子面に垂直な面で，鏡映操作で H 原子はやはり反対側の H 原子に移り重なる．もう 1 つは 3 つの原子が含まれる分子面であり，この面で鏡映操作をしても原子は動かないので，分子は元の状態が保たれる．また，2 回回転軸上の点を基準として反転させても，二等辺三角形が逆さまになって重ならないので，H_2O 分子は対称心を持たない．すなわち，反転対称性がない．

NH_3 分子では，N 原子を通る 3 回回転軸 C_3 があり，この軸の回りに 120° 回すと H 原子が隣の H 原子の位置に移り重なる．軸上にある N 原子は動かない．この軸を含む鏡映面は 3 つあり．各々が 1 つの N–H 結合を含み，残りの 2 つの H 原子を結ぶ線分の中点を横切る．また，NH_3 分子は反転させても，正三角錐が逆向きになって重ならないので，対称心を持たない．

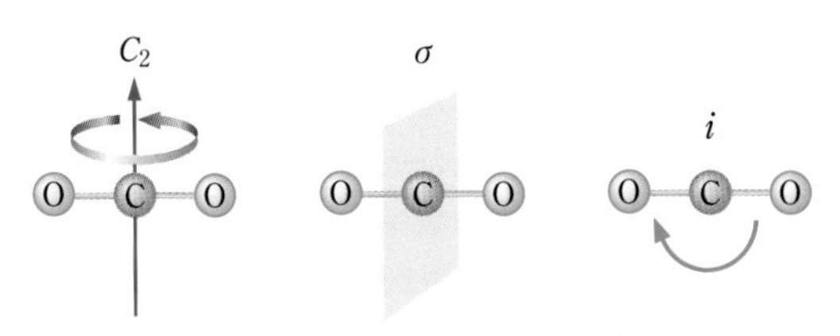

図 4.3　CO_2 分子の対称操作と対称要素

これに対して，CO_2 分子は直線形であり (図 4.3)，分子軸の中心に C 原子があり，分子軸に垂直で C 原子を通る 2 回回転軸 C_2 がある．この軸の回りに 180° 回すと O 原子が反対側に移り，もう 1 つの O 原子と重なる．軸上にある C 原子は動かない．さらに，この軸を含み分子軸に垂直な面は鏡映面になっている．この分子では，C 原子を中心に反転させると O 原子が反対側の O 原子に重なる．つまり，CO_2 分子は対称心を持つ．この他にも対称要素があって，それは分子軸回りの回転軸と分子軸を含む鏡映面である．直線形分子は，分子軸回りに回転させても原子は動かないので，どの角度に何回回転させても元と重なる．これを無限回転軸 C_∞ とよぶ．それとともに，分子軸を含む鏡映面も無限に存在する．

例題 4.1　H_2 分子と HF 分子の対称要素を示せ．

【解答】

H_2 分子も CO_2 分子と同じ直線形であり，下の図に示すような対称要素と，これらに加えて分子軸回りの C_∞ と分子軸を含む無限の σ を持っている．

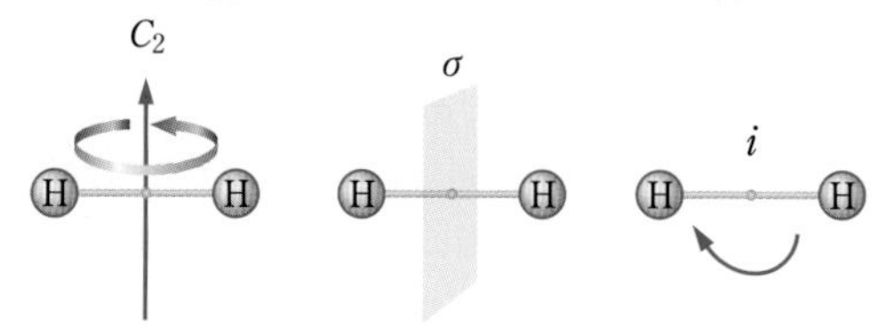

これに対して，異核二原子分子である HF 分子には，上図の 3 つの対称要素はない．ただし，分子軸回りの C_∞ と分子軸を含む無限の σ は持っている．この 2 つは，直線形分子には必ずある．

分子の対称性のやや詳しい取り扱い　4.1 節において述べたように，H_2O 分子には対称要素として 2 回回転軸 C_2 と 2 つの鏡映面がある．今，3 次元の座標軸を図 4.4 のようにとり，H_2O 分子を図のように配置すると，C_2 軸は z 軸に等価である．また，2 つの鏡映面は zx 平面と yz 平面となるが，これらは xy 平面に対して垂直な方向，すなわち，鉛直方向に広がっているので，鉛直を意味する vertical の頭文字 v を用いて，それぞれ σ_v，$\sigma_v{}'$ と表現する．対称操作として，回転と鏡映以外に「原子を動かさない」という操作もあり，当然，これは元の分子の構造と原子の位置を変えない．このような操作を**恒等操作**といい，記号 E で表す．この操作はあらゆる分子が対称操作の 1 つとして持っている．これらの対称操作は H_2O 分子と同様の折れ線形の分子，たとえば SO_2 などにも当てはまる．そこで，このことを一般化して類似の対称性を持つ物体 (分子も含まれる) をひとまとめにして考察すれば便利である．このような考え方の基礎となるのが数学の群論であり，特に本章で述べているような，ある物体の形を維持しながら行う移動操作を考えたとき，物体の中にその操作によって動かない点が少なくとも1つ存在するとき，これらの操作の集合を**点群**という．H_2O や SO_2 のように対称操作として E，C_2，σ_v，$\sigma_v{}'$ を持つ系は点群の1つであり，これを C_{2v} のような記号で表す．

各点群には**指標表**というものがあり，対称性に関わるさまざまな情報が含まれている．表4.1は C_{2v} の指標表であり，表に記載されている1や -1 の数字を**指標**という．ここでは数学的な厳密な定義には立ち入らず，直感的にこの表を理解することにしよう．表の最も右の欄には x，xy，R_z といった記号が書かれている．このうち，x は，x 軸上にあるベクトル，x 軸方向への変位，x 軸に沿って広がり原点に節を持つ p_x 軌道などに対応する．また，xy は分極率の成分や d_{xy} 軌道などに対応し，R_z はz軸の周りの回転を表す．今，H_2O 分子のO原子の $2p_y$ 軌道が各操作によってどのように変化するかを考えると，図4.5のようになる．すなわち，恒等操作と鏡映操作の $\sigma_v{}'$ では位相に変化はないが，C_2 操作と σ_v 操作では位相が入れ替わっている．位相が変わらない場合に指標は $\chi = 1$ であり，位相が入れ替わる場合に指標は $\chi = -1$ となる．これをまとめると

対称操作	E	C_2	σ_v	$\sigma_v{}'$
指標	1	-1	-1	1

となり，O原子の $2p_y$ 軌道はこのような表現で対称性を記述することができる．上記のような一組の指標をまとめて**対称種**とよび，表4.1にあるように A_1 や B_1 といった記号で表す．対称操作と指標の関係から，O原子の $2p_y$ 軌道は B_2 という対称種に属すことがわかる．実際，指標表の最も右の欄を見ると，y は B_2 に対応していることがわかる．

点群の考え方は，分子の静的な構造のみならず，分子振動や分子軌道を対称性の観点から考察する上でも重要である．

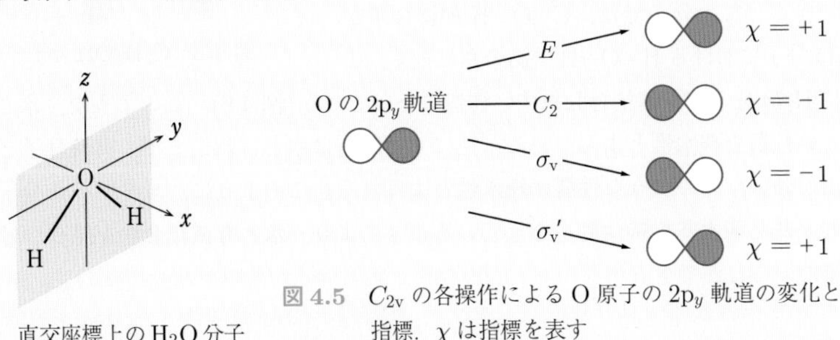

図4.4　直交座標上の H_2O 分子

図4.5　C_{2v} の各操作によるO原子の $2p_y$ 軌道の変化と指標．χ は指標を表す

表 4.1　C_{2v} の指標表

	E	C_2	$\sigma_v(zx)$	$\sigma_v{}'(yz)$		
A_1	1	1	1	1	z	x^2, y^2, z^2
A_2	1	1	−1	−1	R_z	xy
B_1	1	−1	1	−1	x, R_y	zx
B_2	1	−1	−1	1	y, R_x	yz

4.1.2　分子の形と性質

(1)　極性分子と無極性分子

原子はその種類によって電気陰性度や分極率が異なる．したがって，分子の形によっては電荷の空間分布が偏り，分子全体として分極することもある．正電荷の重心と負電荷の重心の位置が異なる分子を**極性分子**という．たとえば HF 分子などは極性が高い．これに対して，正電荷の重心と負電荷の重心の位置が一致する分子を**無極性分子**という．たとえば H_2 分子は極性がない．これらは，それぞれの分子が持つ対称性を考えればすぐに理解できる．多原子分子では，たとえば CO_2 分子や CH_4 分子などは無極性分子である．

一般に，極性のない分子では分子間力が弱く，そのため沸点や融点が低い．一方，極性分子では電荷の偏りに基づき分子間力が強くなるため沸点や融点は高い．H_2O 分子や NH_3 分子も対称性からわかるように極性分子である．これらの分子では水素結合が働くため，たとえば水は他の 16 族元素の水素との化合物 (H_2S，H_2Se，H_2Te) に比べると沸点は非常に高く，常温で液体の状態でいられる．

(2)　アルコール

さらに原子数の多い分子では，極性だけではなく，その特異的な立体構造に起因した性質を示すものもある．エタノール (C_2H_5OH) は水と有機溶媒の両方によく溶け，多くの有用な反応に寄与できる．この分子では，C−O−H の結合角が H_2O 分子における H−O−H の結合角に近く，ここに H_2O 分子が水素結合しやすい構造になっている (図 4.6)．このような，水と馴染みやすい性質を親水性とよんでいる．逆に C_2H_5 基は水とは馴染まず，有機分子との相互作用が強い．このような性質は疎水性とよばれる．このように，エタノール分子は両端に親水基と疎水基を持つ構造をしていることにより，水と有機化合物を結びつける機能を果たすことができる．

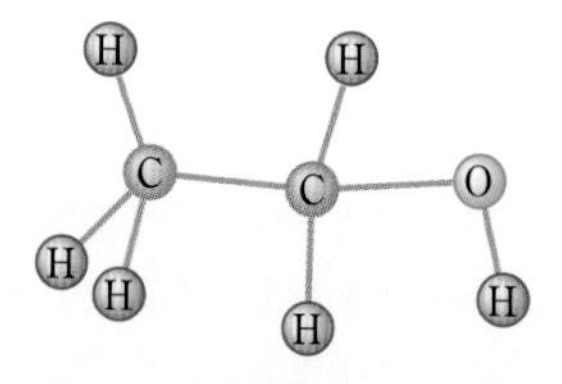

図 4.6　C_2H_5OH 分子の構造

(3)　カルボン酸二量体

カルボン酸にはギ酸 (HCOOH) や酢酸 (CH_3COOH) がある．これらは水溶液中で一部の分子が解離して H^+ を生じる弱酸である．酢酸分子は液体中でも図 4.7 に示したような二量体を作っており，カルボキシル基 (COOH) が 2 つの水素結合で強く結ばれていて，これが酢酸の性質に影響している．このような水素結合による選択的な結合は，さらに複雑な空間的配置を持った分子では高度なものとなり，たとえば DNA では核酸塩基の水素結合に基づき遺伝子情報のコピーが正確に行われる．

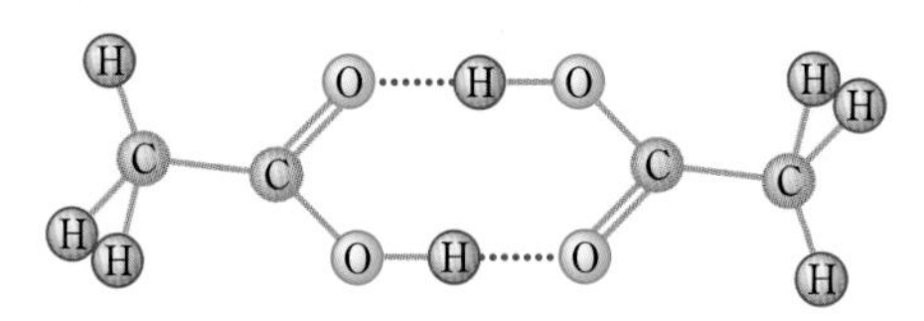

図 4.7　酢酸分子の二量体

(4)　キラル分子

sp^3 混成軌道を形成する C 原子は正四面体配置を取るが，結合する 4 つの化学種がすべて異なるとき，これを**不斉炭素原子**とよび，C* で表す．不斉炭素原子を含む分子には図 4.8 に示すような異性体が存在する．両者は互いに鏡で映したような立体配置を取り，ちょうど右手と左手のような関係にあるので，鏡像異性体あるいは対掌体とよばれる．また，それぞれの異性体は光の偏光面を回転させる性質があるので，これらは**光学異性体**ともよばれる．このような対称性をキラリティーという．偏光面の回転の向きは光学異性体同士で互いに異なる．生体では光学異性体のうちどちらかの分子だけが生命維持に用いられる場合があり，特殊な生体機能を担っている．たとえば，アミノ酸は L 体のみが生物に含まれるのに対し，糖は D 体のみが生体内に存在する．また，医薬品として有用な物質でも，その光学異性体が逆に毒性を持つ場合もある．

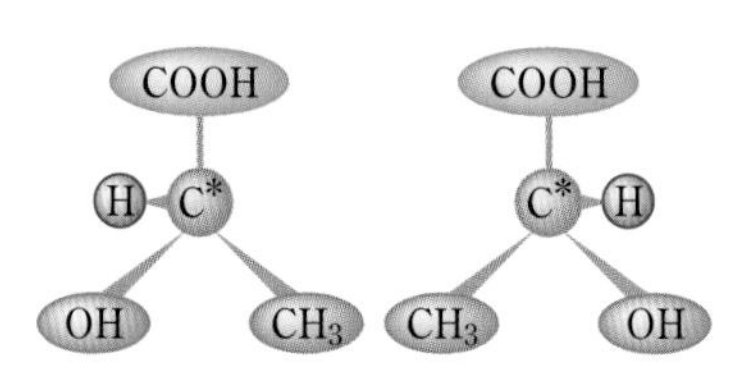

図 4.8　乳酸分子の光学異性体

(5)　シス体とトランス体

1, 2-ジクロロエテン (1, 2-ジクロロエチレン) には，図 4.9 に示すようなシス体とトランス体という異性体が存在する．これらは幾何異性体とよばれる．ともにエテン (エチレン) の 2 つの H 原子を Cl 原子に置換したものであるが，Cl 原子は H 原子に比べて電気陰性度が大きいので，電荷の偏りはエテンより大きく，分子間力も強い．このため，エテンは常温で気体であるが，1, 2-ジクロロエテンは常温で液体である．ともに平面分子で

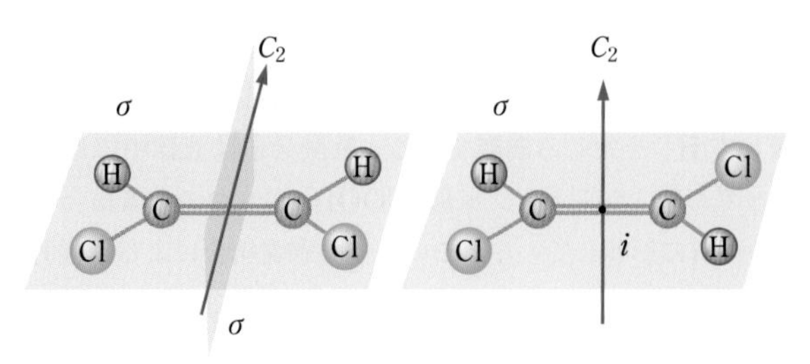

図 4.9　1, 2-ジクロロエテンのシス体とトランス体

分子面が鏡映面 σ になっているが，その他の対称要素はシス体とトランス体で異なる．シス体は分子面に含まれる 2 回回転軸 C_2 を持っており，分子面を含む鏡映面に加え，C_2 を含んで分子面に垂直な鏡映面 σ をもう 1 つ持っている．これに対して，トランス体の 2 回回転軸 C_2 は分子面に垂直である．分子面の他には鏡映面はないが，トランス体には対称心 i がある．このためトランス体は無極性分子である．シス体は極性分子であるので分子間力が強く，トランス体に比べると沸点が高い．

(6)　シクロヘキサンの立体異性体

シクロヘキサンは，6 個の C 原子がそれぞれ sp^3 混成軌道を形成し，互いに結合してできる環状分子である．1 つの C 原子が作る 4 つの結合は正四面体配置を取るので，六員環は平面にはなりえず屈曲した構造になる，主な構造として図 4.10 に示したような (a) いす形と (b) 舟形が知られている．いす形はシクロヘキサン分子の中で最も安定な構造であり，例題 4.2 で見るようにこの分子は無極性である．

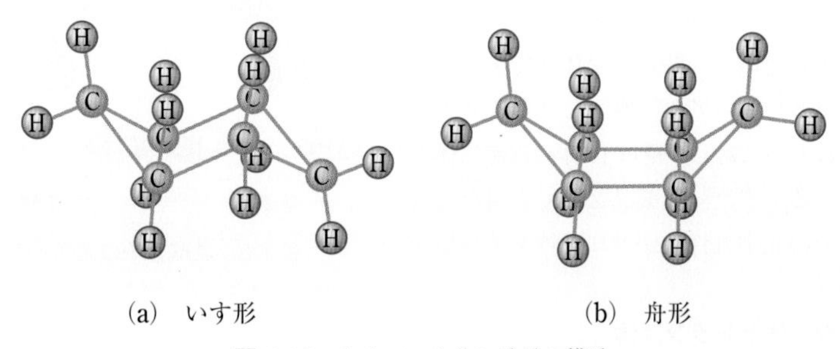

(a)　いす形　　　　(b)　舟形

図 4.10　シクロヘキサン分子の構造

例題 4.2　シクロヘキサン分子のいす形と舟形の対称要素を示し，極性分子か無極性分子かを答えよ．

【解答】

いす形は，屈曲した C 原子の六員環に垂直に 3 回回転軸 C_3 があり，その軸を含む鏡映面 σ を 3 つ持つ．さらに，それぞれの鏡映面に垂直な 2 回回転軸 C_2 が 3 つあり，対称心 i を持つ (図 4.11 (a))．このためいす形は無極性分子である．

これに対し，舟形では回転軸は六員環の中央を通る 2 回回転軸 C_2 だけであり，これを含む鏡映面 σ が 2 つある (図 4.11 (b))．対称心はないので，舟形は極性分子である．

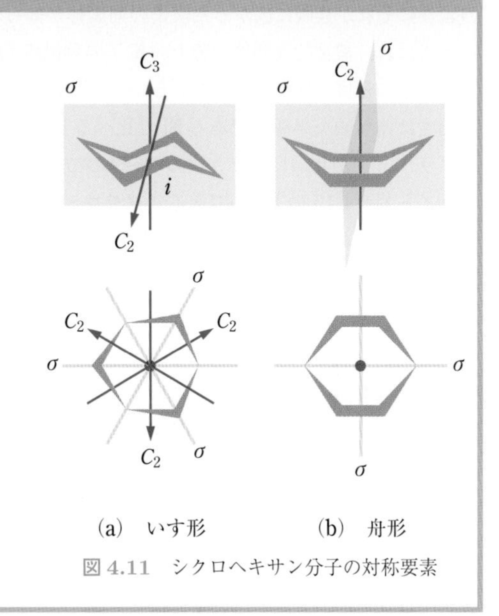

図 4.11　シクロヘキサン分子の対称要素

(7)　正六角形分子

ベンゼンは正六角形の平面分子である．同じ六員環のシクロヘキサンは sp^3 混成軌道を作る C 原子が連結しているので正六角形にはなれないが，ベンゼンの C 原子は sp^2 混成軌道を形成し，3 つの sp^2 混成軌道は同一平面内で互いに 120° の角度をなす方向を向くため，分子は平面構造となる．C 原子の sp^2 混成軌道に寄与しない残りの 2p 軌道は隣りの C 原子と π 結合を形成する．この様子を図 4.12 に示す．分子面に垂直に等間隔で平行に並ぶ C 原子の 2p 軌道は隣り合う C 原子の 2p 軌道と重なり，重なりの程度はすべての C 原子において同じになる，その結果，分子全体に均一に広がった π 結合が生じる．このように π 電子が分子全体に非局在化することで電子のエネルギーは低下して，ベンゼンは安定な分子として存在できる．

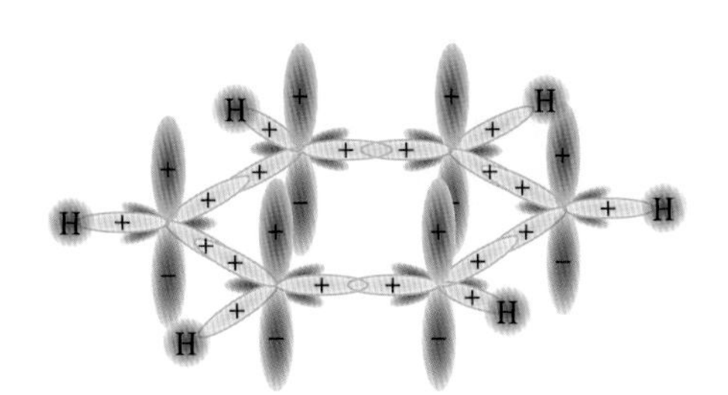

図 4.12　ベンゼン分子の π 結合

(8)　グラフェンとグラファイト

ベンゼンと同様，C 原子が sp^2 混成軌道により平面の六員環を形成し，図 4.13 の上図のようにそれが無限に広がった炭素の同素体が知られている．この 2 次元物質はグラフェンとよばれ，機械的な強度に優れ，電子の移動度 (物質に電場を加えたときの，電場当たりの電子の速度) が異常に大きいといった特性を示す．電気伝導には π 電子が寄与する．移動度は典型的な半導体である Si と比べると 1 桁大きい．

グラフェンが互いにファンデルワールス力で結びつき，何層にも重なった結晶がグラファイト (図 4.13 の下図) である．グラフェン層内では C 原子間に強い共有結合が生じているため，グラファイトの電気伝導率や熱伝導率には異方性が現れ，電気伝導率も熱伝導率も層内の方向と比べて層間の方が 3 桁ほど低い．また，グラフェン層を結びつける力が弱い分子間力であるため，グラファイトは軟らかい物質であり，グラフェン層が剥がれることによって劈開が起こりやすい．グラファイトと並んで古くから知られている炭素の同素体にダイヤモンドがある．ダイヤモンドの結晶構造は 4.2 節に示したが (図 4.16)，すべての C 原子は sp^3 混成軌道を形成して，隣接する 4 つの C 原子と共有結合を作る．グラファイトとダイヤモンドの化学結合と結晶構造の違いがこれらの物質の性質や機能に大きく影響しており，たとえばグラファイトは上述の通り電気伝導性を示し，軟らかく，また，黒色の物質であるが，ダイヤモンドは電気絶縁性が高く，機械的にはきわめて硬い物質であり，また，無色で透明である．

(9)　フラーレンとカーボンナノチューブ

炭素の同素体には前述のグラフェン，グラファイト，ダイヤモンドに加えてフラーレンとカーボンナノチューブがあり，いずれも C 原子の共有結合の多様性に基づいて独特の構造が観察される．フラーレンは図 4.14 に示すような球状分子であり，特に代表的なフラーレンは 60 個の C 原子から成る C_{60} 分子で，C 原子の六員環と五員環で形成されたサッカーボールに類似の構造を持つ．これは 60 個の C 原子が切頭正二十四面体の頂点の位置に配置された構造と見ることもできる．C_{60} 分子は分子間力で結び付いて立方最密充填構造 (後述の 4.2.1 (3) 節参照) の結晶を作る．立方最密充填構造のすべての八面体間隙と四面体間隙 (4.2.1 (3) 節) をアルカリ金属原子が占めた結晶は超伝導を示す．たとえば，K_3C_{60} は臨界温度 (通常の金属から超伝導体に相転移する温度) が 19 K の超伝導体である．最高の臨界温度は $RbCs_2C_{60}$ で見られ，33 K となる．

図 4.14 の下側に示したカーボンナノチューブはグラフェンを丸めてチューブ状にしたもので，巻き方によっては金属にも半導体にもなる物質である．特異な形状や電気的性質に基づいて，エレクトロニクスデバイスの配線，電子銃，電極材料，ガス吸着材料，水素吸蔵材料などへの応用がある．

フラーレンやカーボンナノチューブの分子の大きさはおよそ 1 ナノメートル (1 nm =

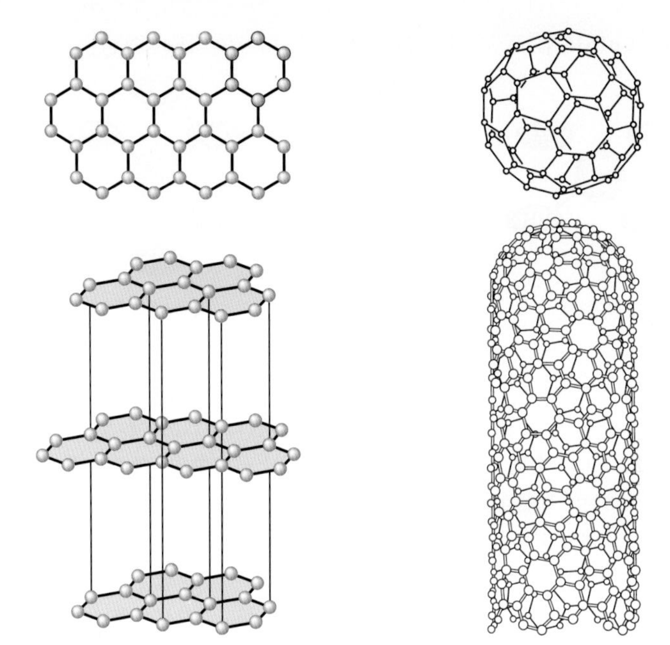

図 4.13　グラフェンとグラファイトの構造

図 4.14　フラーレン (C_{60}) とカーボンナノチューブの構造

1×10^{-9} m) 程度であり，このスケールで分子を制御して新しい材料を作製し，機能を引き出す技術をナノテクノロジーとよんでいる．1 つ 1 つの原子の結合と構造を制御できるような技術開発も進んでいる．

(10)　金属錯体

アンモニア分子の N 原子や水分子の O 原子は非共有電子対を持っているため，空の原子軌道を持つ金属イオンなどに非共有電子対を与えて結合を作ることができる．このような結合を**配位結合**という．また，NH_3 や H_2O を配位子とよんでいる．配位結合で配位子と金属イオンや金属原子が結合した分子を金属錯体といい，特徴的な構造を有するものが多い．中心にある原子やイオンは非金属元素の場合もあり，配位結合で構成された分子やイオンを広く錯体とよんでいるが，狭義には錯体と言えば金属錯体を指すことも多い．

図 4.15 (a) は Cu^{2+} に 4 つのアンモニア分子が配位結合した錯体の構造を示したものである．4 つの NH_3 配位子は Cu^{2+} イオンの回りで正方形の頂点の位置に存在している．IUPAC (国際純正・応用化学連合) が定めた規則に基づくこの錯体の名称はテトラアンミン銅 (II) イオンとなる．$[Cu(NH_3)_4]^{2+}$ と同じように配位子が 4 つの錯体でも Zn^{2+} のアンミン錯体は正四面体形構造を取る (図 4.15 (b))．また，Fe^{2+} イオンは 6 個のシア

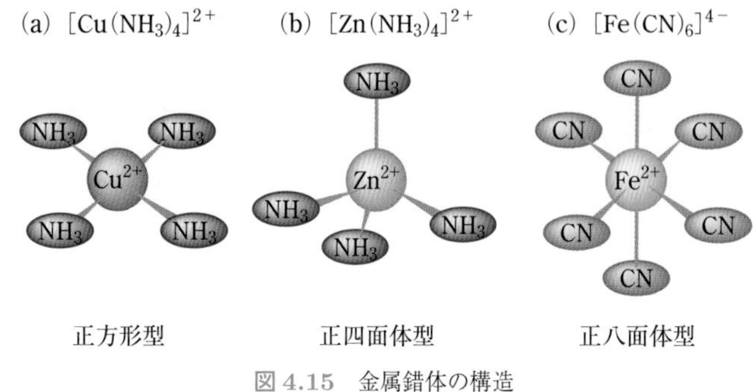

図 4.15　金属錯体の構造

ン化物イオンを配位子として錯体を形成するが，この場合は正八面体形となっている (図 4.15 (c))．このように，金属イオンや配位子の種類によって錯体の構造は異なるが，これは，金属イオンに対する配位子の相対的な大きさや，配位子間の立体的あるいは静電的な相互作用，また，特に遷移金属錯体では配位子の作る静電的な場における d 軌道のエネルギー準位と電子配置などに起因するものである．

遷移金属の錯体は特有の色を示すことが知られているが，これは金属イオンの d 電子によるものである．5 つの d 軌道のエネルギー準位は配位子の種類や配置によって変化し，その準位間のエネルギー差に対応する波長の光を吸収する．その波長が可視域にあれば，錯体はそれに対応した特有の色を示す．また，金属錯体は有機反応の触媒として優れた機能を示すことも知られており，アルケンの水素化や重合など有機化学や高分子化学における多くの有用な反応において重要な役割を果たしている．

4.2 結晶構造

結晶の構造は，原子，分子，イオンの 3 次元的な規則正しい配列によって特徴づけられる．ここでは結晶構造に見られる一般的な性質と，特にイオン結晶における化学結合と格子エネルギーの概念について述べたあと，結晶の物性や材料としての機能を考える上で重要な電子構造についてふれる．

4.2.1 結晶格子

(1) 単位格子と格子定数

結晶構造における原子 (あるいは，分子，イオン) の配列の大きな特徴は，並進対称性あるいは周期構造が存在することである．並進対称性とは，結晶構造中のある位置に存在する原子や分子を 3 次元空間内で一定の距離だけ動かしたとき (これを並進操作という)，はじめの原子や分子とまったく同じ環境に置かれた同じ種類の原子や分子が存在すると

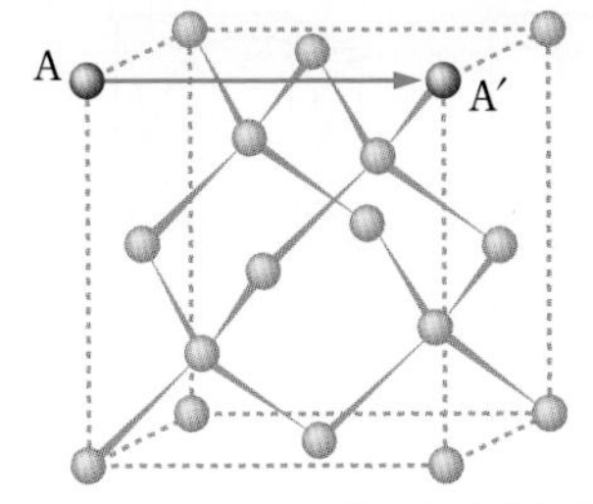

図 4.16　ダイヤモンド型構造と並進対称性

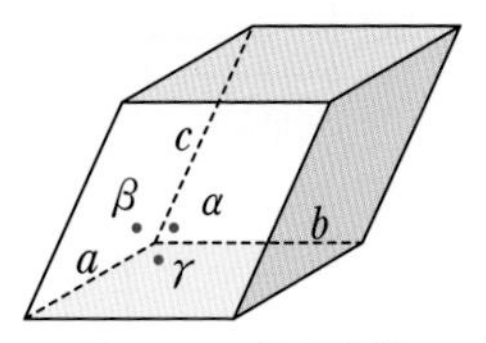

図 4.17　格子定数

いう性質である．例を示そう．図 4.16 はダイヤモンドやケイ素の結晶で見られるダイヤモンド型構造であり，原子は立方体のすべての頂点と面心の位置に加えて，立方体内部の特定の 4 つの位置を占めており，どの原子に対しても他の 4 つの原子が結合していて，これら 4 つの原子は正四面体の頂点を占める構造となっている．ダイヤモンドやケイ素の結晶ではこの立方体が各辺に沿った方向に繰り返し並んで構造を形成している．たとえば図 4.16 の頂点にある原子の 1 つ A を立方体の辺の長さ分だけ右方向に移すと，そこにはやはり頂点を占める A と等価な原子 A′ が存在する．つまり，ダイヤモンド型構造は並進対称性を持つ．また，同じ立方体が繰り返されて結晶構造を形成するので，周期構造が存在する．

上記のような結晶の構造を考える上で，それを構成している原子，分子，イオンを点と仮定し，それらが 3 次元的にどのように配列しているかを考察すると便利である．このような観点からとらえた結晶構造を**結晶格子**とよび，格子を形づくる各点を**格子点**という．また，図 4.16 に示したダイヤモンド型構造のように実際の結晶の周期構造を実現する上で必要な最小の繰り返し単位を**単位格子**または**単位胞**とよぶ．

一般に単位格子は図 4.17 に示したような平行六面体で表される．単位格子の形と大きさは，3 つの辺 a，b，c の長さと，これらの辺がなす角 α，β，γ で規定される．ここで，それぞれの辺に沿った座標軸を a 軸，b 軸，c 軸とすれば，α は b 軸と c 軸のなす角，β は c 軸と a 軸のなす角，γ は a 軸と b 軸のなす角である．これら 6 つのパラメーター，すなわち，a，b，c，α，β，γ を**格子定数**という．また，a と b を辺に持つ平行四辺形を C 面，b と c を辺に持つ平行四辺形を A 面，c と a を辺に持つ平行四辺形を B 面という．ここでの a 軸，b 軸，c 軸のような単位格子の対称性に合わせて選択した座標軸を結晶軸とよぶ．

(2)　ブラベ格子

結晶構造は，空間的な対称性の違いに基づき，図 4.18 に示すような 14 種類の結晶格子に分類されることが知られている．これを，発見者の名を冠して**ブラベ** (Bravais) **格子**あるいは**空間格子**とよぶ．この 14 種類の結晶格子は，格子定数の辺の長さと角度の関係の

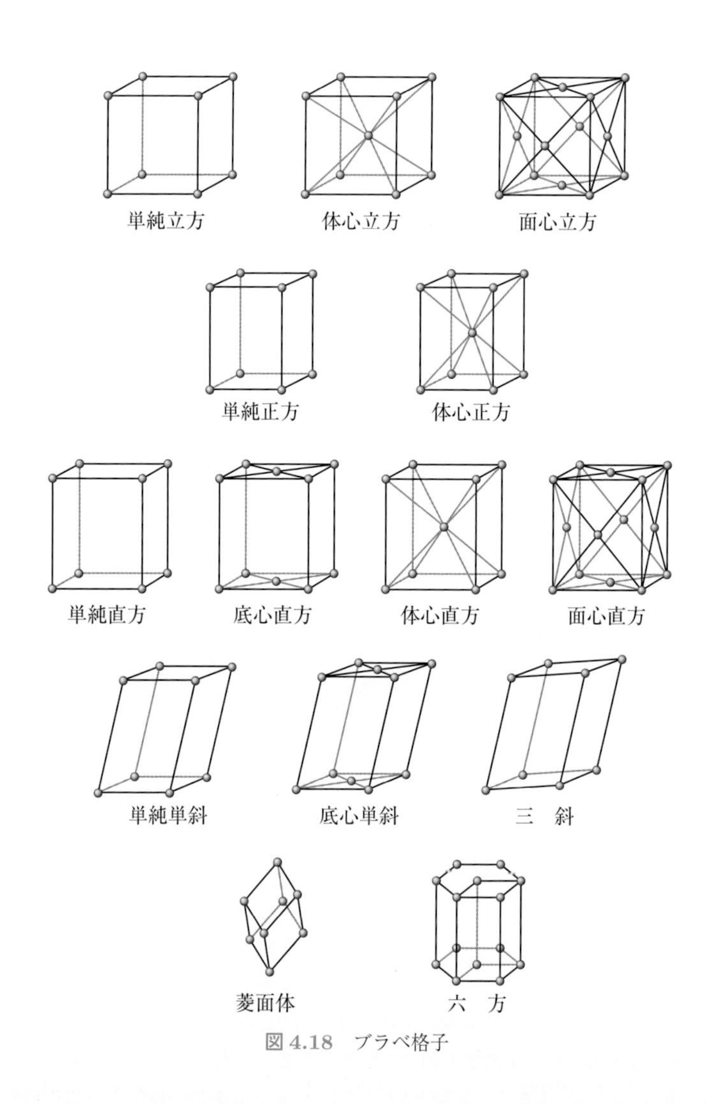

図 4.18　ブラベ格子

違いに応じて，立方格子，正方格子，直方格子，六方格子，菱面体格子，単斜格子，三斜格子の 7 種類に分けることができる．たとえば立方格子を空間格子として持つような結晶構造を，まとめて立方晶系という．同じように正方晶系，直方晶系，六方晶系，単斜晶系，三斜晶系に属する結晶構造を考えることができる．また，六方格子のうちで 3 回回転軸を持つものと菱面体格子とは，あわせて三方晶系とよばれる．これらをまとめて**結晶系**あるいは**晶系**とよぶ．すべての結晶は 7 つの結晶系のいずれかに分類できる．各結晶系を決める格子定数の関係を表 4.2 に示した．たとえば立方晶は単位格子が立方体の構造を取るため，3 つの結晶軸に沿った辺の長さは互いに等しく ($a = b = c$)，辺のなす角はいずれも $90°$ である ($\alpha = \beta = \gamma = 90°$)．

表 4.2 結晶系と格子定数

結晶系	単位格子の辺の長さ	結晶軸のなす角
三斜晶	$a \neq b \neq c$	$\alpha \neq \beta \neq \gamma$
単斜晶	$a \neq b \neq c$	$\alpha = \gamma = 90° \neq \beta$
直方晶	$a \neq b \neq c$	$\alpha = \beta = \gamma = 90°$
正方晶	$a = b \neq c$	$\alpha = \beta = \gamma = 90°$
三方晶 (菱面体格子)	$a = b = c$	$\alpha = \beta = \gamma \neq 90°$
六方晶	$a = b \neq c$	$\alpha = \beta = 90°,\ \gamma = 120°$
立方晶	$a = b = c$	$\alpha = \beta = \gamma = 90°$

また，図 4.18 に示すように，ブラベ格子には格子点の位置の違いに応じて単純格子，体心格子，面心格子，底心格子が存在する．たとえば立方晶系であれば，単純立方格子，体心立方格子，面心立方格子の 3 種類の構造が見られる．単純格子では 1 つの単位格子に格子点が 1 つだけ含まれ，一般には格子点が 8 個の頂点を占めるように描かれる．この格子は P の記号で表される．体心格子は単位格子の各頂点と中心 (体心) に 1 個ずつ格子点を持ち，記号 I で表現される．面心格子は各頂点と各面の中心 (面心) に 1 個ずつ格子点を持つ．これは記号 F で表記される．底心格子は各頂点と向かい合った一組の面の中心に 1 個ずつの格子点を持つ．これは C の記号で表される．底心格子には，a 軸と b 軸がなす面の中心に格子点があるもの，b 軸と c 軸のなす面の中心に格子点があるもの，c 軸と a 軸のなす面の中心に格子点があるものの 3 種類が存在する．

例題 4.3 体心格子の単位格子に含まれる格子点の数はいくらか．

【解答】

体心格子では，8 個の頂点に 1 個ずつと，体心に 1 個の格子点がある．単位格子が 3 次元的に繰り返される様子を考えればわかるように，各頂点は 8 個の単位格子に共有されるので，1 つの単位格子に属する頂点の格子点の数は $\dfrac{1}{8} \times 8 = 1$ 個である．よって，体心格子の単位格子に含まれる格子点の数は 2 個となる．

(3) 最密充填構造

金属結晶やイオン結晶の構造は，それらを構成する原子やイオンを剛体球であると近似し，それらが 3 次元空間に規則的に配列したものとみなせば解釈しやすいことが多い．剛体球の 3 次元的配列は何通りも考えられるが，ここでは剛体球が占めていない空間の割合が最も小さくなるような配列を考えよう．これを最密充填という．実際の結晶構造と密接に関係した最密充填構造には 2 通りあることが知られている．まず，平面上に大きさのそろった剛体球をできる限り密に並べる方法は図 4.19 (a) のように六角形の対称性を持った 1 通りのみである．次にこの層の上に剛体球を積み重ねる方法はやはり 1 通りしかなく，図 4.19 (b) のように，下の層の隣接する 3 個の剛体球が形成するくぼみに 1 個の剛体球を置けばよい．第 2 層の並び方も第 1 層と同じ六角形の対称性を持つ．さらに第 3 層に剛体球を並べる場合も，第 2 層の 3 個の剛体球の作るくぼみに剛体球を置けばよいが，この配列に 2 通りあり，1 つは第 3 層の球が第 1 層の球の真上にある場合 (図 4.19 (c))，もう 1 つは第 3 層の球の位置が第 1 層，第 2 層と異なる場合 (図 4.19 (d)) である．前者を**六方最密充填構造** (hexagonal closest packing, hcp)，後者を**立方最密充填構造** (cubic closest packing, ccp) という．

2 種類の最密充填構造を層が積み重なる方向に対して垂直な向きから眺めた球の配列を図 4.20 に示す．層に垂直な方向から見た球の位置の違いに応じて各層を A，B，C の 3 種類に分けて表記すると，図 4.20 (a) の hcp 構造では ABABAB ··· の様式で層が繰り返され，六角柱の構造が現れていることがわかる．一方，図 4.20 (b) に示した ccp 構造は ABCABC ··· が繰り返される．ccp 構造を，層が積み重なる方向が立方体の対角線の方向に一致するように描いたものが図 4.20 (c) である．この球の配列は，実は図 4.18 の面心立方格子に等価である．

原子やイオンが最密充填構造を取る結晶は実際に多く見られる．金属の単体では Be,

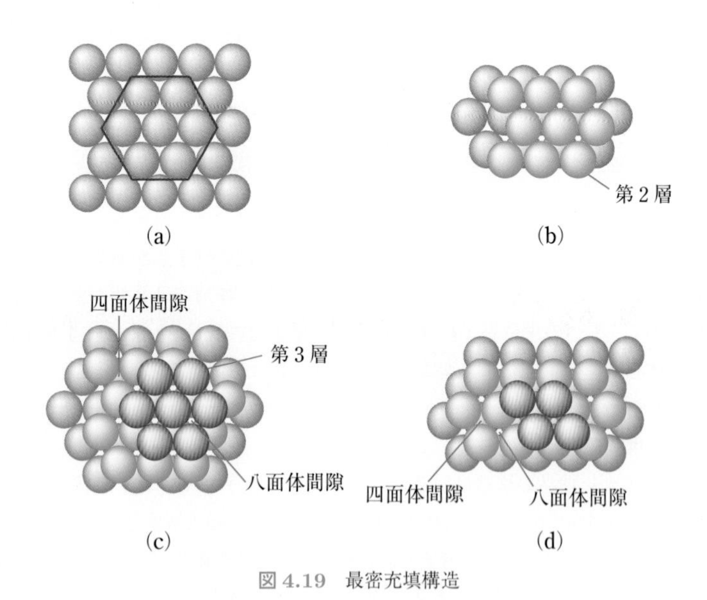

図 4.19　最密充填構造

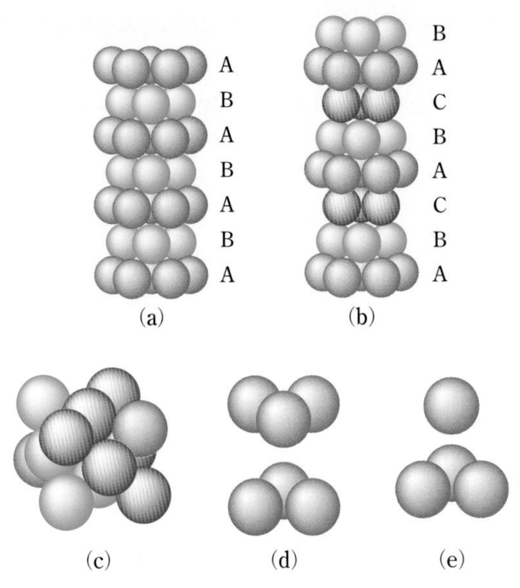

図 4.20　最密充填構造と間隙

Mg, Ti, Zn, Cd, La などが室温において hcp 構造を，Ca, Al, Ni, Cu, Sr, Ag, Pb などが ccp 構造を取る．また，イオン結晶では一般的にイオン半径の大きい陰イオンが最密充填構造を取る場合が多い．陰イオンより小さい陽イオンは陰イオンの充填構造の隙間に入って安定化する．最密充填構造では，hcp, ccp のいずれにおいても，6 個の剛体球が取り囲んで正八面体を形成した隙間と，4 個の剛体球が取り囲んで正四面体を形成した隙間とがある．このような隙間は格子間位置とよばれ，取り囲む剛体球 (すなわち原子，イオン) の数に応じて八面体間隙 (あるいは八面体位置)，四面体間隙 (あるいは四面体位置) とよばれる．球の配列とこれらの間隙の状態をわかりやすく誇張して描いたものが図 4.20 (d)，(e) である．イオン結晶では陰イオンの作る最密充填構造の八面体間隙，四面体間隙，あるいは両者を陽イオンが占める．また，金属原子の最密充填構造の間隙をホウ素，炭素，窒素などの小さい原子が占めて合金を形成する場合もある．

小さい原子が金属原子の最密充填構造の間隙を占める場合や，イオン結晶において陰イオンの最密充填構造の間隙を陽イオンが占める場合，間隙の大きさと挿入される原子や陽イオンの大きさとの関係が重要である．たとえば，イオン半径が r_{a} の陰イオンが形成する最密充填構造の八面体間隙にちょうど収まる陽イオンのイオン半径を r_{c} とおくと，

$$\frac{r_{\mathrm{c}}}{r_{\mathrm{a}}} = \sqrt{2} - 1 = 0.414 \tag{4.1}$$

の関係がある．このような関係は八面体間隙と四面体間隙に限られたものではなく，配位

数がここでの 6 や 4 より大きくても小さくても現れる．八面体間隙では，陰イオンに対する陽イオンのイオン半径の比が (4.1) 式より小さくなると，配位している陰イオン間の静電的な斥力が支配的となって構造は不安定になる．逆に陽イオンが大きすぎると，配位数を大きくして静電引力をかせぐ方が安定である．このような考え方に基づいて陽イオンと陰イオンのイオン半径の比から予想される配位数と構造を表 4.3 にまとめた．

表 4.3　陽イオンと陰イオンの半径比と配位数ならびに構造

r_c/r_a	配位数	配位多面体の構造
0〜0.155	2	直　線
0.155〜0.225	3	正三角形
0.225〜0.414	4	正四面体
0.414〜0.732	4	平面四角形
0.414〜0.732	6	正八面体
0.732〜	8	立方体

ccp 配列を面心立方格子で表現して原子 (あるいはイオン) の位置とともに八面体間隙と四面体間隙を示したものが図 4.21 である．例題 4.3 に倣うと，面心立方格子の単位格子に含まれる原子 (格子点) の数は $\frac{1}{2} \times 6 + \frac{1}{8} \times 8 = 4$ 個，また，八面体間隙の位置は $\frac{1}{4} \times 12 + 1 = 4$ 個，四面体間隙はすべて単位格子の内部にあって，全部で 8 個となる．すなわち，ccp では原子 (イオン)，八面体間隙，四面体間隙の数の比は 1 : 1 : 2 となる．hcp でも同じ結果が得られる．

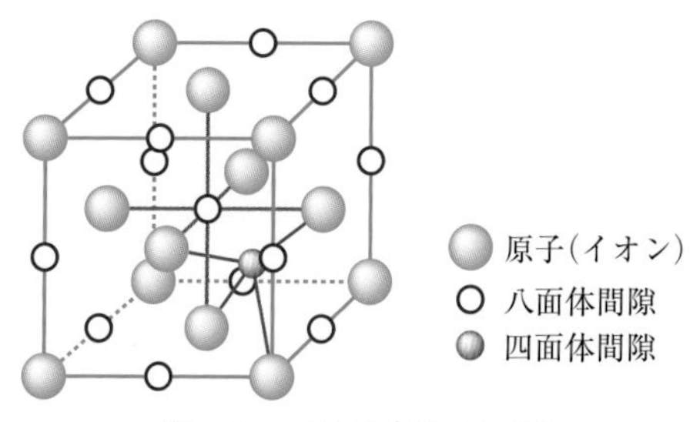

図 4.21　面心立方格子と間隙

例題 4.4　(4.1) 式を導け．

【解答】

図 4.22 に示すように，八面体間隙では，陰イオンが正方形を作り，その中心に陽イオンが入る構造となる．陰イオンのイオン半径が r_a，陽イオンのイオン半径が r_c であれば，陰イオンの中心を結んでできる正方形の一辺の長さは $2r_a$，対角線の長さは $2(r_a + r_c)$ であるから，

$$2(r_a + r_c) = \sqrt{2} \times 2r_a$$

が成り立つ．よって，(4.1) 式が導かれる．

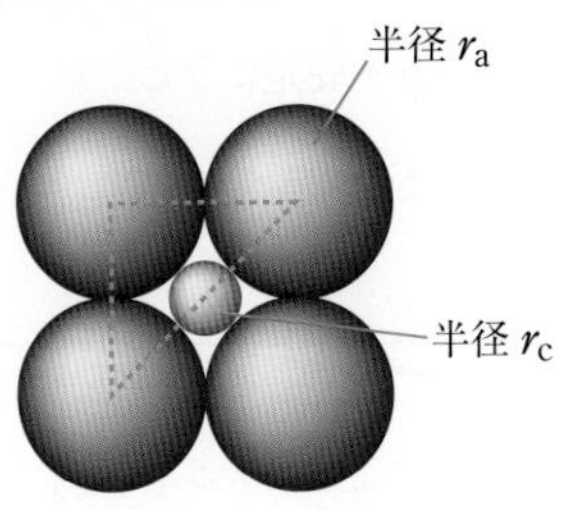

図 4.22　陰イオンの八面体間隙を占める陽イオン

4.2.2 イオン結合とイオン結晶

(1) 格子エネルギー

イオン結晶では陽イオンと陰イオンが静電的な力 (クーロン力) によって結合し，結晶構造が安定化する．一対の陽イオンと陰イオンの間に働くクーロン力に基づくポテンシャルエネルギーは，

$$U_{\rm a} = \frac{Z_{\rm c}Z_{\rm a}e^2}{4\pi\varepsilon_0 r} \tag{4.2}$$

で与えられる．ここで，e は電気素量，$Z_{\rm c}$ と $Z_{\rm a}$ は陽イオンと陰イオンの価数 (ただし，$Z_{\rm c} > 0, Z_{\rm a} < 0$)，$\varepsilon_0$ は真空の誘電率，r はイオン間の距離である．クーロン力による引力のみが働けば陽イオンと陰イオンの距離がゼロになれば最も安定であるが，実際には陽イオンと陰イオンが近づくにつれて，それぞれのイオンの電子雲が互いに重なり始め，原子核間の斥力も影響を及ぼすようになり，イオン間にも斥力が働くようになる．この斥力に基づくポテンシャルエネルギーは経験的にさまざまな式で表現されるが，ここではまず，そのうちの 1 つを採用して

$$U_{\rm r} = \frac{be^2}{r^n} \tag{4.3}$$

と表すことにする．ここで，b と n は経験的な定数であり，特に n はボルン指数とよばれる．一対の陽イオンと陰イオンのポテンシャルエネルギーは $U_{\rm a}$ と $U_{\rm r}$ の和で与えられ，(4.2) 式の引力と (4.3) 式の斥力が競合する結果，図 4.23 に示すように，ある一定のイオン間距離においてポテンシャルエネルギーは最小となる．

イオン結晶中には多数の陽イオンと陰イオンが存在するため，(4.2) 式の形のクーロン力に基づくポテンシャルエネルギーは，あらゆる陽イオンと陰イオンの組合せ，さらには陽イオン同士，陰イオン同士についても考慮しなければならない．ここでは典型的なイオン結晶である NaCl を例として取り上げよう．先に述べた陰イオンの最密充填配

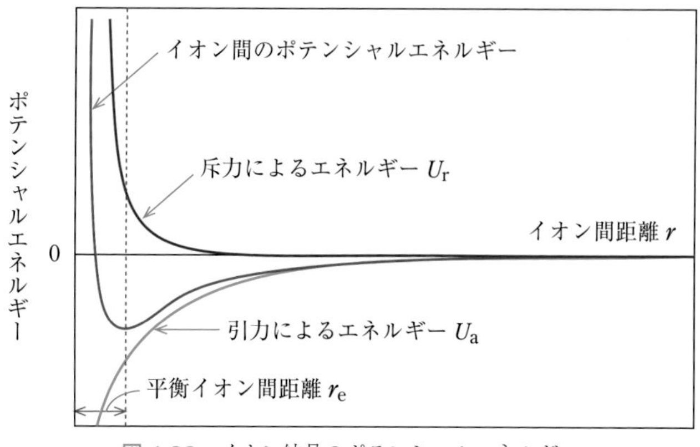

図 4.23　イオン結晶のポテンシャルエネルギー

列と陽イオンによる間隙の占有という観点からすれば，NaCl では塩化物イオンが ccp 構造 (すなわち，面心立方格子) を組み，その八面体間隙をすべてナトリウムイオンが占めている．この構造は文字どおり塩化ナトリウム型構造または岩塩型構造とよばれる．八面体間隙の数と最密充填している陰イオンの数が等しいため，ここでは Na^+ と Cl^- の数の比は 1 : 1 となる．図 4.24 に NaCl の結晶構造を示す．1 つの Na^+ から見たとき，最近接の位置には 6 個の Cl^- が存在する．これらのイオン間の距離を r とおく．考えている Na^+ から第二近接の位置には 12 個の Na^+ があり，これら Na^+ 間の距離は $\sqrt{2}r$ となる．その次に近い位置にあるのは 8 個の Cl^- で，最初に注目した Na^+ からの距離は $\sqrt{3}r$ である．このようにして，NaCl 結晶中で 1 つの Na^+ が他のイオンから受けるポテンシャルエネルギーは

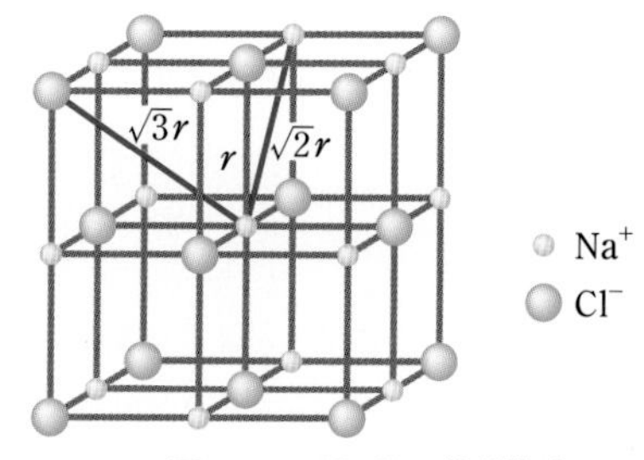

図 4.24　NaCl の結晶構造

$$U_{\mathrm{NaCl}} = -\frac{e^2}{4\pi\varepsilon_0 r}\left(6 - \frac{12}{\sqrt{2}} + \frac{8}{\sqrt{3}} - \frac{6}{2} + \cdots\right) \tag{4.4}$$

のように表され，無限級数の形となる．(4.4) 式の括弧の中の級数は 1.747558 $\cdots$ という値に収束することが知られている．ここに見られたような無限級数を M とおけば，一般のイオン結晶に対して，(4.4) 式を

$$U_{\mathrm{a}} = -\frac{MZ^2e^2}{4\pi\varepsilon_0 r} \tag{4.5}$$

のような形に書き改めることができる．ここで，Z は Z_c と $-Z_a$ ($=|Z_a|$，$Z_a<0$ に注意) の最大公約数である．M は**マーデルング** (Madelung) **定数**とよばれ，さまざまな結晶構造に対してその値が求められている．

(4.3) 式で与えられる斥力については，すべてのイオンについて総和を取ったものを，

$$U_\mathrm{r} = \frac{Be^2}{r^n} \tag{4.6}$$

とおくことにしよう．ここで B は経験的な定数である．したがって，1 mol のイオン結晶においてイオン間に働くポテンシャルエネルギーは，

$$U = -\frac{N_\mathrm{A} M Z^2 e^2}{4\pi\varepsilon_0 r} + \frac{N_\mathrm{A} B e^2}{r^n} \tag{4.7}$$

と表現できる．ここで，N_A はアボガドロ定数である．ポテンシャルエネルギーが最小となるとき

$$\frac{\mathrm{d}U}{\mathrm{d}r} = 0 \tag{4.8}$$

が成り立つ．この条件から，ポテンシャルエネルギーの最小値は

$$U_0 = -\frac{N_\mathrm{A} M Z^2 e^2}{4\pi\varepsilon_0 r_\mathrm{e}}\left(1-\frac{1}{n}\right) \tag{4.9}$$

となることがわかる．ここで r_e は (4.8) 式を満たす r の値で，平衡イオン間距離を意味する．この式を**ボルン** (Born) **-ランデ** (Landé) **の式**という．(4.9) 式で表現される U_0 は，孤立して存在する陽イオンと陰イオンからイオン結晶を形成することによるエネルギーの低下であり，エネルギーの減少分 $-U_0$ が大きいほどイオン結晶は安定であるといえる．この $-U_0$ を**格子エネルギー**という．

NaCl では $Z=1$ であり，また，ボルン指数は経験的に $n=8$ となる．さらに前述のとおりマーデルング定数は $M=1.747558\cdots$ であり，NaCl の格子定数から $r_\mathrm{e}=0.2814\,\mathrm{nm}$ となるので，格子エネルギーの値は $-U_0=755\,\mathrm{kJ\,mol^{-1}}$ と計算できる．この値は言い換えると，結晶状態の NaCl のイオン結合を切って，気相状態の Na^+ と Cl^- を得るために必要なエネルギーである．

陽イオンと陰イオンが接近したときの反発によるポテンシャルエネルギーを (4.6) 式ではなく

$$U_\mathrm{r} = B' \exp\left(-\frac{r}{d}\right) \tag{4.10}$$

と表現することもある．ここで，B' と d はそれぞれ斥力の大きさと斥力の働く範囲を決める定数である．このとき，上記と同様の計算を行えば，格子エネルギーに対応するポテンシャルエネルギーの最小値は

$$U_0 = -\frac{N_\mathrm{A} M Z^2 e^2}{4\pi\varepsilon_0 r_\mathrm{e}}\left(1 - \frac{d}{r_\mathrm{e}}\right) \tag{4.11}$$

となることがわかる．(4.11) 式を**ボルン** (Born) **-マイヤー** (Mayer) **の式**という．

例題 4.5　(4.11) 式を導け．

【解答】

U_r として (4.10) 式を用い，(4.8) 式の微分を実行すると

$$\frac{\mathrm{d}U}{\mathrm{d}r} = \frac{N_\mathrm{A} M Z^2 e^2}{4\pi\varepsilon_0 r^2} - \frac{N_\mathrm{A} B'}{d}\exp\left(-\frac{r}{d}\right)$$

(4.8) 式を満たす r が r_e であるから，

$$N_\mathrm{A} B' \exp\left(-\frac{r_\mathrm{e}}{d}\right) = \frac{N_\mathrm{A} M Z^2 e^2}{4\pi\varepsilon_0 {r_\mathrm{e}}^2} d$$

これを

$$U(r_\mathrm{e}) = -\frac{N_\mathrm{A} M Z^2 e^2}{4\pi\varepsilon_0 r_\mathrm{e}} + N_\mathrm{A} B' \exp\left(-\frac{r_\mathrm{e}}{d}\right)$$

に代入すれば (4.11) 式が得られる．

(2)　ボルン-ハーバーサイクル

格子エネルギーと同様に**格子エンタルピー**が定義できる*．これは，イオン結晶がそれを構成する気体状の陽イオンと陰イオンに変化する際の標準エンタルピー変化である．格子エンタルピーは熱化学的な考察に基づいて求めることができる．ここでも NaCl を例に取ると，考えなければならない反応とエンタルピー変化は以下のとおりとなる．

(a)　NaCl(s) の生成エンタルピー：$\mathrm{Na(s)} + \frac{1}{2}\mathrm{Cl_2(g)} \longrightarrow \mathrm{NaCl(s)}$

(b)　ナトリウムの昇華：$\mathrm{Na(s)} \longrightarrow \mathrm{Na(g)}$

(c)　塩素分子の原子への解離：$\mathrm{Cl_2(g)} \longrightarrow \mathrm{2Cl(g)}$

(d)　Na の第一イオン化エネルギー (イオン化ポテンシャル):$\mathrm{Na(g)} \longrightarrow \mathrm{Na^+(g)+e^-(g)}$

(e)　Cl の電子親和力：$\mathrm{Cl(g)} + \mathrm{e^-(g)} \longrightarrow \mathrm{Cl^-(g)}$

(f)　NaCl(s) の格子エンタルピー：$\mathrm{NaCl(s)} \longrightarrow \mathrm{Na^+(g)} + \mathrm{Cl^-(g)}$

これらのうち (d) と (e) の過程では厳密には原子のイオン化にともなうエンタルピー変化を考えなければならないが，絶対零度でのエネルギー変化である第一イオン化エネルギーと電子親和力を用いても，それほど値に違いはない．同様に，格子エンタルピーは標準状態，すなわち，298 K におけるエンタルピー変化であり，格子エネルギーは絶対零度

*　エンタルピーについては第 5 章を参照のこと．

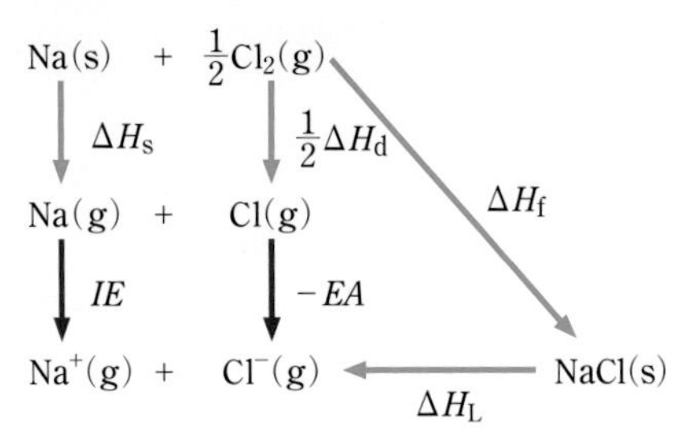

図 4.25　ボルン-ハーバーサイクル

でのエネルギー変化であるが，値を比較したとき，違いはそれほど大きくない．

格子エンタルピーの計算に際して，図 4.25 のような熱化学サイクルを考えればよい．これを**ボルン** (Born) **-ハーバー** (Haber) **サイクル**という．NaCl(s) の生成エンタルピー ΔH_{f}，Na(s) の昇華熱 ΔH_{s}，$\mathrm{Cl_2}$ の解離エネルギー ΔH_{d}，Na の第一イオン化エネルギー IE，Cl の電子親和力 EA ならびに NaCl(s) の格子エンタルピー ΔH_{L} の関係は

$$\Delta H_{\mathrm{f}} = \Delta H_{\mathrm{s}} + \frac{1}{2}\Delta H_{\mathrm{d}} + IE - EA - \Delta H_{\mathrm{L}} \tag{4.12}$$

であり，熱化学データから $\Delta H_{\mathrm{L}} = 786\,\mathrm{kJ\,mol^{-1}}$ が得られる．この値はボルン-ランデの式を用いて計算した値とよく一致している．

4.2.3　バンド構造

分子や固体中の電子が取りうるエネルギー状態や電子の分布状態を総じて電子構造という．ここでは結晶の電子状態を考える上で必須となるバンド構造について述べる．

(1)　波数空間で考えたバンド構造

金属結晶では金属原子が最外殻電子を放出して陽イオンとなり，放出された電子は自由電子として電気伝導や熱伝導に寄与する．自由電子が周りから何ら力を受けることなく相互作用もせずに運動している場合，電子の全エネルギーは運動エネルギーのみである．自由電子の質量を m，運動量を $\boldsymbol{p}$ とおくと，ド・ブロイの関係より，この電子は波数 $\boldsymbol{k} = \dfrac{\boldsymbol{p}}{\hbar}$ を持つ波としての性質も示すことになり，その運動エネルギーは，

$$E_k = \frac{\hbar^2}{2m}k^2 \tag{4.13}$$

で与えられる．ここで k は波数の大きさである．電子が 1 次元的な並進運動を行っている場合，(4.13) 式で表される電子の波数とエネルギーの関係は図 4.26 のように放物線で表される．

実際の結晶中では電子は原子 (陽イオン) と相互作用しながら進むことになる．電子を波としてとらえると，周期的に配列した原子の位置で電子波は散乱される．図 4.27 のよ

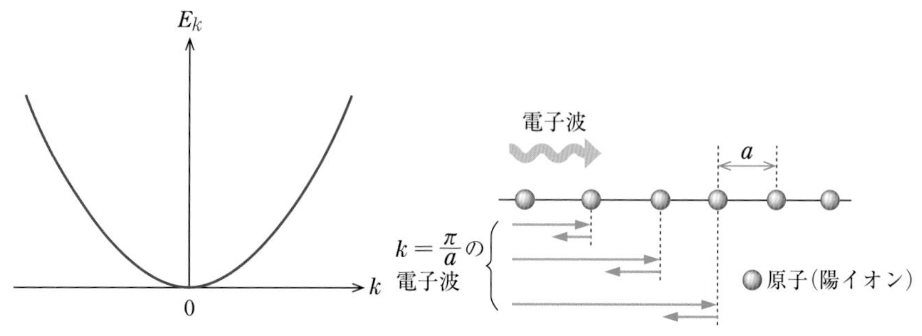

図 4.26　自由電子のエネルギーと波数　　図 4.27　1 次元結晶における電子波

うな 1 次元の結晶を考えると，原子間距離が a であれば，波長が $2a$ の電子波 (すなわち，波数が $k=\dfrac{\pi}{a}$ の電子波) は各原子の位置で散乱され，逆方向に進行する複数の電子波を生じる．これらの電子波は同じ位相を持つため，干渉して強め合う．逆方向へ進む電子波は各原子において再び散乱され，再度，向きを変える．このような過程が繰り返される結果，$k=\dfrac{\pi}{a}$ の波は互いに逆方向に向かう波の重ね合わせとなり，合成波は速さがゼロの定常波として振舞う．$k=-\dfrac{\pi}{a}$ の波も同様である．一方，(4.13) 式より，

$$\frac{1}{\hbar}\frac{\mathrm{d}E_k}{\mathrm{d}k}=\frac{\hbar k}{m}=\frac{p}{m} \tag{4.14}$$

は電子の速さを表す．$k=\pm\dfrac{\pi}{a}$ では，定常波が発生するので波の速さはゼロであって，

$$\frac{\mathrm{d}E_k}{\mathrm{d}k}=0 \tag{4.15}$$

となる．すなわち，$k=\pm\dfrac{\pi}{a},\pm\dfrac{2\pi}{a},\cdots$ では図 4.26 の放物線のような滑らかな変化は起こりえず，図 4.28 に示すようにこれらの波数において電子のエネルギーの変化は不

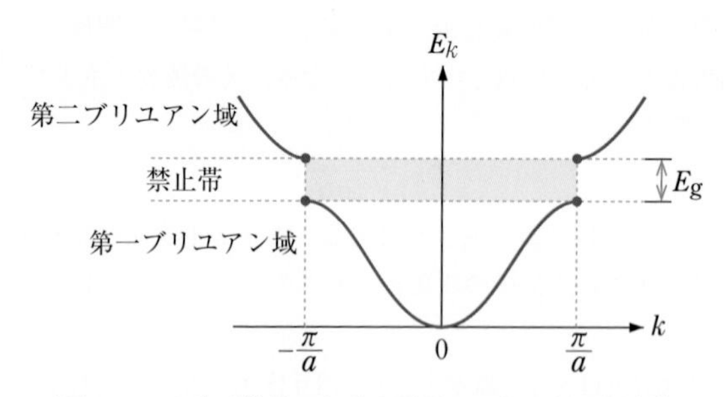

図 4.28　1 次元結晶における電子のエネルギーと波数

連続になる．これに対応したエネルギー差を**エネルギーギャップ**といい，図 4.28 に示したように E_g で表す．電子波の波数空間は，電子のエネルギーがほぼ連続的に変わりうる領域と，電子の取りうるエネルギー状態が存在できない領域 (すなわち，エネルギーギャップが生じる領域) に大別される．前者を**ブリユアン** (Brillouin) **域**といい，特にエネルギーが最も低い $k = 0$ を含む領域を第一ブリユアン域とよぶ．エネルギーギャップが生じる電子の存在できない領域は**禁止帯**とよばれる．エネルギーギャップの存在は結晶の電子構造の大きな特徴である．

(2)　分子軌道法の拡張

金属結晶を多数の原子が集合した分子と考え，非局在した自由電子の振舞いを結晶全体に広がった分子軌道の観点から記述することもできる．たとえば Li 原子は 2s 軌道に 1 個の電子を持ち，リチウム結晶中ではこれが放出されて自由電子として振舞う．いくつかの Li 原子が集まって仮想的な分子を生成したときの分子軌道のエネルギー準位図を図 4.29 に示す．ここでは分子を作る Li 原子の個数 N を横軸に取り，縦軸にエネルギーを取って，各 N に対する分子軌道のエネルギー準位を表している．たとえば，$N = 2$ は Li_2 分子に対応し，2 個の Li 原子から Li_2 分子が生じる場合，分子軌道は結合性軌道と反結合性軌道の 2 つが形成され，2 個の電子は対になってエネルギーの低い結合性軌道を占める．$N = 10$ であれば 10 個の分子軌道ができて，電子対は下半分の 5 つの分子軌道を占める．このことをリチウム結晶まで拡張すると，事実上 $N = \infty$ となり，分子軌道は無数に形成されることになるが，電子の数は分子軌道の数とちょうど同じであるから，エネルギーが接近して事実上連続的に分布するような多くの準位から成る状態の下半分を

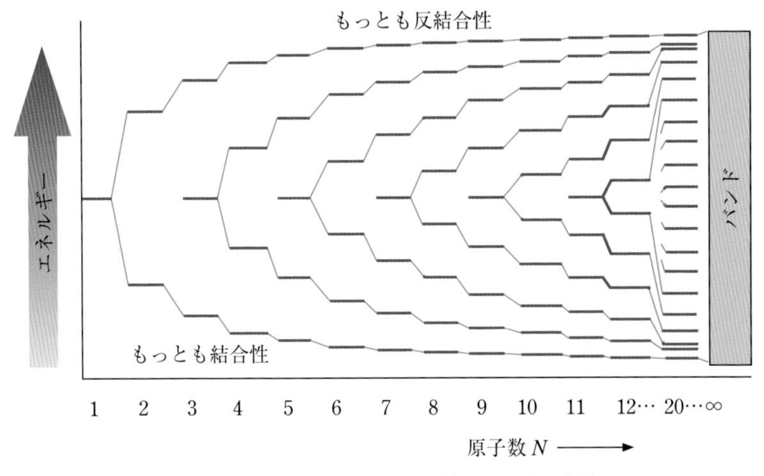

図 4.29　N 個の Li 原子から形成される分子軌道

電子が占め，上半分には電子のない空の準位が残る．これは図 4.29 の最も右側の状態である．このように無数の分子軌道が形成され，事実上連続的にエネルギーが変化するような準位が多数集まった領域をバンドといい，結晶に特徴的なこのような電子構造を**バンド構造**という．

(3)　金属・半導体・絶縁体のバンド構造

上述のリチウム結晶を例に取ってさらに議論を進めよう．リチウム結晶では図 4.30 に示すように 2s 軌道から生じるバンドと 1s 軌道から生じるバンドが形成され，後者はすべての準位が電子で埋められているものの，前者はエネルギーの低い下半分の準位だけが電子によって占められている．また，1s バンドと 2s バンドの間には準位はなく，電子はこの領域のエネルギーを持つことは許されない．この電子の存在できない状態が前出の禁止帯である．このように電子の存在する最もエネルギーの高いバンドが不完全に (半分でなくてもよい) 電子で占められている電子構造を持つ固体が金属である (図 4.31 (a))．不完全に電子で占められたバンドは**伝導帯**とよばれる．伝導帯では電子が占める最もエネルギーの高い準位と比べてそれほどエネルギーに差がない空の準位が多数あるため，最も高いエネルギーを持つ電子は伝導帯内を自由に動くことができる．これが金属の高い電気伝導率の起源である．また，基底状態 (絶対零度) において電子の取りうる最も高いエネルギーを**フェルミ** (Fermi) **エネルギー**という．

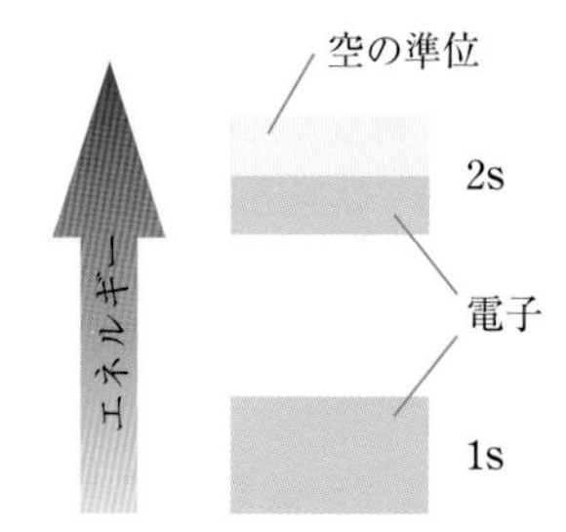

図 4.30　リチウム結晶のバンド構造

一方，結晶によっては図 4.31 (b)，(c) のように完全に電子で占められたバンドと完全に空のバンドを持つ場合がある．前者を**価電子帯**，後者を伝導帯という．これは半導体

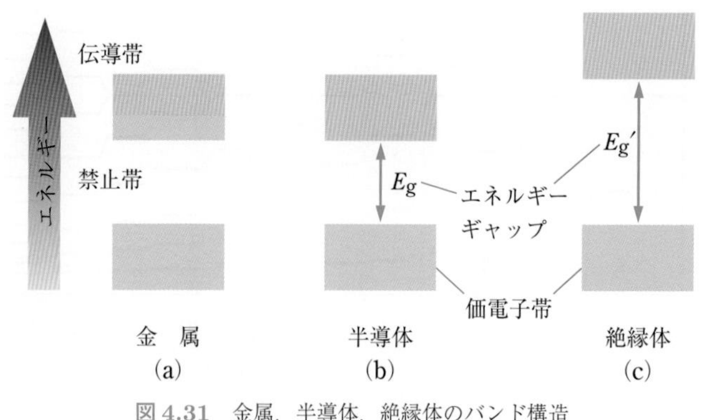

図 4.31　金属，半導体，絶縁体のバンド構造

や絶縁体に見られるバンド構造である．半導体と絶縁体の違いは伝導帯と価電子帯のエネルギー差であるエネルギーギャップの大きさに基づいており，半導体ではエネルギーギャップが小さいため室温程度の熱エネルギーで価電子帯の電子は容易に空の伝導帯に励起され，電気伝導に寄与する．

半導体では故意に不純物を添加することで電気伝導率の向上が図られる．たとえば，ケイ素の結晶に少量のリンを添加すると，P 原子は Si 原子を置換して 4 つの Si 原子と共有結合を作る．このとき，P 原子には 5 個の価電子があるため，そのうちの 4 個が結合の形成に使われ，1 個の電子が余る．この過剰の電子が結晶内を移動できるため電気伝導率が上昇する．このような半導体は負電荷を持つ電子 (negative electron) が電荷を運ぶ担い手となるため，**n 型半導体**とよばれる．一方，ケイ素の結晶にホウ素を不純物として添加した場合，B 原子の価電子は 3 個であるため 4 つの共有結合を作る上で 1 個の電子が不足する．これは，本来は電子があるべき位置から抜けた状態であるので，相対的に正電荷を持つ粒子として振舞い，過剰の電子と同様，電気伝導に寄与する．この粒子を**正孔** (positive hole) あるいは**ホール**とよび，正電荷が流れる，すなわち，正孔が電荷を運ぶため，このような半導体を **p 型半導体**という．n 型半導体と p 型半導体を**不純物半導体**とよぶ．これに対して純粋なケイ素のように不純物を含まない半導体は**真性半導体**とよばれる．電荷を運ぶ電子と正孔はキャリヤーとよばれる．

不純物半導体の電子構造は模式的に図 4.32 のように描くことができる．n 型半導体では不純物として添加された元素が伝導帯のすぐ下のエネルギー領域に離散的な準位を形成する．これは化学結合に使われなかった過剰の電子によって占められており，この電子はわずかな熱エネルギーで容易に伝導帯に励起され，電気伝導に寄与する．このような伝導電子を提供するエネルギー準位は**ドナー準位**とよばれる．一方，p 型半導体では添加された不純物元素が価電子帯のすぐ上のエネルギー領域に電子を持たない空の準位を形成する．これを**アクセプター準位**という．アクセプター準位は価電子帯から励起され

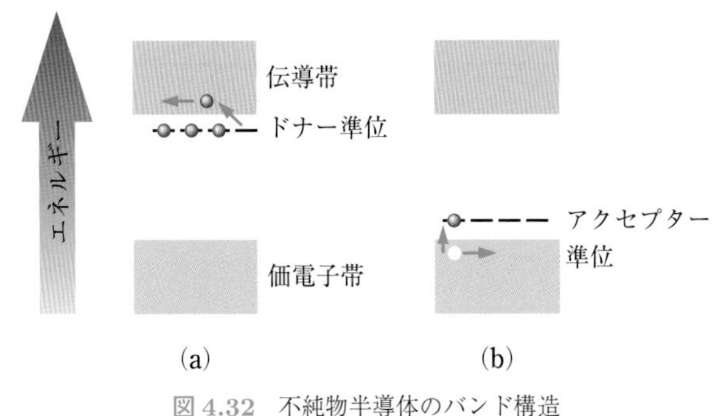

図 4.32　不純物半導体のバンド構造

た電子を受け取ることができ，この結果，価電子帯には正孔が生じてこれが電荷を運ぶ．

フェルミ－ディラック統計　金属でも半導体でも電子構造は温度によって変化する．すなわち，温度が上がれば高いエネルギー準位を占める電子の割合が多くなる．ある温度 T において平衡状態にある電子の持つエネルギー E の分布は

$$f(E) = \frac{1}{\exp\dfrac{E-\mu}{k_{\mathrm{B}}T}+1}$$

によって与えられることが知られている．この式は**フェルミ** (Fermi) **-ディラック** (Dirac) **分布**あるいは**フェルミ分布**とよばれる．ここで，k_{B} はボルツマン定数である．また，μ は化学ポテンシャルとよばれる物理量で (第 5 章参照)，絶対零度ではフェルミエネルギーに等しい．半導体物理学では化学ポテンシャルを**フェルミ準位**とよぶことが多い．フェルミ準位は真性半導体では禁止帯の真中あたりに存在する．また，温度が十分に低い場合，n 型半導体では伝導帯の最下部とドナー準位との中間にフェルミ準位があり，p 型半導体では価電子帯の最上部とアクセプター準位との中間にフェルミ準位がある．

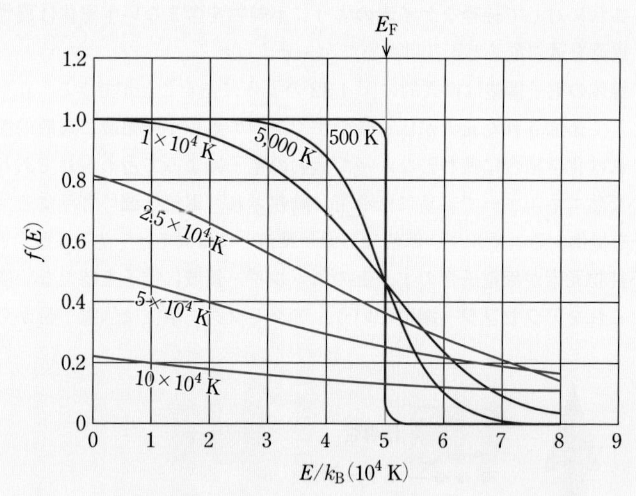

図 4.33　フェルミ温度を 5×10^4 K としたときのさまざまな温度におけるフェルミ－ディラック分布．E_{F} はフェルミエネルギー，k_{B} はボルツマン定数

図 4.33 はフェルミ温度（フェルミエネルギーをボルツマン定数で割ったもの）を 5×10^4 K としたときのさまざまな温度におけるフェルミ－ディラック分布を描いたものであり，500 K 程度でも電子はほとんどがフェルミエネルギーより低いエネルギー

を持つことがわかる．実際，金属のフェルミエネルギーは，Na が 3.75×10^4 K，Ca が 5.43×10^4 K，Al が 13.49×10^4 K，Cu が 8.12×10^4 K，Ag が 6.36×10^4 K など，おおよそ 5×10^4 K 程度の値をとる．

章末問題 4

4.1 過酸化水素の安定な構造では，分子は対称心を持たない．その構造を予測し図示せよ．

4.2 エテン (エチレン) 分子が持つ 7 つの対称要素を図示せよ．

4.3 メタン分子の Cl 原子置換体は四塩化炭素を含めて 4 つある，それぞれの持つ対称要素を説明し，アンモニア分子と同じ対称要素を持つものをすべて挙げよ．

4.4 メタノール分子の構造を予測し，σ 結合の分子軌道を図示せよ．また，この分子の持つ対称要素を示せ．

4.5 次の分子の中で，同じ対称要素を持つものが 5 つある．該当する分子をすべて挙げ，その対称要素を示せ．

H_2O，CO_2，NH_3，CH_2Cl_2，ethylene，*cis*-1, 2-dichloroethylene, *trans*-1, 2-dichloroethylene，cyclohexane(chair)，cyclohexane(boat)，chlorobenzene，$[Cu(NH_3)_4]^{2+}$

4.6 大きさのそろった剛体球の最密充填構造において，剛体球は空間の何 % を占めているか．

4.7 次のようなイオン結晶の組成式を M と X を用いて表せ．

(1) アニオン X が六方最密充填構造を取り，その八面体間隙の 3 分の 2 がカチオン M で占められる．

(2) アニオン X が立方最密充填構造を取り，その四面体間隙の半分がカチオン M で占められる．

(3) カチオン M が立方最密充填構造を取り，その四面体間隙がすべてアニオン X で占められる．

4.8 NaCl の単位格子は図 4.24 のようになる．

(1) 単位格子に含まれる Na^+ と Cl^- の個数はいくらか．

(2) NaCl において最近接の Na^+ と Cl^- の距離は 0.2814 nm である．NaCl の格子定数はいくらか．

(3) ボルン-マイヤーの式を用いて NaCl の格子エネルギーを計算せよ．ただし，式 (4.11) における d の値は 34.5 pm である．

4.9 次の熱化学データを用いて KCl の格子エンタルピーを計算せよ．

反応	エンタルピー変化 ($kJ\,mol^{-1}$)
K(s) の昇華	89
K(g) のイオン化	425
Cl_2(g) の解離	244
Cl(g) への電子の付加	−355
KCl(s) の生成	−438

4.10 GaAs と GaN はいずれも半導体で，発光ダイオードの材料として実用化されている．

(1) 16 族元素を添加した GaAs は p 型半導体，n 型半導体のいずれか．

(2) GaAs 系の発光ダイオードは赤色から赤外域，GaN 系の発光ダイオードは青色領域で発光を示す．伝導帯に励起された電子が価電子帯の正孔の位置に遷移することによって発光が起こる．どちらの化合物のエネルギーギャップが大きいと考えられるか．

第5章

熱力学

熱力学は1800年代に発達した実験科学であり，化学，物理から生物学まで幅広い分野で実用的な価値を持っている．その実用性は，19世紀の蒸気機関による産業革命を支え，また守備範囲は液体や気体の状態変化からエネルギーの収支計算までと幅広く，科学には不可欠な学問である．

熱力学のすべての結果は，3つの基本法則に基づいている．これらの法則は膨大な実験データから，ジュール (James Prescott Joule)，クラウジウス (Rudolf Clausius)，ボルツマン (Ludwig Eduard Boltzmann)，ギブズ (Josiah Willard Gibbs)，ヘルムホルツ (Hermann von Helmholtz) ら多くの天才の手により確立されたもので，これまで法則に例外が知られていない．つまり，熱力学は自然科学の中でも，矛盾の無い美しい理論体系である．かのアルバート・アインシュタインも「古典熱力学は，その基本概念の適用枠内では決して覆されることがないという点で，普遍的な内容を備えた唯一の物理学の理論であると私は確信している．」(Albert Einstein, quoted in M. J. Klein, “Thermodynamics in Einstein’s Universe,” in Science, 157 (1967), p.509.) と述べている．

Ludwig Eduard Boltzmann

19世紀末に量子力学が生まれ，原子や分子の離散的なエネルギー準位という概念が現れた．この概念を基本として分子論的な考え方が熱力学に導入されて，統計熱力学とよばれる新しい解釈が可能になった．この分子論的解釈は，対象とする分子のエネルギー準位に依存するため，一般性に欠ける難点はあるものの，エントロピーやギブズエネルギーなど状態関数の意味や性質について，直感的な理解を与えてくれる．

5.1 気体の性質（理想気体，実在気体）

5.1.1 理想気体の状態方程式

気体は，その化学的組成が異なっていても物理的性質はほとんど同じである．1600 年代後半に多くの実験結果に基づき，気体の物理的性質は，4 つの状態変数，圧力 (P)，体積 (V)，温度 (T)，ならびに物質量 (n) で一意的に決まることが示された．これらの 4 つの状態変数の間の関係式が，以下の状態方程式で表される．

$$PV = nRT$$

P と V の積は n と T の積に比例して，その比例定数 R は気体定数とよばれ，気体の種類によらない定数である．この方程式に厳密にしたがう気体を理想気体とよぶ．ボイル (Boyle) の法則，シャルル (Charles) の法則，および，アボガドロ (Avogadro) の法則は，この状態方程式から導出される．

ボイルの法則：$PV = nRT = k$ (一定)　(n と T が一定のとき)

シャルルの法則：$\dfrac{V}{T} = \dfrac{nR}{P} = k'$ (一定)　(n と P が一定のとき)

アボガドロの法則：$\dfrac{V}{n} = \dfrac{RT}{P} = k''$ (一定)　(P と T が一定のとき)

気体の標準状態 (0 ℃，1 atm) における 1 mol の体積 (標準モル体積) が 22.4 L と知られているので，気体定数 R の値は $0.082\,\mathrm{L\,atm\,K^{-1}\,mol^{-1}}$ と得られる．圧力の単位をパスカル ($\mathrm{Pa = N\,m^{-2}}$)，体積の単位を立方メートル ($\mathrm{m^3}$) で表すと，$8.31\,\mathrm{J\,K^{-1}\,mol^{-1}}$ となる．

例題 5.1　1 気圧 (1 atm) は水銀柱 76.000 cm に対応する圧力である．水銀の密度を $13.596\,\mathrm{g\,cm^{-3}}$ として，1 気圧 (1 atm) をパスカル ($\mathrm{Pa = N\,m^{-2}}$) と bar (10^5 Pa) 単位に換算せよ．ただし，重力加速度は $g = 9.8067\,\mathrm{m\,s^{-2}}$ である．

【解答】

$$P = (13.596\,\mathrm{g\,cm^{-3}}) \times (76.000\,\mathrm{cm}) \times 10^{-3}\,\frac{\mathrm{kg}}{\mathrm{g}} \times 10^{4}\,\frac{\mathrm{cm^2}}{\mathrm{m^2}} \times (9.8067\,\mathrm{m\,s^{-2}})$$

$$= 1.0133 \times 10^5\,\mathrm{kg\,m\,s^{-2}\,m^{-2}} = 1.0133 \times 10^5\,\mathrm{N \cdot m^{-2}}$$

$$= 1.0133 \times 10^5\,\mathrm{Pa} = 1.0133\,\mathrm{bar}$$

理想気体に対して，現実の気体を**実在気体**とよぶ．実在気体は，状態方程式に完璧にしたがうわけではなく，状態方程式から少しずれた振る舞いをするが，そのずれはわずかなものである．たとえば，標準状態における 1 mol の気体の体積 (標準モル体積) を表 5.1 に示すが，それほど大きな食い違いはない．CO_2 や NH_3 のように比較的大きなずれを示す気体もあるが，理想気体からのずれは合理的に説明できる．(5.1.3 節参照)

表 5.1　標準モル体積

気体	モル体積 / L
O_2	22.397
N_2	22.402
H_2	22.433
He	22.434
Ar	22.397
CO_2	22.260
NH_3	22.079

例題 5.2　標準状態 (0 ℃，1 atm) で，気体 1 mol の体積 (標準モル体積) は 22.4 L である．気体定数 R の値が $0.0820\,\mathrm{L\,atm\,K^{-1}\,mol^{-1}}$ となることを確かめよ．また，圧力をパスカル ($\mathrm{Pa = N\,m^{-2}}$)，体積を立方メートル ($\mathrm{m^3}$) で表すと，$8.31\,\mathrm{J\,K^{-1}\,mol^{-1}}$ となることを計算せよ．

【解答】

$$R = \frac{PV}{nT} = \frac{(1\,\mathrm{atm}) \times (22.4\,\mathrm{L})}{(1\,\mathrm{mol}) \times (273.15\,\mathrm{K})} = 0.0820\,\frac{\mathrm{atm\,L}}{\mathrm{mol\,K}}$$

圧力を Pa，体積を $\mathrm{m^3}$ 単位にすると，

$$1\,\mathrm{atm} = 760\,\mathrm{mmHg} = 1.0133 \times 10^5\,\mathrm{N\,m^{-2}}, \quad 1\,\mathrm{L} = 10^{-3}\,\mathrm{m^3}$$

という換算をして，

$$\begin{aligned} R &= 0.0820\,\mathrm{L\,atm\,K^{-1}\,mol^{-1}} \\ &= 0.0820\,\mathrm{L\,atm\,K^{-1}\,mol^{-1}} \times \frac{10^{-3}\,\mathrm{m^3}}{1\,\mathrm{L}} \times \frac{1.0133 \times 10^5\,\mathrm{N\,m^{-2}}}{1\,\mathrm{atm}} \\ &= 8.31\,\mathrm{J\,K^{-1}\,mol^{-1}} \end{aligned}$$

5.1.2　気体分子運動論

状態方程式で表せる理想気体の振る舞いは，気体分子運動論とよばれる簡単なモデルで 1 世紀以上前に説明された．気体分子運動論は次の仮定に基づいている．

1. 気体は無秩序に運動する膨大な数の微小な粒子からなる．
2. 気体粒子の体積は，全体積に比べて無視できる．気体の体積の大部分は何もない空間である．
3. 粒子同士は互いに無関係である．また，粒子間には引力も斥力も働かない．
4. 気体粒子間の衝突も，容器の壁との衝突も弾性的である．
5. 気体粒子の運動と，粒子同士や容器の壁との衝突は，ニュートン力学で記述できる．

ボンベの中に閉じ込められた分子は，自由に衝突を繰り返しながら飛び回っているパチンコ玉と想像してもよさそうであり，気体の示す圧力 (P)，体積 (V)，温度 (T)，気体のモル数 (n) は以下のような物理的パラメータと考えられる．

圧力 (P)：衝突してくる気体粒子をはね返すために，容器の壁がおよぼす単位面積当たりの力の大きさであり，多数の気体粒子の衝突頻度に比例する．

体積 (V)：気体粒子が無秩序に飛び回る空間の大きさ．

温度 (T)：気体粒子の平均運動エネルギーの大きさを示す尺度．

モル数 (n)：気体粒子の数．

ボイルの法則は，一定の n と T のもとで，体積 (V) が小さくなれば粒子同士と容器の壁との衝突頻度が多くなり，圧力 (P) が大きくなる現象を説明している．シャルルの法則は，一定の n のもとで，温度 (T) が高くなるほど粒子の運動は激しくなり，圧力 (P) を一定に保つために体積 (V) が大きくなる現象を定式化している．また，アボガドロの法則は，一定の P と T のもとで，粒子の数 (n) が増えれば飛び回る空間である体積 (V) が増加することを説明している．このような物理的なイメージで，状態方程式 $(PV = nRT)$ を理解できる．

気体分子運動論に基づく簡単な力学的考察から，1 mol の気体の全運動エネルギーが $\dfrac{3RT}{2}$ と得られる．つまり温度 T のとき，パチンコ玉のように飛び回る 1 mol の気体分子が持っている運動エネルギーの総量は $\dfrac{3RT}{2}$ と与えられ，温度 T のみの関数となる．上で述べたように，圧力 P とは，衝突してくる気体粒子をはね返すために，容器の壁がおよぼす単位面積あたりの力の大きさである．直方体の容器 (図 5.1，体積 $V = abc$) に N 個の気体粒子が入っている．この 1 つの壁面に 1 個の気体粒子が衝突してはね返ったとき，面に垂

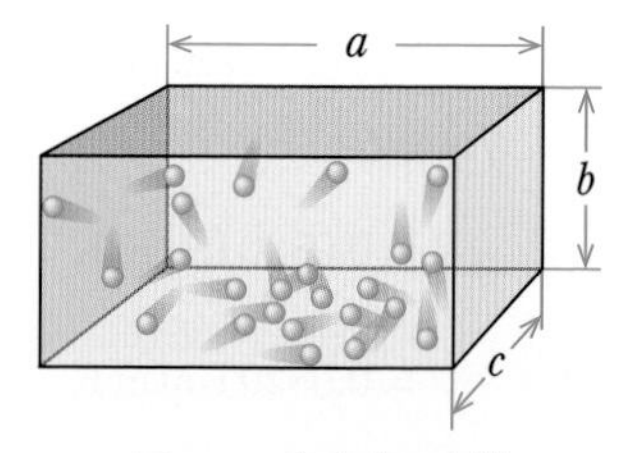

図 5.1　直方体の容器

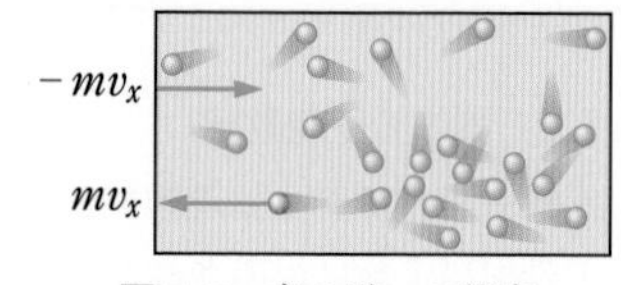

図 5.2　左の壁への衝突

直な方向 (仮に x 方向とする) の運動量変化は $mv_x - (mv_x) = 2mv_x$ である (図 5.2 参照). 注目した壁が左右で距離 a だけ隔たっているので, 左の壁と衝突した後に再び衝突するまでの時間は, $\Delta t = \dfrac{2a}{v_x}$ である. ニュートン力学によれば, 運動量変化 $2mv_x$ は加えられた力積 $f \cdot \Delta t$ に等しい.

$$f \cdot \Delta t = 2mv_x \qquad \therefore \quad f = \frac{m{v_x}^2}{a}$$

ところが, 注目する壁の面積は bc であり, 1 個の気体粒子の衝突により壁に加わる圧力 p は,

$$p = \frac{f}{bc} = \frac{m{v_x}^2}{abc} = \frac{m{v_x}^2}{V}$$

この壁面には多数の気体粒子が頻繁に衝突してくるので, N 個の気体粒子による圧力 P は, ${v_x}^2$ の平均値 $\langle {v_x}^2 \rangle$ を用いて,

$$P = \frac{m}{V} N \langle {v_x}^2 \rangle \qquad \therefore \quad PV = Nm \langle {v_x}^2 \rangle$$

これまで x 軸を選んで考えていたが, 3 方向は等価なので,

$$\langle {v_x}^2 \rangle = \langle {v_y}^2 \rangle = \langle {v_z}^2 \rangle$$

また, 気体粒子の x, y, z 方向の速度と速さの関係より,

$$\langle v^2 \rangle = \langle {v_x}^2 \rangle + \langle {v_y}^2 \rangle + \langle {v_z}^2 \rangle$$

よって,

$$\langle {v_x}^2 \rangle = \langle {v_y}^2 \rangle = \langle {v_z}^2 \rangle = \frac{1}{3} \langle v^2 \rangle \qquad \therefore \quad PV = \frac{1}{3} Nm \langle v^2 \rangle$$

一方, 理想気体の状態方程式から $PV = nRT$ であり,

$$PV = \frac{1}{3} Nm \langle v^2 \rangle = nRT$$

1 mol の気体粒子の全運動エネルギーは,

$$E = N_{\mathrm{A}} \cdot \frac{1}{2} m \langle v^2 \rangle \qquad \therefore \quad E = \frac{3}{2} RT$$

となる. 気体粒子 1 個あたりの並進運動エネルギーの平均値は, アボガドロ定数 N_{A} で割って,

$$\frac{E}{N_{\mathrm{A}}} = \frac{1}{2} m \langle v^2 \rangle = \frac{3}{2} \frac{R}{N_{\mathrm{A}}} T = \frac{3}{2} k_{\mathrm{B}} T \qquad \therefore \quad ただし, \ k_{\mathrm{B}} = \frac{R}{N_{\mathrm{A}}}$$

となる. ここで, 新しい重要な物理定数である**ボルツマン** (Boltzmann) **定数** k_{B} が定義された. 気体定数 R が $8.31\ \mathrm{J\,K^{-1}\,mol^{-1}}$ だから, ボルツマン定数 k_{B} は, $1.38 \times 10^{-23}\ \mathrm{J\,K^{-1}}$ である. ボルツマン定数 k_{B} の値に対して, いろいろなエネルギーの大きさを比較することが多いので, その値は気体定数 R とともに記憶しておこう.

例題 5.3　ヘリウム He を 365 mL のボンベに詰め，25 ℃で圧力 7.90 bar となった．ヘリウム He を何 g 詰めたことになるか？

【解答】

ヘリウム He の原子量は 4 であるから，

$$n = \frac{x}{4}\,\mathrm{g\,mol^{-1}} = \frac{PV}{RT} = \frac{\left(\dfrac{7.90}{1.0133}\right) \times 0.365}{0.082 \times 298}\,\mathrm{mol} = 0.1165\,\mathrm{mol}$$

$$\therefore \quad x = 0.466\,\mathrm{g}$$

5.1.3　実在気体

実際の気体 (**実在気体**) は，理想気体の状態方程式から少しずれたふるまいをする．実在気体のふるまいが理想気体の状態方程式からずれていく様子は，**圧縮因子** Z を用いて表すことができる．

$$Z = \frac{PV}{nRT}$$

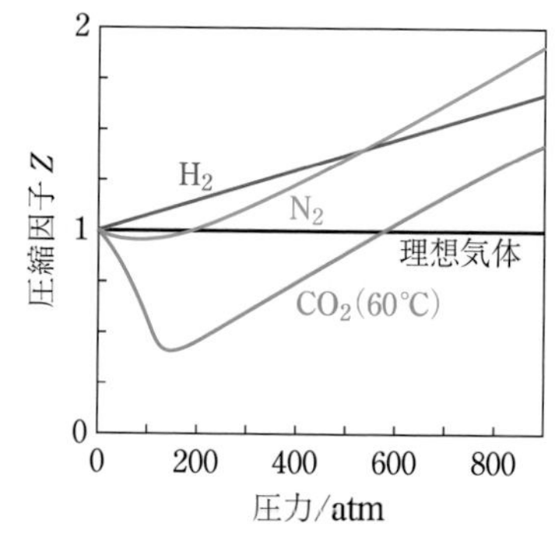

図 5.3　圧縮因子の圧力依存性

圧縮因子 Z は，図 5.3 に示すような圧力依存性を示す．理想気体では，常に $Z = 1$ となるが，実在気体では，Z の値は圧力に依存して変化して 1 からずれる．実在気体が理想気体の状態方程式からずれたふるまいをする原因は，気体粒子自身の体積が無視できなくなることと，気体粒子間に引力が生ずることによる．

標準状態 (0 ℃，1 atm) では，気体粒子の体積は気体全体の体積の 0.05 % 程度しかなく，気体粒子自身の体積を無視できるという仮定は成立するが，0 ℃，500 atm の場合には，粒子自身の体積が全体の体積の 20 % にもなるので，この仮定は成り立たなくなる．その結果，実在気体の高圧での体積は，理想気体の場合より大きくなる．

圧力が十分に低ければ，粒子同士は十分に離れているので，粒子間の引力は無視できる．しかし，高圧では粒子同士が近付いて，引力が働く．粒子間の引力が無視できなくなる実在気体では，容器の壁がおよぼさなければならない力の大きさが理想気体の場合より小さくなる．

粒子自身の大きさによる体積の増加を補正するために，観測される V から粒子数 n mol

に比例する量 nb を引き，粒子間の引力による圧力の減少を補正するために，観測される P に $\frac{n^2a}{V^2}$ を足す修正方程式 (**ファンデルワールス** (van der Waals) **方程式**) が提案されている．

$$\left(P+\frac{n^2a}{V^2}\right)(V-nb)=nRT \ : \ \text{ファンデルワールス方程式}$$

例題 5.4　0 ℃，0.25 L のボンベの中の 1.0 mol のメタン CH_4 が示す圧力 [bar] を，①理想気体と仮定した場合，②ファンデルワールス方程式にしたがう場合について計算し，実測値 78.6 bar と比較せよ．ただし，補正項 $a = 2.303\ \mathrm{L^2\ bar\ mol^{-2}}$，$b = 0.0431\ \mathrm{L\ mol^{-1}}$ である．

【解答】

① 理想気体の場合：$P=\frac{RT}{V}=\frac{8.31\times 273}{0.25\times 10^{-3}}\times 10^{-5}\ \mathrm{Pa}=90.7\ \mathrm{bar}$

② ファンデルワールス方程式の場合：$P=\frac{RT}{V-b}-\frac{a}{V^2}=$

$$\frac{8.31\times 273}{(0.25-0.0431)\times 10^{-3}}\times 10^{-5}\ \mathrm{bar}-\frac{2.303}{(0.25)^2}\ \mathrm{bar}=72.8\ \mathrm{bar}$$

明らかにファンデルワールス方程式から得た値が実測 78.6 bar に近い．

理想気体の等温線 (P-V 曲線) は，ボイルの法則にしたがって，P と V は反比例するかたちになる．それに対し，ファンデルワールス方程式により計算した等温線は，図 5.4 に示すようなふるまいを示し，変曲点として**臨界点**を与えるなど，実際の等温線のふるまいをよく表現している．臨界点以下の温度では，気体と液体が共存し，圧力一定で体積 (気体と液体の割合) が変化する．この気体と液体の共存領域において，気相と液相が平衡状態にあることを考慮すること (**マクスウエル** (Maxwell) **の等面積構図**) により，実際の等温線のふるまいに対応させることができる．

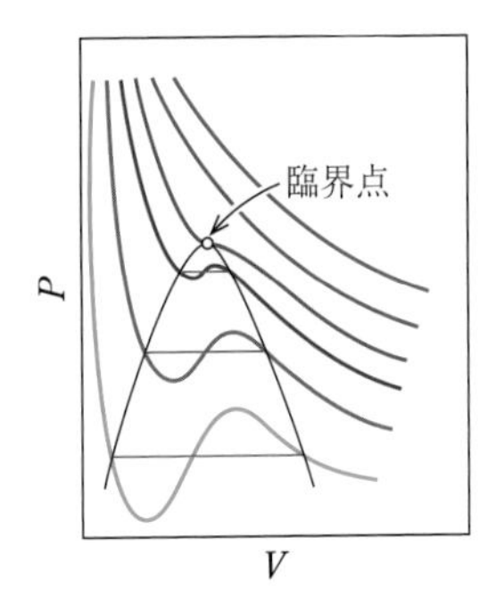

図 5.4　ファンデルワールス方程式により計算した等温線

5.2 準位と分布 (ボルツマン分布，温度)

5.2.1 エネルギー準位への分布のしかた (最確分布)

第 2 章で，原子や分子の世界においては，1 個の分子が持つエネルギーは，特定の値しか許されないことを学んだ．質量 m の粒子がボンベの中を飛び回る並進運動のエネル

ギー E_{trans} は，一辺の長さ a の立方体の箱に閉じ込められた粒子のエネルギー準位で表される (2.2.4「シュレーディンガー方程式」(2)「3 次元の箱の中の粒子」参照).

$$E_{\mathrm{trans}} = \frac{h^2}{8ma^2}({n_x}^2 + {n_y}^2 + {n_z}^2)$$

$$= \frac{h^2}{8mV^{2/3}}({n_x}^2 + {n_y}^2 + {n_z}^2) \qquad (n_x, n_y, n_z = 1, 2, 3, \cdots, V = a^3)$$

量子数 n_x, n_y, n_z の値が $1, 2, 3, \cdots$ に対応するとびとびの値を持つ．この 1 個の気体分子が持つとびとびの並進エネルギー準位から，温度 T で 1 mol の気体が持つ全運動エネルギー $\frac{3RT}{2}$ (5.1.2 参照) が導出されるのだろうか．そのためには，1 個の気体分子の並進エネルギー準位を知るだけでは不十分で，1 mol の気体分子が，どのエネルギー準位を占有しているかを知る必要がある．つまり，すべての許容エネルギーに気体分子がどのように “分布” するかを知る必要がある．

“分布” とは，気体分子が，量子論的に許容されるエネルギー準位を占有している数を表している．膨大な数の気体分子がエネルギー準位を占有する “分布” のしかたを考えて，その確率を計算すれば “もっとも起こりそうな分布のしかた” を予言することができる．予言された “もっとも起こりそうな分布” で期待される運動エネルギー (エネルギーの期待値) が，1 mol の気体が持つ全運動エネルギー $\frac{3RT}{2}$ に対応するだろう．

“もっとも起こりそうな分布のしかた” を予言する方法を理解するために，ボンベに入った 5 個の気体分子 (5 個の分子には番号がふってあり区別できる) が，温度 T で全エネルギー 4 を持っているような仮想的なモデルを考えよう．許容されるエネルギー準位を，最低エネルギー準位 (第 0 準位) のエネルギーがゼロで，第 1 準位のエネルギーが 1，第 2 準位のエネルギーが $2, \cdots$ と仮定する．温度 T で全エネルギー 4 を持つ 5 個の気体分子モデルが，この許容されるエネルギー準位に “分布” するしかたを考えてみる (図 5.5 参照)．まず第 4 エネルギー準位に 1 個の分子がある (第 4 エネルギー準位を “占有” する) とき，残り 4 個が第 0 準位を占有する “分布” が考えられる．この “分布” の場合の数は，区別できる分子を 1 個と 4 個に分ける場合の数であるから $\frac{5!}{4!1!} = 5$ 通りと計算できる．次に，第 4 準位を占有していた分子が第 3 準位に降りて，第 0 準位を占有していた 4 個の分子のうちから 1 個の分子が第 1 準位へ上がる “分布” が許される．この “分布” の場合の数は，$\frac{5!}{3!1!1!} = 20$ 通りと計算できる (図 5.5 a 参照)．このようにして，全エネルギー 4 である 5 個の気体分子が許容されるエネルギー準位を占有する “分布” のしかたをすべて数え上げると，図 5.5 b のようになる．この中で 4 番目の “分布” の場合の数が 30 通りで最も多く，全ての場合の数 70 通りの中で “もっとも起こりそうな分布のしかた” である．区別できる分子に番号を付けて，この分布を図示してみよう (図 5.5 c

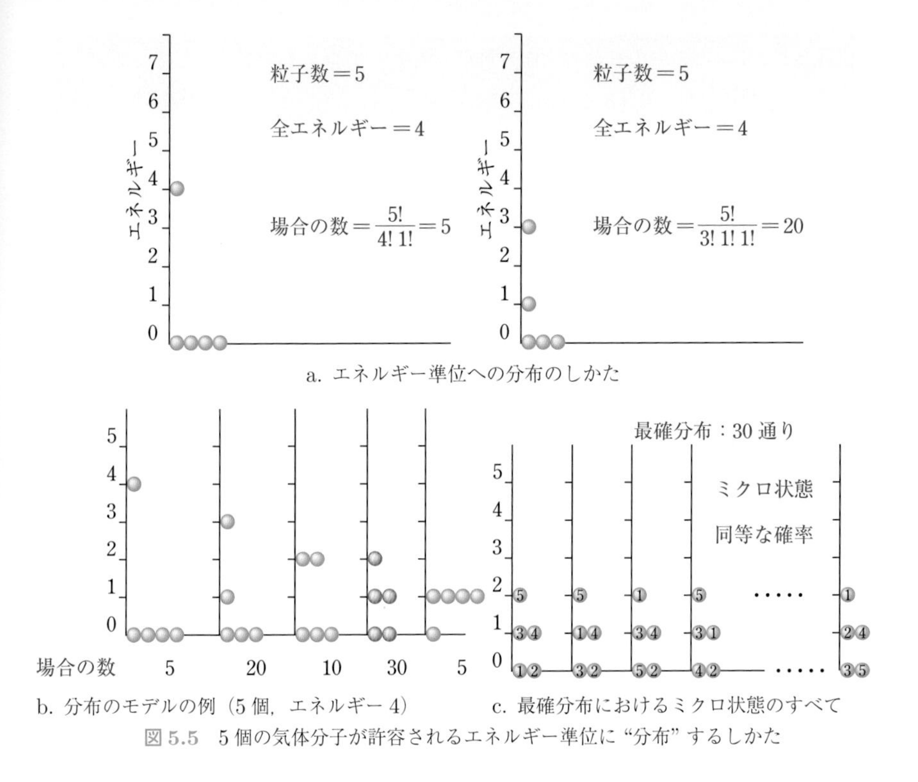

図 5.5　5 個の気体分子が許容されるエネルギー準位に“分布”するしかた

参照)．このように異なる番号の分子が，第 0 準位から順に，2 個，2 個，1 個と占有した“分布”が“もっとも起こりそうな分布のしかた”で，30 通りある．これら 30 個の区別できる状態を“ミクロ状態”とよぶ．また“もっとも起こりそうな分布”を，“最確分布”と名付ける．さて，ここで考えた“最確分布”を予言する方法では，次の仮定が前提条件になっている．

1.　すべての“ミクロ状態”は同等な出現確率を持つ．
2.　“ミクロ状態”間で絶えずエネルギー交換している．

条件 1. はたとえば，“最確分布”における 30 個の“ミクロ状態”はどれも同等で，どの状態も等しい確からしさで起こり得ることを保証している．また，条件 2. を具体的に説明すると，“最確分布”における 1 番目と 2 番目の“ミクロ状態”を比べると，分子①が第 0 準位から第 1 準位に上がって，分子③が逆に第 1 準位から第 0 準位に降りている．つまり分子①と③がボンベの中で弾性衝突をして，その運動エネルギーを交換したことに対応する．このように，条件 2. はボンベの中で分子は絶えず衝突を繰り返して，運動エネルギーの交換を自由に起こすことを保証している．

例題 5.5　ボンベの中の 9 個の気体分子が，温度 T で全エネルギー 7 を持つモデルを考え，“最確分布” を答えよ．

【解答】

最低エネルギー準位 (第 0 準位) のエネルギーがゼロで，第 1 準位のエネルギーが 1，第 2 準位のエネルギーが 2,$\cdots$ という，デジタルなエネルギー準位を仮定する．すると，下図のような 15 パターンの分布を数え上げることができる．この中で，もっとも場合の数が多いのは，10 番目の分布である．この 10 番目が “最確分布” である．

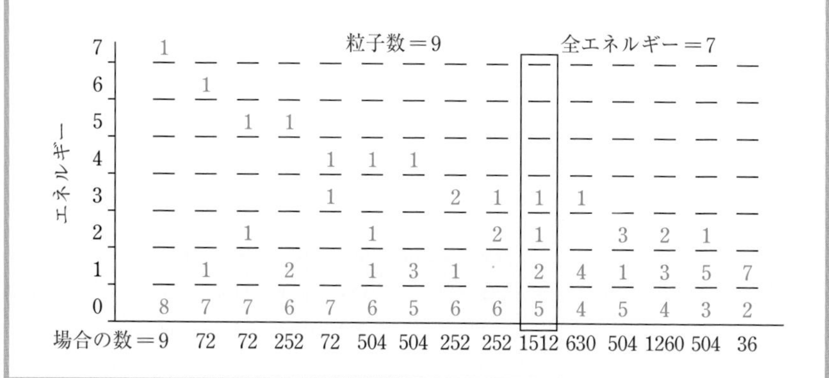

図 5.6 に，分子数 14 個で，全エネルギーが 14，28，42 と増加したモデルにおける “最確分布” を数え上げた結果を示す．14 個の全エネルギーが 2 倍，3 倍と上がった (温度上昇した) とき，“最確分布” は，より高いエネルギー準位を占有している．さて分子数 14 個の持つ全エネルギーがゼロになったときには，全ての分子が第 0 準位を占有すること

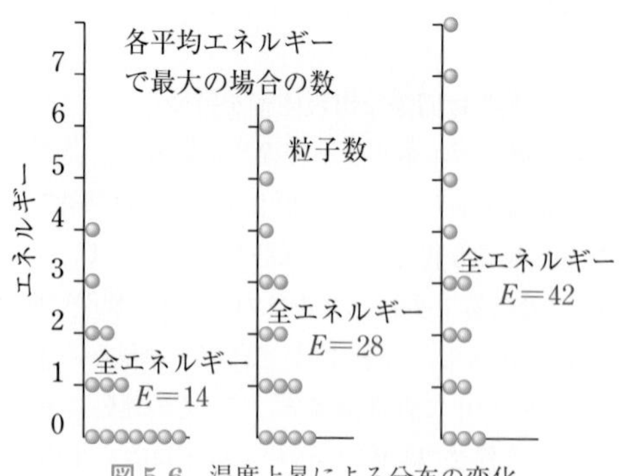

図 5.6　温度上昇による分布の変化

になり，その場合に数は1となってしまうだろう．この“分布”が絶対零度(0 K)に対応する．

以上のように分子数が5個，9個，14個と少数のモデルであれば，許容されるエネルギー準位を占有する“分布”を全て数え上げることが可能であった．しかし，1 molの分子数のモデルに対して“分布”をすべて数え上げることは不可能である．そこで，現実の気体に対する“最確分布”を予言したのが，ボルツマンであった．次の節で，ボルツマンの提案した“ボルツマン分布”を説明する．

5.2.2 ボルツマン分布

ボルツマン(Boltzmann)分布とは，膨大な数の分子について，“もっとも起こりそうな分布”(“最確分布”)を与える数学的表現である．したがって，前節で述べた分子数が5個，9個，14個と少数のモデルで数え上げた“最確分布”に対応する一般的な数学的表現である．ボルツマン分布(図5.7参照)は，あるエネルギー準位ε_iを占有する分子数N_iに対する，異なるエネルギー準位ε_jを占有する分子数N_jの比を与える．

$$\frac{N_j}{N_i} = \mathrm{e}^{-(\varepsilon_j - \varepsilon_i)/k_\mathrm{B}T} \qquad \text{ただし，} k_\mathrm{B}\text{: ボルツマン定数}$$

この分布が，“最確分布”に対応することは，数学的に証明することができる．

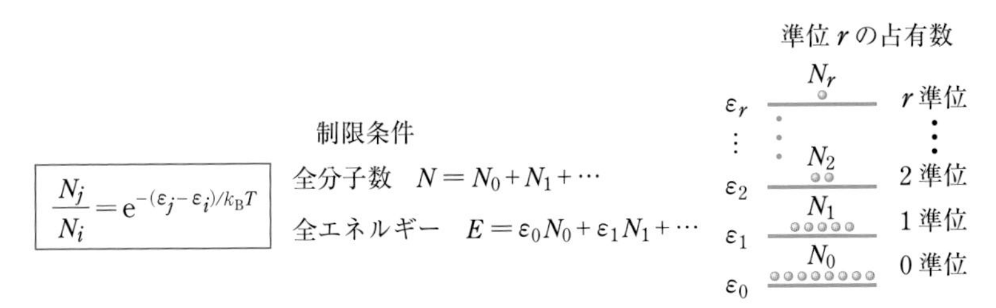

図5.7　ボルツマン分布

一般に，あるエネルギー準位ε_jの占有数N_jは最低エネルギー準位ε_0の占有数N_0を基準にした占有比率で与えられる．

$$\frac{N_j}{N_0} = \mathrm{e}^{-(\varepsilon_j - \varepsilon_0)/k_\mathrm{B}T}$$

占有比率は，エネルギー差$\varepsilon_j - \varepsilon_0$と$k_\mathrm{B}T$の比のマイナスを指数とする値で決まる．よって，$j$番目のエネルギー準位の占有数は，常に最低エネルギー準位の占有数よりも少ない．しかし，$k_\mathrm{B}T$に比べて低いエネルギー準位の占有数はそれほど小さくならない．一方，$k_\mathrm{B}T$に比べて高いエネルギー準位の占有数は非常に小さくなる．低温では，エネルギー準位が高くなるにしたがって，占有数は指数関数的に減少し，ほとんどの分子は最低エネルギー準位を集中的に占有する．その極限として，絶対零度での分布が実現する．逆に高温では，占有数の減少は急激ではなく，かなり高いエネルギー準位まで，占有数は拡がる．前節の図 5.6 で示されるように，全エネルギー 14 に対する分布が温度上昇にともなって，全エネルギー 42 と 3 倍大きくなると，高いエネルギー準位へと占有数が拡がっていく．この事情は，1.2.5 節で出てきた，r 個の小部屋に分割されたボンベを縦にしたとき，N 個の気体分子が拡散するモデルと等価である (図 1.12 参照)．このようなボルツマン分布のしかたを，エネルギー準位間隔が等しい簡単な例でもう少し定量的に示してみる．

とびとびのエネルギー準位間隔が等しい典型的な例を考えよう (図 5.8 参照)．エネルギー準位が最低エネルギー ($\varepsilon_0 = 0$) を基準に等間隔 $\Delta\varepsilon$ で上がっていく場合，ボルツマン分布は，

$$\frac{N_j}{N_0} = \mathrm{e}^{-j\cdot\Delta\varepsilon/k_\mathrm{B}T} = x^j \qquad ただし，x = \mathrm{e}^{-\Delta\varepsilon/k_\mathrm{B}T}$$

となり，各 j 準位の占有数 N_j は，初項 N_0，公比 x の等比級数になる．系の全分子数 N は，

$$N = N_0 + N_1 + N_2 + \cdots$$

$$= N_0\ (1 + x^1 + x^2 + \cdots) = N_0 \cdot q$$

と表され，最低準位の占有数 N_0 (初項) に対する占有比率の和 $1 + x^1 + x^2 + \cdots$ を q と定義すれば，N_0 (初項) は，

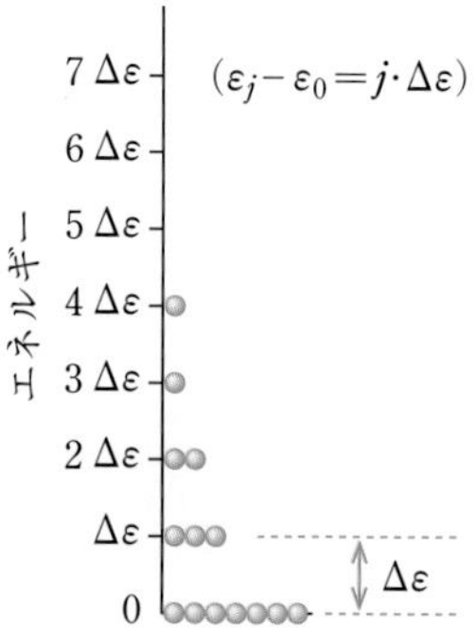

図 5.8　エネルギー準位間隔が等しい場合

$$N_0 = \frac{N}{q}$$

で与えられる．q は等比級数の無限和として簡単に求まるので，

$$q = 1 + x^1 + x^2 + \cdots = \frac{1}{1-x} \qquad ただし，x = \mathrm{e}^{-\Delta\varepsilon/k_\mathrm{B}T}$$

よって，

$$N_0 = N(1-x)$$

全分子数 N を知っていれば，最低準位を占有する分子の数 N_0 が簡単に求められる．

等間隔のエネルギー差 $\Delta\varepsilon$ と $k_\mathrm{B}T$ の比が異なる 3 つの場合を考えてみよう．ただし，系の全分子数を $N = 6.0 \times 10^{23}$ (1 mol) とする．

① $\dfrac{\Delta\varepsilon}{k_\mathrm{B}T} = 10, x = \mathrm{e}^{-\Delta\varepsilon/k_\mathrm{B}T} \simeq 4.5 \times 10^{-5}$ (低温に対応) の場合

$$q = \frac{1}{1-x} \simeq 1,\ N_0 = N(1-x) \simeq 6.0 \times 10^{23}$$

最低エネルギー準位をほとんどすべての分子が占有する．

② $\dfrac{\Delta\varepsilon}{k_\mathrm{B}T}=1,\ x=\mathrm{e}^{-\Delta\varepsilon/k_\mathrm{B}T}\simeq 0.37$ の場合

$$q=\frac{1}{1-x}\simeq 1.6,\ N_0=N(1-x)\simeq 3.8\times 10^{23}$$

エネルギー準位が 1 つ上がるごとに占有数が約 1/3 倍へと減少する．

③ $\dfrac{\Delta\varepsilon}{k_\mathrm{B}T}=0.1,\ x=\mathrm{e}^{-\Delta\varepsilon/k_\mathrm{B}T}\simeq 0.90$ (高温に対応) の場合

$$q=\frac{1}{1-x}\simeq 10,\ N_0=N(1-x)\simeq 6.0\times 10^{22}$$

エネルギー準位が上がるごとに占有数が約 0.9 倍へと徐々に減少する．

この例で，ボルツマン分布における温度と占有数の比や q の大きさの関係が，定量的にわかるだろう．つまり，ボルツマン分布のしかたは，エネルギー準位の間隔 $\Delta\varepsilon$ と $k_\mathrm{B}T$ の比の大きさで予測することができる．

例題 5.6 ① エネルギー準位間隔が等しく 2.76×10^{-22} J である系について，1 mol の気体が温度 200 K のときに，最低エネルギー準位の占有数を計算せよ．
② 同じ系で，最低エネルギー準位の 1 つ上の準位の占有数比が 0.2 となる温度は何 K か求めよ．ただし，$\ln x=2.303\log x$，$\log 2=0.301$ である．

【解答】

① $\dfrac{\Delta\varepsilon}{k_\mathrm{B}T}=\dfrac{2.76\times 10^{-22}}{1.38\times 10^{-23}\times 200}=\dfrac{2.76\times 10^{-22}}{2.76\times 10^{-21}}=0.1,$

$x=\mathrm{e}^{-\Delta\varepsilon/k_\mathrm{B}T}\simeq 0.90,$

$N_0=N(1-x)\simeq 6.0\times 10^{22}$

② $\mathrm{e}^{-\Delta\varepsilon/k_\mathrm{B}T}=0.2,$

$\dfrac{\Delta\varepsilon}{k_\mathrm{B}T}=-\ln 0.2=-2.303(\log 2-1)=1.61,$

$T=\dfrac{2.76\times 10^{-22}}{1.38\times 10^{-23}\times 1.61}\,\mathrm{K}=12.4\,\mathrm{K}$

5.2.3 気体分子の速度分布

膨大な数の気体分子の速度の分布は，ボルツマン分布を用いて与えることができる．速度成分 (v_x, v_y, v_z) を持つ質量 m の気体分子の運動エネルギー E は

$$E=\frac{1}{2}m{v_x}^2+\frac{1}{2}m{v_y}^2+\frac{1}{2}m{v_z}^2$$

であることから，速度成分 (v_x, v_y, v_z) を持つ気体分子の割合 f は，ボルツマン分布を用いて，次の式により与えられる．

$$f=C\mathrm{e}^{-E/k_\mathrm{B}T}=C\mathrm{e}^{-(m{v_x}^2/2+m{v_y}^2/2+m{v_z}^2/2)/k_\mathrm{B}T}$$

$$= Ce^{-m{v_x}^2/2k_\mathrm{B}T}e^{-m{v_y}^2/2k_\mathrm{B}T}e^{-m{v_z}^2/2k_\mathrm{B}T}$$

ここで，C は比例定数である．このとき，各速度成分が v_x と $v_x + \mathrm{d}v_x$，v_y と $v_y + \mathrm{d}v_y$，v_z と $v_z + \mathrm{d}v_z$ の範囲の気体分子の割合 $f\,\mathrm{d}v_x\,\mathrm{d}v_y\,\mathrm{d}v_z$ は

$$f\,\mathrm{d}v_x\,\mathrm{d}v_y\,\mathrm{d}v_z = f(v_x)\,\mathrm{d}v_x f(v_y)\,\mathrm{d}v_y f(v_z)\,\mathrm{d}v_z$$

と表せる．ただし，

$$f(v_x) = C^{1/3}e^{-m{v_x}^2/2k_\mathrm{B}T},\ f(v_y) = C^{1/3}e^{-m{v_y}^2/2k_\mathrm{B}T},\ f(v_z) = C^{1/3}e^{-m{v_z}^2/2k_\mathrm{B}T}$$

である．このとき，$f(v_x)$ について，規格化条件より，

$$\int_{-\infty}^{\infty} f(v_x)\,\mathrm{d}v_x = \int_{-\infty}^{\infty} C^{1/3}e^{-m{v_x}^2/2k_\mathrm{B}T}\,\mathrm{d}v_x = C^{1/3}\left(\frac{2\pi k_\mathrm{B}T}{m}\right)^{1/2} = 1$$

$$\therefore\quad C = \left(\frac{m}{2\pi k_\mathrm{B}T}\right)^{3/2}$$

であるから，

$$f(v_x) = \left(\frac{m}{2\pi k_\mathrm{B}T}\right)^{1/2} e^{-m{v_x}^2/2k_\mathrm{B}T} = \left(\frac{M}{2\pi RT}\right)^{1/2} e^{-M{v_x}^2/2RT}$$

ただし，M は気体分子の分子量であり，R は気体定数である．$f(v_y)$，$f(v_z)$ についても $f(v_x)$ と同様であるから，

$$f(v_x)f(v_y)f(v_z)\,\mathrm{d}v_x\,\mathrm{d}v_y\,\mathrm{d}v_z = \left(\frac{M}{2\pi RT}\right)^{3/2} e^{-Mv^2/2RT}\,\mathrm{d}v_x\,\mathrm{d}v_y\,\mathrm{d}v_z$$

ただし，$v^2 = {v_x}^2 + {v_y}^2 + {v_z}^2$ である．気体分子の速度の大きさが v と $v + \mathrm{d}v$ の間にある確率 $F(v)\,\mathrm{d}v$ は，分子の速度が方向に関係なく，速度の大きさが半径 v で厚さ $\mathrm{d}v$ の球殻の中のどこかの体積要素 $\mathrm{d}v_x\,\mathrm{d}v_y\,\mathrm{d}v_z = 4\pi v^2\,\mathrm{d}v$ の中に入る確率の和として表すことができるから，

$$F(v)\,\mathrm{d}v = 4\pi\left(\frac{M}{2\pi RT}\right)^{3/2} v^2 e^{-Mv^2/2RT}\,\mathrm{d}v$$

この式は**マクスウエル-ボルツマン分布**とよばれる．速度分布関数 $F(v)$ は，速度の大きさが v である気体分子の割合を示し，図 5.9 に示すようなふるまいを示す．温度が高いほど，気体分子の運動エネルギーの平均値は大きくなり，速度の大きい分子の割合は増加する．

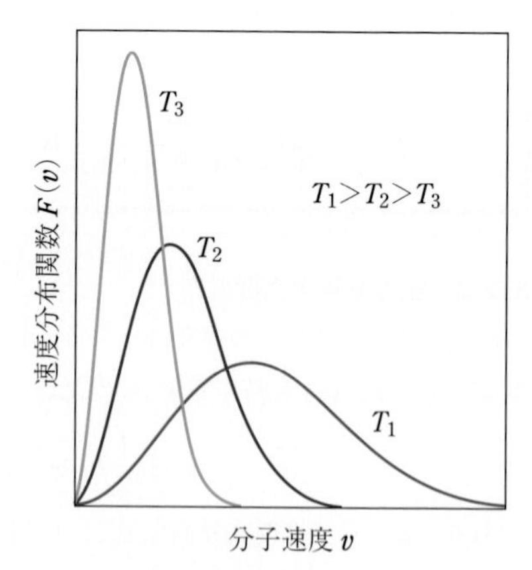

図 5.9　マクスウエル-ボルツマン分布

5.2.4 分配関数とエネルギーの期待値

5.2.2 節で説明したように，あるエネルギー準位 ε_j を占有する気体分子の数 N_j は，最低エネルギー準位 ε_0 を占有する数 N_0 と以下のような関係にある．

$$\frac{N_j}{N_0} = \mathrm{e}^{-(\varepsilon_j-\varepsilon_0)/k_\mathrm{B}T} \qquad \therefore \quad N_j = N_0\mathrm{e}^{-(\varepsilon_j-\varepsilon_0)/k_\mathrm{B}T}$$

よって最低エネルギー準位を占有する数 N_0 がわかれば，順々に任意のエネルギー準位の占有数 N_j がわかる．しかし，一般に実験をする我々は気体分子の総数 N は知っているが，最低エネルギー状態の占有数 N_0 は知らない．総数 N は，

$$N = N_0 + N_1 + N_2 + \cdots = N_0(1 + \mathrm{e}^{-E_1/k_\mathrm{B}T} + \mathrm{e}^{-E_2/k_\mathrm{B}T} + \cdots) = N_0 \cdot q$$

であるから，もし $q = 1 + \mathrm{e}^{-E_1/k_\mathrm{B}T} + \mathrm{e}^{-E_2/k_\mathrm{B}T} + \cdots$ が計算できれば，総数 N から最低エネルギー状態の占有数 N_0 を知ることができる．

$$N_0 = \frac{N}{q}$$

この q は**分配関数** (または**状態和**) とよばれ，たいへん重要な量である．エネルギー準位の間隔が等しい場合は，5.2.2 節で述べたように簡単に分配関数 q が計算できた．

さて，各エネルギー準位を占有する分子数がボルツマン分布の式で得られるので，系全体が持っているエネルギーの期待値 E は以下の式で与えられる．ただし最低エネルギー E_0 を，エネルギーの基準とする．

$$E = E_0 \cdot N_0 + E_1 \cdot N_0\,\mathrm{e}^{-E_1/k_\mathrm{B}T} + \ E_2 \cdot N_0\,\mathrm{e}^{-E_2/k_\mathrm{B}T} + \cdots = N_0 \sum_{i=1}^{\infty} E_i\,\mathrm{e}^{-E_i/k_\mathrm{B}T}$$

すると分配関数 q を用いて，

$$E = Nk_\mathrm{B}T^2 \frac{\mathrm{d}\ln q}{\mathrm{d}T}$$

という数学的な関係が証明 (例題 5.7 参照) できるので，もし分配関数 q が計算できれば，その自然対数の温度に関する微分で系全体のエネルギーの期待値まで得られる．

この関係を用いると，1 個の気体分子が持つ並進エネルギー準位から，1 mol の気体が持つ全運動エネルギーが $\dfrac{3RT}{2}$ であることが計算できる．以下に実際の計算を示す．並進エネルギー E_trans の値は，

$$E_\mathrm{trans} = \frac{h^2}{8mV^{2/3}}({n_x}^2 + {n_y}^2 + {n_z}^2) = \frac{h^2}{8ma^2}({n_x}^2 + {n_y}^2 + {n_z}^2)$$

と与えられた．この量子数 (n_x, n_y, n_z) の組のすべてにわたって和をとった結果として，並進エネルギーの分配関数 q_trans が，

$$q_\mathrm{trans} = \frac{V}{\Lambda^3} \qquad \left(ただし, \Lambda = h\sqrt{\frac{1}{2\pi m k_\mathrm{B}T}}\right)$$

と与えられる*．ひとたび分配関数が得られれば，並進エネルギーの期待値は，簡単に計算でき，

$$\ln q_{\text{trans}} = \ln\left(\frac{V}{h^3}(2\pi m k_{\text{B}})^{3/2}\right) + \frac{3}{2}\ln T$$

$$\therefore \quad E_{\text{trans}} = N k_{\text{B}} T^2 \left(\frac{\partial \ln q}{\partial T}\right)_V = \frac{3}{2} N k_{\text{B}} T$$

と与えられる．1 mol の分子に対しては，

$$E = \frac{3}{2} N_{\text{A}} k_{\text{B}} T = \frac{3}{2} RT$$

が得られる．これで，1 個の気体分子のとびとびの並進エネルギー準位から，1 mol の気体が持つ全運動エネルギー $\frac{3RT}{2}$ が導出された．

例題 5.7　$q = 1 + \mathrm{e}^{-E_1/k_{\text{B}}T} + \mathrm{e}^{-E_2/k_{\text{B}}T} + \cdots$ のときに，その自然対数 $\ln q$ を温度 T のみの関数と考えて，温度 T に関する微分を計算すると，エネルギーの期待値 $E = E_0 \cdot N_0 + E_1 \cdot N_0\,\mathrm{e}^{-E_1/k_{\text{B}}T} + E_2 \cdot N_0\,\mathrm{e}^{-E_2/k_{\text{B}}T} + \cdots$ が以下の式で得られることを確かめよ．

$$E = N k_{\text{B}} T^2 \frac{\mathrm{d}\ln q}{\mathrm{d}T}$$

【解答】

$$\frac{\mathrm{d}\ln q}{\mathrm{d}T} = \frac{1}{q}\frac{\mathrm{d}q}{\mathrm{d}T} = \frac{1}{q}\cdot\frac{d\left(\sum_{i=0}^{\infty}\mathrm{e}^{-E_i/k_{\text{B}}T}\right)}{\mathrm{d}T} = \frac{1}{N_0 q}\cdot\frac{N_0}{k_{\text{B}}T^2}\sum_{i=0}^{\infty}E_i\cdot\mathrm{e}^{-E_i/k_{\text{B}}T}$$

---

*　$q_{\text{trans}} = \sum_{n_x n_y n_z}^{\infty} \mathrm{e}^{-\frac{h^2}{8ma^2}({n_x}^2+{n_Y}^2+{n_z}^2)/k_{\text{B}}T} = q_x \cdot q_y \cdot q_z$

ただし，

$$q_x = \sum_{n_x}^{\infty}\mathrm{e}^{-\frac{h^2}{8ma^2}\frac{{n_x}^2}{k_{\text{B}}T}} \approx \int_0^{\infty}\mathrm{e}^{-\frac{h^2}{8ma^2}\frac{{n_x}^2}{k_{\text{B}}T}}\,\mathrm{d}n_x$$

$$= \sqrt{\frac{1}{\frac{h^2}{8ma^2}\cdot\frac{1}{k_{\text{B}}T}}} \times \int_0^{\infty}\mathrm{e}^{-x^2}\,\mathrm{d}x = \frac{a\sqrt{8mk_{\text{B}}T}}{h}\times\frac{\sqrt{\pi}}{2}$$

$$= \frac{a}{\Lambda}$$

($x^2 = {n_x}^2\left(\frac{h^2}{8ma^2}\cdot\frac{1}{k_{\text{B}}T}\right)$，$\int_0^{\infty}\mathrm{e}^{-x^2}\,\mathrm{d}x = \frac{\sqrt{\pi}}{2}$，$\Lambda = h\sqrt{\frac{1}{2\pi m k_{\text{B}}T}}$ を用いた．)

$$= \frac{1}{Nk_{\mathrm{B}}T^2}E$$

$$\therefore \quad E = Nk_{\mathrm{B}}T^2 \frac{\mathrm{d}\ln q}{\mathrm{d}T}$$

5.3 熱と仕事 (内部エネルギー，エンタルピー)

5.3.1 内部エネルギー

熱と仕事は，やり取りされるエネルギーの様式が異なるだけで本質的に同等なものである．ゆえに熱と仕事は，お互いに変換が可能である．1800 年代になって人類は初めて，このことに気が付いた．注目する系 (ピストンの付いたシリンダーに閉じ込められた気体，図 5.10 参照) とその外界 (気体以外のすべてのもの) の間でのエネルギー移動を考えてみる．考慮すべきエネルギー移動は，系の持つ内部エネルギー (気体の運動エネルギー) の増加 $\mathrm{d}U$，系と外界の温度差で起こる熱の移動 δq，系と外界の不均衡な力で生ずる仕事のやりとり δw である．エネルギー保存則を考えれば，外界から系が受け取った熱 δq と外界から系が受け取った仕事 δw の和は，内部エネルギーの増加量 $\mathrm{d}U$ に等しいはずである．

$$\mathrm{d}U = \delta q + \delta w$$

実際にピストンの付いたシリンダー (断面積 A) に閉じ込められた気体を考えてみよう．気体が熱せられて受け取るエネルギーが熱 δq である．さて仕事のやりとり δw はどのように表されるだろうか．図 5.11 のようにピストンが大気圧 P_{external} で押されている状態で，気体が外界へ向かって膨張 (体積増加 $\mathrm{d}V$) したとき，圧力 P の気体はピストンを

図 5.10　ピストンの付いたシリンダーに閉じ込められた気体

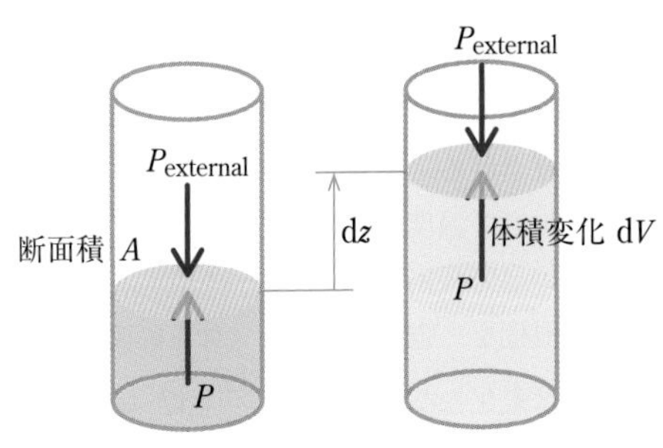

図 5.11　気体の膨張による仕事

力 $F = AP$ で押し上げながら長さ $\mathrm{d}z = \dfrac{\mathrm{d}V}{A}$ だけ移動したことになる．ピストンを力 F で長さ $\mathrm{d}z$ だけ移動したときの仕事は $\delta w = -F\,\mathrm{d}z = -P\,\mathrm{d}V$ となる．ここで，マイナス符号が付いた理由は，外界から系が受け取った仕事 δw を正と定義したためである．よってエネルギー保存則は，

$$\mathrm{d}U = \delta q - P\,\mathrm{d}V$$

と書き換えることができる．以下にあげる4つの代表的な熱力学過程を例にあげて，この法則の意味を，気体分子運動論で考えてみよう．

気体の膨張 (体積が V_1 から V_2 へ変化) による仕事 ΔW

$$\Delta W = \int_{V_1}^{V_2} -P(V)\cdot \mathrm{d}V$$

例1　定積昇温過程

ピストンが移動しないように固定したシリンダーに閉じ込めた1 mol の気体を熱して，熱 δq を与えたとき，体積が変化しない ($\mathrm{d}V = 0$) ので，仕事のやりとりはゼロである ($\delta w = -P\,\mathrm{d}V = 0$)．よって，与えられた熱エネルギー δq が気体分子の運動エネルギー $\mathrm{d}U$ にすべて変換する．つまり，$\mathrm{d}U = \delta q$ となる．

例2　定圧昇温過程

ピストンが自由に移動できるようにして，圧力を大気圧に保ったまま1 mol の気体に熱 δq を与えた．与えられた熱エネルギーで，気体分子の運動エネルギーが増加して，そのエネルギーの一部は大気圧でピストンを押しながら膨張する仕事 ($\delta w = -P\,\mathrm{d}V$) に使われる．よって，同じ熱 δq を与えても，上で述べた定積過程に比べて温度上昇は小さい．

例3　断熱圧縮過程

断熱材でシリンダーを包んで，気体との熱の移動を遮断して ($\delta q = 0$) ピストンを押して気体の体積を小さくすると ($\mathrm{d}V < 0$)，仕事 ($\delta w = -P\,\mathrm{d}V > 0$) がやりとりされる．やりとりされた仕事分 ($\mathrm{d}U = \delta w$) だけ気体分子の運動エネルギーが増加して温度が上昇する．

例4　等温膨張過程

温度を一定に保って，気体を膨張させようとすると，等温で気体の内部エネルギーは変化しない ($\mathrm{d}U = \dfrac{3R}{2}\,\mathrm{d}T = 0$)．エネルギー保存則より $\delta w = -\delta q = -P\,\mathrm{d}V$ の関係が成り立ち，気体膨張で外界へ向かってなされる仕事をまかなうために，外から熱 δq が流れ込む．

さて，1 mol の理想気体について，上記の 4 つの熱力学過程を組み合わせた図 5.12 のようなプロセスで変化する $\mathrm{d}U$，δq，δw を実際に計算してみよう．

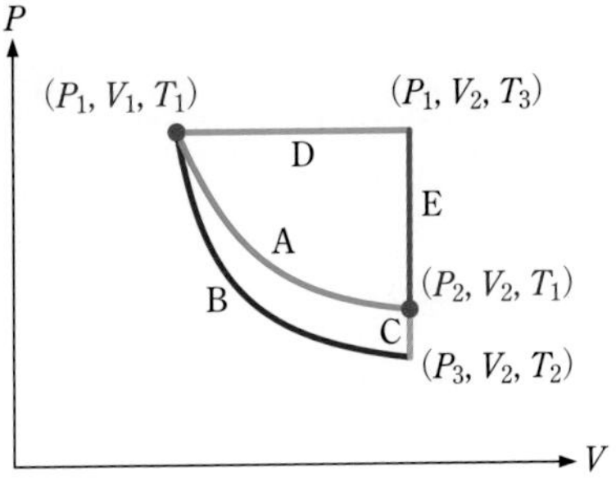

図 5.12　いろいろな経路

A プロセス：等温過程 $(P_1, V_1, T_1) \sim (P_2, V_2, T_1)$

$$\mathrm{d}U_\mathrm{A} = 0, \quad \delta q_\mathrm{A} = -\delta w_\mathrm{A},$$

$$\Delta w_\mathrm{A} = -\int_{V_1}^{V_2} P\,\mathrm{d}V$$

$$= -RT_1 \int_{V_1}^{V_2} \frac{1}{V}\,\mathrm{d}V = -RT_1 \ln \frac{V_2}{V_1}$$

B プロセス：断熱過程 $(P_1, V_1, T_1) \sim (P_3, V_2, T_2)$

$$\delta q_\mathrm{B} = 0, \quad \mathrm{d}U_\mathrm{B} = \delta w_\mathrm{B}, \quad \Delta U_\mathrm{B} = \int_{T_1}^{T_2} \frac{3R}{2}\,\mathrm{d}T = \frac{3R}{2}(T_2 - T_1)$$

C プロセス：定積過程 $(P_3, V_2, T_2) \sim (P_2, V_2, T_1)$

$$\delta w_\mathrm{C} = 0, \quad \mathrm{d}U_\mathrm{C} = \delta q_\mathrm{C}, \quad \Delta U_\mathrm{C} = \int_{T_2}^{T_1} \frac{3R}{2}\,\mathrm{d}T = \frac{3R}{2}(T_1 - T_2)$$

D プロセス：定圧過程 $(P_1, V_1, T_1) \sim (P_1, V_2, T_3)$

$$\Delta w_\mathrm{D} = -\int_{V_1}^{V_2} P_1\,\mathrm{d}V = -P_1(V_2 - V_1), \quad \Delta U_\mathrm{D} = \int_{T_1}^{T_3} \frac{3R}{2}\,\mathrm{d}T = \frac{3R}{2}(T_3 - T_1),$$

$$\Delta q_\mathrm{D} = \Delta U_\mathrm{D} - \Delta w_\mathrm{D} = \frac{3R}{2}(T_3 - T_1) + P_1(V_2 - V_1)$$

E プロセス：定積過程 $(P_1, V_2, T_3) \sim (P_2, V_2, T_1)$

$$\delta w_\mathrm{E} = 0, \quad \mathrm{d}U_\mathrm{E} = \delta q_\mathrm{E}, \quad \Delta U_\mathrm{E} = \int_{T_3}^{T_1} \frac{3R}{2}\,\mathrm{d}T = \frac{3R}{2}(T_1 - T_3)$$

以上のプロセスのうち，異なるプロセスを経由して始点 (P_1, V_1, T_1) から終点 (P_2, V_2, T_1) にたどり着くとき，系が受け取る内部エネルギー，熱，仕事を表 5.2 にまとめる．実際に $P_1 = 1\,\mathrm{bar}$，$P_2 = 0.5\,\mathrm{bar}$，$V_1 = 24.9\,\mathrm{L}$，$V_2 = 49.8\,\mathrm{L}$，$T_1 = 300\,\mathrm{K}$，$T_2 = 200\,\mathrm{K}$ という標準的な状態変化に対する，系がうけとる内部エネルギー，熱，仕事の数値を計算した (表 5.3)．すると，内部エネルギー変化はどのプロセスを経由しても等しくゼロであるが，熱と仕事は始点と終点が同じであっても経由したプロセスに依存して異なる値となる．この結果は，重要なことである．つまり，内部エネルギーの値は，系の状態 (圧力 P，体積 V，温度 T，分子数 N) が与えられると一意的に決まり，微分や積分が可能である．このような物理量を**状態関数**とよぶ．

表 5.2　各経路ごとの ΔU，Δq，Δw

経路	内部エネルギー ΔU	熱 Δq	仕事 Δw
経路 A	0	$RT_1 \ln \frac{V_2}{V_1}$	$-RT_1 \ln \frac{V_2}{V_1}$
経路 B-C	0	$\frac{3R}{2}(T_1 - T_2)$	$\frac{3R}{2}(T_2 - T_1)$
経路 D-E	0	$P_1(V_2 - V_1)$	$-P_1(V_2 - V_1)$

表 5.3　各経路ごとの ΔU，Δq，Δw の値
($P_1 = 1\,\text{bar}$，$P_2 = 0.5\,\text{bar}$，$V_1 = 24.9\,\text{L}$，$V_2 = 49.8\,\text{L}$，$T_1 = 300\,\text{K}$，$T_2 = 200\,\text{K}$)

経路	内部エネルギー ΔU	熱 Δq	仕事 Δw
経路 A	0	$1.73 \times 10^3\,\text{J}$	$-1.73 \times 10^3\,\text{J}$
経路 B-C	0	$1.25 \times 10^3\,\text{J}$	$-1.25 \times 10^3\,\text{J}$
経路 D-E	0	$2.49 \times 10^3\,\text{J}$	$-2.49 \times 10^3\,\text{J}$

5.3.2　エンタルピー

(1)　エンタルピーの定義

私たちが行う実験の代表的な条件は，次の 2 条件である．

① 一定体積の条件 (定積過程)：密閉容器の中で行う実験の条件．ガスボンベ内での気体反応など．

② 一定圧力の条件 (定圧過程)：大気圧下の開放容器内で行う実験条件．ビーカー内の溶液反応，自由に動くピストン付きシリンダー内の気体反応．

この代表的な条件の下で，気体を暖めて同じ熱量 δq を与えても，条件によって温度の上昇量が異なることを 5.3.1 節で定性的に理解した．つまり，定圧過程では，気体が体積変化することで外界と仕事をやりとりする分の熱量 δq を消費した．そこで，**エンタルピー**という新しいエネルギー量 H を定義する．

$$H = U + PV$$

定積過程では，$\mathrm{d}U = \delta q - P\mathrm{d}V = \delta q$ (ただし，$\mathrm{d}V = 0$) より，内部エネルギー変化は出入りする熱量に等しい．一方，定圧過程では，$\mathrm{d}H = \mathrm{d}U + \mathrm{d}(PV) = (\delta q - P\,\mathrm{d}V) + (P\,\mathrm{d}V + V\,\mathrm{d}P) = \delta q$ (ただし，$\mathrm{d}P = 0$) となり，エンタルピー変化は出入りする熱量に等しい．よって，以下のように関連づけるのが便利である．

① 一定体積の条件 (定積過程)：反応での熱量の出入り q_V は，内部エネルギー変化 (ΔU) に対応する．

$$\Delta U = q_V$$

② 一定圧力の条件 (定圧過程)：反応での熱量の出入り q_P は，エンタルピー変化 (ΔH) に対応する．

$$\Delta H = q_P$$

内部エネルギー U は，系の状態 (圧力 P，体積 V，温度 T，分子数 N) で一意的に決まる状態関数であった．エンタルピー H は内部エネルギー U と状態変数 P と V の積の和であるから，必然的に状態関数である．ゆえに，エンタルピー H も始状態と終状態のみに依存して，途中の経路にはよらない．この原理にしたがって，基本となる物質の化学反応のエンタルピー変化をそろえておけば，あらゆる化学反応で発生または吸収される熱量はそれらの和や差で得られる (ヘス (Hess) の法則)．エンタルピーの基準として，標準状態において化合物 1 mol を構成元素の単体から生成する反応のエンタルピー変化を**標準モル生成エンタルピー**と定義し，気圧 1 bar，温度 25 ℃の標準状態で観測された反応熱を用いる．代表的な物質の標準モル生成エンタルピーを表 5.4 にあげる．この表より，標準モル生成エンタルピーには以下のような性質があることがわかる．

(1) 各元素の純粋な単体の安定形の標準モル生成エンタルピーはゼロである：基準状態．
(2) 元素によって，複数の単体状態が存在する場合があるが，そのうちの 1 つだけが基準状態である．
(3) ほとんどの化合物は負の標準モル生成エンタルピーを持つ (化学結合で安定化する)．
(4) 標準モル生成エンタルピーは，大まかには分子の基底エネルギー準位のエネルギー

表 5.4 標準モル生成エンタルピー $\Delta_f H^\circ_{298}$ [kJ mol^{-1}]

固体		液体		気体			
C (ダイヤモンド)	1.895	Br_2(l)	0	Br_2(g)	30.91	HCl(g)	−92.31
C (グラファイト)	0	CH_3OH(l)	−238.66	CH_4(g)	−74.81	Hg(g)	60.83
Fe(s)	0	Hg(l)	0	C_2H_6(g)	−85.68	H_2O(g)	−241.82
I_2(s)	0	HNO_3(l)	−174.10	CO(g)	−110.53	I_2(g)	62.44
LiCl(s)	−408.71	H_2O(l)	−285.83	CO_2(g)	−393.51	N_2(g)	0
NaCl(s)	−410.9	H_2O_2(l)	−187.78	Cl_2(g)	0	NH_3(g)	−46.11
P (赤リン)	−17.6	H_2SO_4(l)	−813.99	F_2(g)	0	NO(g)	90.25
P (黄リン)	0			H(g)	217.97	NO_2(g)	33.18
SiO_2 (石英)	−910.94			H_2(g)	0	N_2O_4(g)	9.16
Sn (灰色スズ)	−2.09			HF(g)	−271.1	O(g)	249.17
Sn (白色スズ)	0			HBr(g)	199	O_2(g)	0
						O_3(g)	142.7

差を表していて，温度や圧力によりほとんど変化しない．

例題 5.8　標準モル生成エンタルピーの表 (表 5.4) を参考にして，標準状態における以下の化学反応の発熱 (吸熱) 量を計算せよ．

① $N_2(gas) + 2O_2(gas) \longrightarrow N_2O_4(gas)$

② $N_2(gas) + \frac{5}{2}O_2(gas) + H_2O\,(gas) \longrightarrow 2HNO_3(liquid)$

③ $NO\,(gas) + O\,(gas) \longrightarrow NO_2(gas)$

【解答】

① $(9.16 - 0 - 0)\,\mathrm{kJ} = 9.16\,\mathrm{kJ}$ の吸熱量である．

② $\{2 \times (-174.10) - 0 - 0 - (-241.82)\}\,\mathrm{kJ} = -106.4\,\mathrm{kJ}$ の発熱量である．

③ $(33.18 - 90.25 - 249.17)\,\mathrm{kJ} = -306.24\,\mathrm{kJ}$ の発熱量である．

(2)　比熱容量

定積過程と定圧過程で，気体を暖めて同じ熱量 δq を与えても，温度の上昇率が異なることを，定量的に理解しよう．そこで，1 mol の物質を温度 $\mathrm{d}T$ だけ暖めるのに必要な熱量を δq とすると，モル比熱容量は，

$$C = \frac{\delta q}{\mathrm{d}T}$$

と定義される．出入りする熱量 δq は，定積過程においては内部エネルギー変化 $(\mathrm{d}U)$ に等しく，定圧過程では，エンタルピー変化 $(\mathrm{d}H)$ に等しいので，

$$\textbf{定積モル比熱容量}：C_V = \frac{\delta q_V}{\mathrm{d}T} = \left(\frac{\mathrm{d}U}{\mathrm{d}T}\right)_V$$

$$\textbf{定圧モル比熱容量}：C_P = \frac{\delta q_P}{\mathrm{d}T} = \left(\frac{\mathrm{d}H}{\mathrm{d}T}\right)_P$$

1 mol の理想気体では，内部エネルギー $U = \frac{3}{2}RT$ と状態方程式 $PV = RT$ の関係により，

$$定積モル比熱容量：C_V = \frac{\delta q_V}{\mathrm{d}T} = \left(\frac{\mathrm{d}U}{\mathrm{d}T}\right)_V = \frac{3}{2}R$$

$$定圧モル比熱容量：C_P = \frac{\delta q_P}{\mathrm{d}T} = \left(\frac{\mathrm{d}H}{\mathrm{d}T}\right)_P = \left(\frac{\mathrm{d}U + \mathrm{d}(PV)}{\mathrm{d}T}\right)_P$$

$$= \frac{3}{2}R + R = \frac{5}{2}R$$

である．このように，理想気体の定圧比熱 C_P は，定積比熱 C_V より R だけ大きい．

5.4 変化の方向 (エントロピー，ギブズエネルギー)

5.4.1 エントロピー

(1) 古典論的説明

化学反応が一方向に自発的に進むことを説明するために，クラウジウスは1865年に"エントロピー"という概念を提案した．この新しい概念を説明するために，図5.13に示すように熱いお湯 (高温 T_{H}) と冷たい水 (低温 T_{L}) が接触して，徐々に温度が等しくなる過程を考えてみる．もちろん，高温側から低温側に熱 δq が自発的に移動し，その移動は高温と低温の温度が一致するまで続くだろう．ここで，エントロピー変化 $\mathrm{d}S$ を，出入りした熱量 δq を系の温度 T で割った量と定義すると，

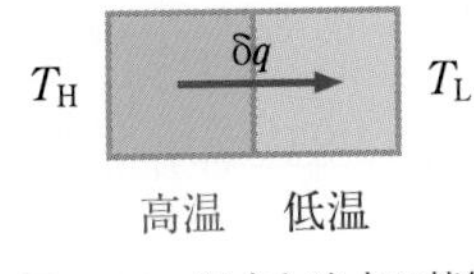

図 5.13　温水と冷水の接触

$$\mathrm{d}S = \frac{\delta q}{T}$$

高温側のエントロピー変化は $\mathrm{d}S_{\mathrm{H}} = -\dfrac{\delta q}{T_{\mathrm{H}}}$，低温側のエントロピー変化は $\mathrm{d}S_{\mathrm{L}} = \dfrac{\delta q}{T_{\mathrm{L}}}$ であるから，全エントロピー変化 $\mathrm{d}S_{\mathrm{total}}$ は，

$$\mathrm{d}S_{\mathrm{total}} = \delta q\left(\frac{1}{T_{\mathrm{L}}} - \frac{1}{T_{\mathrm{H}}}\right)$$

であり，$T_{\mathrm{H}} > T_{\mathrm{L}}$ より全エントロピー変化 $\mathrm{d}S_{\mathrm{total}}$ は必ず正となる．温度差がなくなると ($T_{\mathrm{H}} = T_{\mathrm{L}}$)，熱量 δq の自発的な移動は止まり $\mathrm{d}S_{\mathrm{total}} = 0$ となる．これを，クラウジウスは，「孤立系のエントロピーは自発過程においては常に増大する」と表現した．

さて，1 mol の理想気体について，5.3.1 節で考えた経路を経て始点 (P_1, V_1, T_1) から終点 (P_2, V_2, T_1) にたどり着いたときにやりとりされた熱 Δq (表5.2参照) から，エントロピー変化 ΔS を求めて表5.5にまとめた．

表 5.5　各経路ごとの Δq，ΔS

経路	熱 Δq	エントロピー変化 ΔS
経路 A	$RT_1 \ln \dfrac{V_2}{V_1}$	$R \ln \dfrac{V_2}{V_1} = \dfrac{3R}{2} \ln \dfrac{T_1}{T_2}$
経路 B-C	$\dfrac{3R}{2}(T_1 - T_2)$	$\dfrac{3R}{2} \ln \dfrac{T_1}{T_2}$
経路 D-E	$P_1(V_2 - V_1)$	$R \ln \dfrac{V_2}{V_1} = \dfrac{3R}{2} \ln \dfrac{T_1}{T_2}$

たとえば，等温膨張過程である A プロセスから成る経路 A について，出入りする熱量とエントロピー変化は，以下のように計算される．

経路 A：等温膨張過程 $(P_1, V_1, T_1) \sim (P_2, V_2, T_1)$

$$\mathrm{d}U_\mathrm{A} = 0,\ \delta q_\mathrm{A} = -\delta w_\mathrm{A}, \qquad \Delta q_\mathrm{A} = \int_{V_1}^{V_2} P\,\mathrm{d}V = RT_1 \int_{V_1}^{V_2} \frac{1}{V}\,\mathrm{d}V = RT_1 \ln \frac{V_2}{V_1},$$

$$\Delta S_\mathrm{A} = \frac{\Delta q_\mathrm{A}}{T_1} = R \ln \frac{V_2}{V_1}$$

ただし，表 5.5 中のエントロピー変化の欄の最後の等式は，以下の例題 5.9 で証明される関係を用いている．ここで特に，等温膨張過程ではエントロピーの変化は変化した体積の比に依存し，ボイルの法則から，気体圧力の比にも依存していることを注意しておこう．

$$\Delta S_\mathrm{A} = R \ln \frac{V_2}{V_1} = R \ln \frac{P_1}{P_2}$$

まとめると，熱 Δq は始点と終点が同じであっても経由したプロセスに依存して異なる値となるが，エントロピー変化 ΔS は，どのプロセスを経由しても等しく $\dfrac{3R}{2} \ln \dfrac{T_1}{T_2}$ となっていることから，エントロピー S は，状態関数であることがわかる．

例題 5.9　断熱可逆過程 $(P_1, V_1, T_1) \sim (P_2, V_2, T_2)$ における，温度の比と体積の比の間には，以下の関係が成り立つことを証明せよ．

$$\frac{3R}{2} \ln \frac{T_1}{T_2} = R \ln \frac{V_2}{V_1}$$

【解答】

断熱過程であるので，$\delta q = 0$．よって，エネルギー保存則より $\mathrm{d}U = \delta w$ である．1 mol の理想気体について，$\mathrm{d}U = \dfrac{3R}{2}\,\mathrm{d}T$，$\delta w = -P\,\mathrm{d}V$ であるから，

$$\frac{3R}{2}\,\mathrm{d}T = -P\,\mathrm{d}V = -\frac{RT}{V}\,\mathrm{d}V$$

$$\int_{T_1}^{T_2} \frac{3R}{2T}\,\mathrm{d}T = -\int_{V_1}^{V_2} \frac{R}{V}\,\mathrm{d}V$$

$$\frac{3R}{2} \ln \frac{T_2}{T_1} = -R \ln \frac{V_2}{V_1}$$

$$\therefore \quad \frac{3R}{2} \ln \frac{T_1}{T_2} = R \ln \frac{V_2}{V_1}$$

(2)　分子論的説明

クラウジウスはエントロピーの変化量は出入りする熱を温度で割ったものと定義したが，エントロピーそのものの物理的意味は説明しなかった．エントロピーそのものの物理的な定義を，系のミクロ状態数 W を用いて

$$S = k_{\mathrm{B}} \ln W$$

と与えたのは，ボルツマンである．ボルツマンは，エントロピーは系のミクロ状態数 W の自然対数にボルツマン定数 k_{B} をかけたものと定義した．ボルツマン分布している系において，この定義とクラウジウスの定義は等価であることを証明できる．さて 1.2.2 節で説明した区別できる同数の赤玉と青玉の混合状態のエントロピーを，この定義にしたがって計算してみよう．赤玉 10 個と青玉 10 個で考えると，左の区画に赤玉 10 個，右に青玉 10 個が集まる場合の数は 1 であり，系のミクロ状態数 $W = 1$ となって，エントロピーの定義より $S = 0$ である．それに対して，赤玉と青玉が等しく分配されて同数ずつ混合して分かれる場合の数は，63,504 通りで $W = 63,504$ となる．そのときのエントロピー $S = k_{\mathrm{B}} \ln 63,504 \approx 11k_{\mathrm{B}}$ が最大値である．この同数に分配された混合状態が，もっとも起こりそうな事象だったので，この平衡状態に向かって自発的に混合する過程が進み，そのエントロピーの値は増加する (図 5.14 参照)．つまり「孤立系のエントロピーは自発過程においては常に増大する」ことになる．

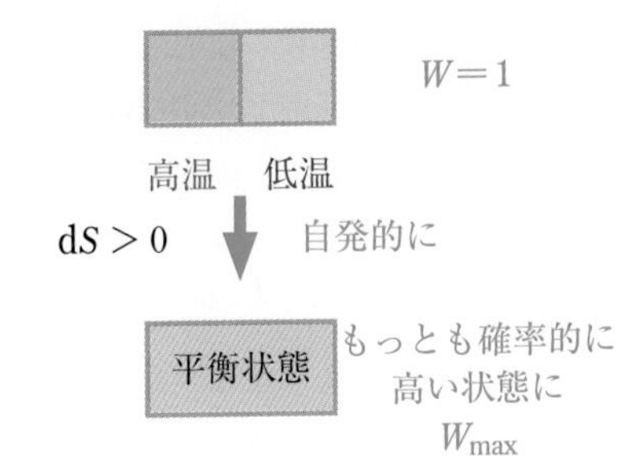

図 5.14　自発過程でエントロピー増加

さて，ボルツマン分布におけるエントロピーを考えてみよう．ボルツマン分布を説明した 5.2.1 節で述べたように，絶対零度でのボルツマン分布のしかたは，すべての分子が基底準位を占有することに対応して，分布の場合の数 (ミクロ状態数) は 1 となるから，絶対零度のときのエントロピーの値がゼロとなることが理解できる．

$$S = k_{\mathrm{B}} \ln 1 = 0$$

絶対零度 (0 K) から温度上昇にともなって，高いエネルギー準位が占有されるようになり，温度 T のボルツマン分布則で決まる分布へと拡がっていく．当然分布の場合の数 (ミクロ状態数) も増加するので，温度上昇でエントロピーは増加する．5.4.2 節で後述するように，絶対零度を出発点として温度上昇にともない定積分値としてエントロピーが実測できることからも，温度上昇でエントロピーは増加することが理解できる．

1.2.3 節と 1.2.5 節で，区別できる玉を r 個の小部屋に分配するとき，仕切る小部屋の数 r が増加するほど，分配の場合の数が大きくなることを述べた．この類似として，ボルツマン分布においてもエネルギー準位間隔が密な (狭い) ほど，分布の場合の数 (ミク

ロ状態数) が増えて，エントロピーは大きくなることが理解できる．この性質により，気体のエントロピーは体積の増加にともなって，同じ温度 (等温) で増加する．この等温膨張過程におけるエントロピー増加は，以下のように説明される．気体の並進エネルギー準位は次の式で表されて，体積 V の $\dfrac{2}{3}$ 乗に反比例する．

$$E_{\mathrm{trans}} = \frac{h^2}{8mV^{2/3}}({n_x}^2 + {n_y}^2 + {n_z}^2)$$

ゆえに，気体膨張により並進エネルギー準位の間隔は密に (狭く) なり，気体のエントロピーは等温膨張過程で増加する．古典的説明において，等温膨張過程のエントロピー変化は体積の比 (圧力の比) に依存することを述べたが，これが分子論による定性的な説明である．

5.4.2 標準モルエントロピー

クラウジウスとボルツマンにより与えられたエントロピーの定義にしたがうと，エントロピーの値を，実験的に測定して決めることができる．つまり，図 5.15 のような実験装置で，注目する系を極低温から徐々に熱していきながら，その温度と系に移動した熱量を測定すれば，系が持っているエントロピーを決めることができる．5.4.1 節で説明したように，絶対零度 (0 K) では，エントロピーはゼロである．また，エントロピーは状態関数であるので，始状態と終状態が決まれば一意的に決まる．よって，絶対零度から目的の温度までの定積分が可能である．

$$S(T) = \int_{T=0}^{T} \mathrm{d}S = \int_{T=0}^{T} \frac{\delta q}{T}$$

たとえば，ベンゼンが大気圧 (一定気圧) 下で，温度 T の上昇にともなってエントロピーが変化する様子を図 5.16 に示した．絶対零度を始点として，固体ベンゼンが融ける温度 T_{m} まで，固体ベンゼンの定圧比熱容量 $C_P^{\mathrm{s}}(T)$ に比例する熱量 $\delta q = C_P^{\mathrm{s}}(T)\,\mathrm{d}T$ が吸収されて，そのエントロピーは以下の定積分で与えられる．

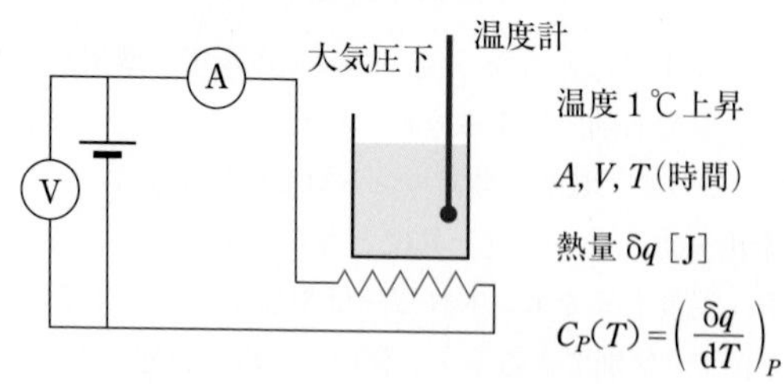

図 5.15　エントロピーの実験実測

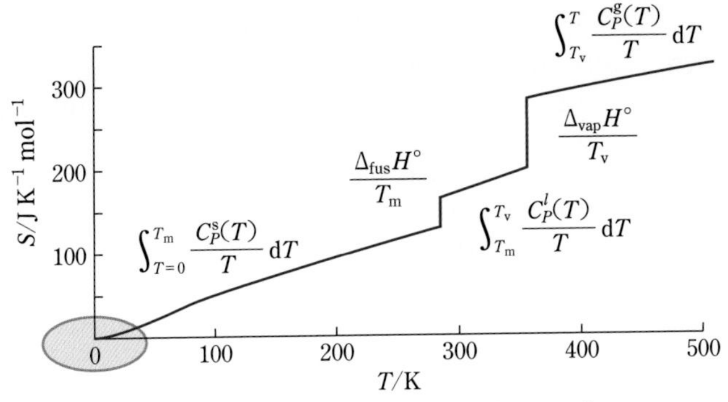

図 5.16　エントロピーの温度変化 (ベンゼン)

$$S(T) - S(0) = \int_{T=0}^{T} dS = \int_{T=0}^{T} \frac{\delta q}{T} = \int_{T=0}^{T} \frac{C_P^s(T)}{T} dT$$

融点 T_m において，融解熱 $\Delta_{fus}H^\circ$ が吸収される融解過程でエントロピーが $\frac{\Delta_{fus}H^\circ}{T_m}$ だけ増加する．その後，蒸発熱 $\Delta_{vap}H^\circ$ が吸収される蒸発過程 (沸点 T_v) を経由して，大気圧下温度 T で気体ベンゼンが持つエントロピーは，

$$S(T) = \int_{T=0}^{T_m} \frac{C_P^s(T)}{T} dT + \frac{\Delta_{fus}H^\circ}{T_m} + \int_{T_m}^{T_v} \frac{C_P^l(T)}{T} dT + \frac{\Delta_{vap}H^\circ}{T_v} + \int_{T_v}^{T} \frac{C_P^g(T)}{T} dT$$

と計算される．ここで，$C_P^l(T)$ と $C_P^g(T)$ は，それぞれ液体ベンゼンと気体ベンゼンの定圧比熱容量である．このように，温度 T で系に移動した熱量を測定すれば，系が持っているエントロピーを決定できる．このようにして測定された代表的な物質のエントロピーを，**標準モルエントロピー**として表 5.6 にまとめた．5.4.1 節で述べたエントロピーの一般的性質と表 5.6 から，次のことが確認できる．

(1)　エントロピーは温度上昇にともなって増加する．
(2)　同じ物質であれば固体，液体，気体の順にエントロピーは大きい．
(3)　気体のエントロピーは，体積や質量が増えると増加する．
(4)　単原子分子気体 (貴ガス) のエントロピーは，他の気体に比べて小さい．
(5)　ダイヤモンド固体・単結晶のエントロピーは格段に小さい．

5.4.3　ギブズエネルギー

(1)　水の固液平衡と G-T 図

一定圧力の下で氷 (固相 [solid]) と水 (液相 [liquid]) の間で相変化する反応を考えてみよう．

$$H_2O(solid) \rightleftarrows H_2O(liquid)$$

表 5.6　標準モルエントロピー S°_{298} [J K^{-1} mol^{-1}]

固体		液体		気体			
C (ダイヤモンド)	2.4	H_2O(l)	70	He(g)	126	HCN(g)	202
C (グラファイト)	5.7	Hg(l)	76	H_2(g)	131	F_2(g)	203
P (赤リン)	23	CH_3OH(l)	127	HD(g)	143	O_2(g)	205
P (黒リン)	23	Br_2(l)	152	D_2(g)	145	PH_3(g)	210
Fe(s)	27	HNO_3(l)	156	Ne(g)	146	NO(g)	211
Mn(s)	32	H_2SO_4(l)	157	Ar(g)	155	CO_2(g)	214
Mg(s)	33	N_2O_4(l)	209	Xe(g)	170	Cl_2(g)	223
LiF(s)	36	CCl_4(l)	216	HF(g)	174	C_2H_6(g)	230
P (黄リン)	41			Hg(g)	175	O_3(g)	239
SiO_2 (石英)	42			CH_4(g)	186	NO_2(g)	240
Sn (灰色)	44			HCl(g)	187	Br_2(g)	245
Sn (白色)	52			H_2O(g)	189	I_2(g)	261
LiCl(s)	58			N_2(g)	192	C_5H_{10}(g)	293
NaCl(s)	72			NH_3(g)	193	N_2O_4(g)	304
KCl(s)	83			CO(g)	198	PCl_3(g)	312
KI(s)	106			HBr(g)	199	PCl_5(g)	361
I_2(s)	116						

1 mol あたりの 273 K (0 ℃) での氷から水への標準モルエントロピー変化は，$\Delta S_{\rm sys} = +22\,{\rm J\,K^{-1}\,mol^{-1}}$ と正の値である．エントロピー増加の法則を適用するならば，融点 (273 K) で自発的に氷は水に融けてしまうことになる．しかし，融点 (273 K) は，氷と水が共存する温度のはずである．この矛盾は，反応系が外界と熱交換をしていることを無視し，エントロピー増加の法則を適用する孤立系の取り方を間違えているからである．氷 (水) の入ったビーカーと熱交換をする外界を含めた全体を反応系と考えるべきなのである．氷が水に融けるときに外界からビーカーに向かって，融解エンタルピー $\Delta_{\rm fus}H$ の熱が流れ込んで，外界はエントロピーを失ったはずである．よって，氷の融解による全系のエントロピー変化は，$\Delta S_{\rm total} = -\dfrac{\Delta_{\rm fus}H}{T} + \Delta S_{\rm sys}$ と考えるべきである (図 5.17 参照)．ここで氷の融解熱 $\Delta_{\rm fus}H = 6010\,{\rm J\,mol^{-1}}$ と $\Delta S_{\rm sys} = +22\,{\rm J\,K^{-1}\,mol^{-1}}$ を代入すれば，$T = 273\,{\rm K}$ を境にして，$T < 273\,{\rm K}$ では $\Delta S_{\rm total} < 0$ となり逆反応が自発過程であり，$T > 273\,{\rm K}$ では $\Delta S_{\rm total} > 0$ となって正反応が自発過程に変化する．また，$T = 273\,{\rm K}$ では $\Delta S_{\rm total} = 0$ となり平衡状態となる．この全系のエントロピー変化 $\Delta S_{\rm total}$ を手がかりに，反応の自発性を理解すべきである．そこで，$\Delta S_{\rm total}$ を $-T$ 倍した値 $\Delta G = -T\Delta S_{\rm total} = \Delta_{\rm fus}H - T\Delta S_{\rm sys}$ を考えて，新たな

$$G = H - TS$$

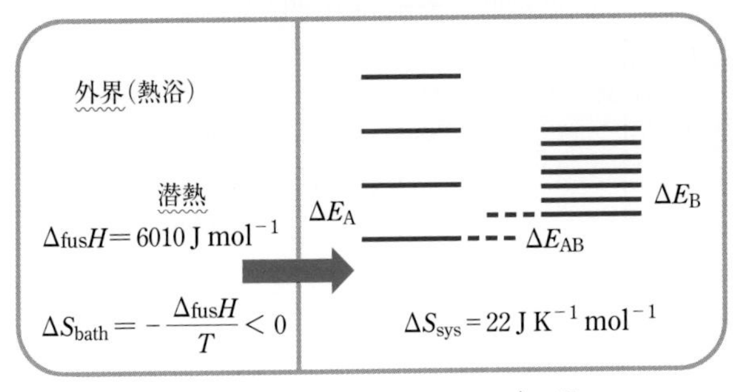

図 5.17　氷と水の相変化

なる**ギブズ** (Gibbs) **エネルギー** G を定義する．すると，ギブズエネルギー G が減少する方向に反応は自発的に進むと考えればよいことになる．定義からギブズエネルギー G は状態関数であることがわかる．

さて，図 5.18 に示すように，$G = H - TS$ を温度 T に対してプロットしたものを **G-T 図**とよぶ．G-T 図の y 切片はエンタルピー H で，各点の傾きは $-S$ である．絶対零度でエントロピーはゼロであるから，G-T 図は標準モルエンタルピーに近い値を y 切片として水平方向に始まり，温度上昇とともに負の傾き $-S$ にしたがって，下方へ曲がっていくだろう．標準モル生成エンタルピーや標準モルエントロピーの表 (表 5.4 や表 5.6) を参考にすれば，反応系に含まれる反応物質と生成物質に対する G-T 図の概略を描くことが可能で，問題にしている反応系のおよその性質を想像することができる．

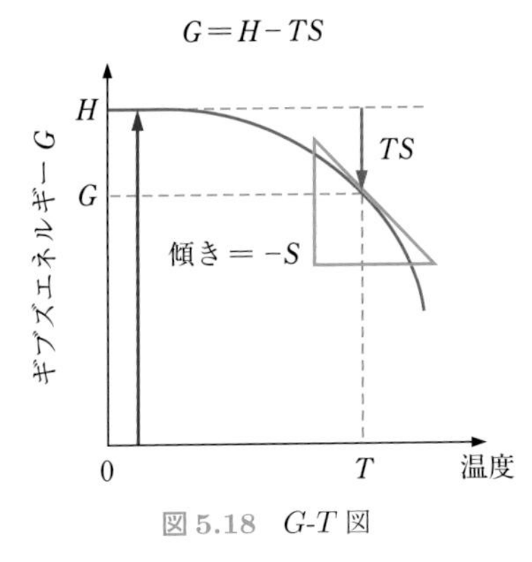

図 5.18　G-T 図

たとえば，氷と水が相変化する反応においては，正の融解エンタルピー $\Delta_{fus}H = 6010\ J\ mol^{-1}$ を持っているので，反応系 (氷) の y 切片は生成系 (水) よりも下に位置する．反応の標準モルエントロピー変化が $+22\ J\ K^{-1}\ mol^{-1}$ なので生成系 (水) の曲線の方が反応系 (氷) よりも下方の曲率が大きいだろう．その結果，図 5.19 のような相対的な G-T 図 (反応系：青線，生成系：赤線) を描くことができる．各温度 T でのギブズエネル

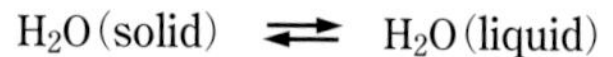

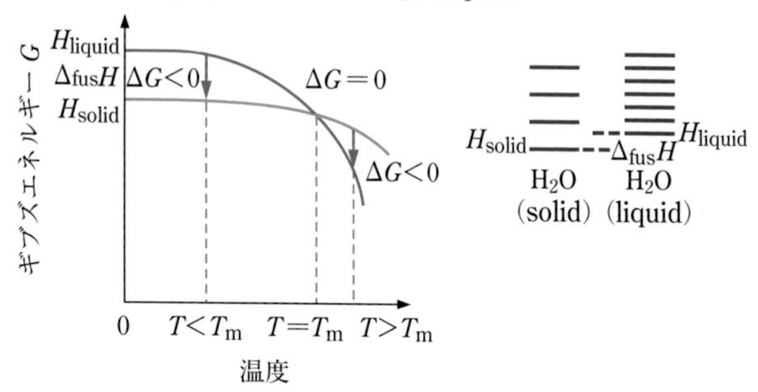

図 5.19　氷と水の相変化の G-T 図

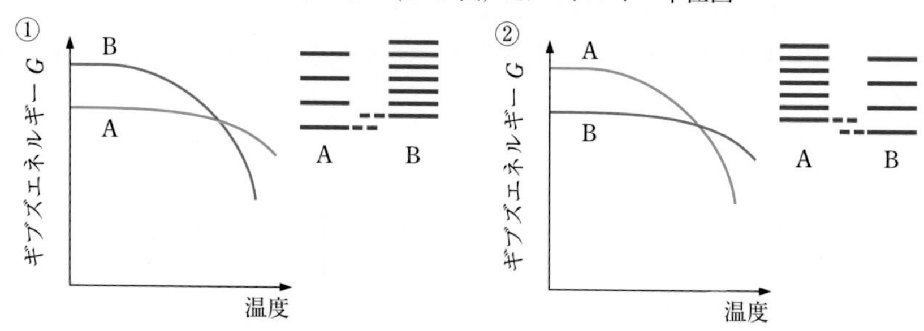

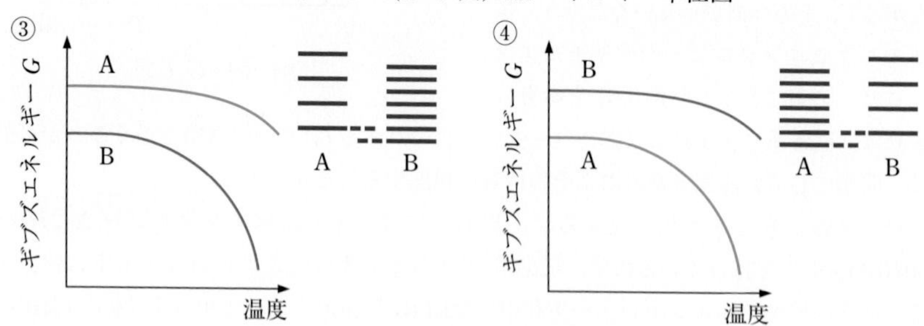

図 5.20　各種反応系の G-T 図パターン

ギー差 ΔG は,

$$\Delta G = \Delta_{\mathrm{fus}} H - T\Delta S_{\mathrm{sys}}$$

$\Delta_{\mathrm{fus}} H = 6010\,\mathrm{J\,mol^{-1}}$ と $\Delta S_{\mathrm{sys}} = +22\,\mathrm{J\,K^{-1}\,mol^{-1}}$ より, $T = 273\,\mathrm{K}$ で青線と赤線は交わり, $T < 273\,\mathrm{K}$ で赤線から青線への逆反応方向で ΔG が負となるのに対し, $T > 273\,\mathrm{K}$ で青線から赤線への正反応で ΔG が負となり, それぞれ異なる方向の反応が自発過程になる.

このように反応系に含まれる反応物質と生成物質に対する G-T 図の概略を描くことで, 反応系パターンを分類分けできる. 具体的には, 図 5.20 に示すように, 反応系 (A：青線) と生成系 (B：赤線) の標準モルエンタルピーと標準モルエントロピーの相対的な大小関係で, G-T 図を 4 つのパターンに分類することができる. ①のパターンは, 先に説明した氷と水の相変化の反応パターンであり, 低温では逆反応が自発過程であるのに対し, 高温では正反応が自発過程となり, その境目の $\Delta G = 0$ となる温度で反応は平衡状態となる. ②は, その逆のパターンである. ③のパターンは, 全ての温度で反応の正方向の ΔG が負であるので, 正反応が自発過程となる. ④は逆に全ての温度で逆方向の ΔG が負であるので, 逆反応が自発過程となる

以上のように, 化学反応の方向性を決める「孤立系のエントロピーは自発過程で増加する」というエントロピー増加の法則は, ギブズエネルギーを定義することにより,「反応系のギブズエネルギーが減少する方向に反応は自発的に進む」と置き換えることができる. ギブズエネルギー変化がゼロのとき, 反応は平衡状態になる.

例題 5.10 標準モル生成エンタルピーと標準モルエントロピーの表 (表 5.4 と表 5.6) を参考にして, 以下の反応の G-T 図を描き, 高温で正反応と逆反応のどちらが自発過程となるかを判定せよ.

① C (固体, グラファイト) $\longrightarrow$ C (固体, ダイヤモンド)
② P (固体, 赤リン) $\longrightarrow$ P(固体, 黄リン)
③ Sn (固体, 白色スズ) $\longrightarrow$ Sn(固体, 灰白スズ)

【解答】

反応：反応系 $\longrightarrow$ 生成系において, 反応にともなう標準モルエントロピーの変化と標準モル生成エンタルピーの変化を次のように求めることができる.

$$\Delta_{\mathrm{r}} S^\circ = S^\circ_{\text{生成系}} - S^\circ_{\text{反応系}}$$

$$\Delta_{\mathrm{r}} H^\circ = \Delta_{\mathrm{f}} H^\circ_{\text{生成系}} - \Delta_{\mathrm{f}} H^\circ_{\text{反応系}}$$

① C (固体, グラファイト) $\longrightarrow$ C (固体, ダイヤモンド)
$\Delta_{\mathrm{r}} S^\circ = -3.3\,\mathrm{J\,K^{-1}\,mol^{-1}}$, $\Delta_{\mathrm{r}} H^\circ = +1.895\,\mathrm{kJ\,mol^{-1}}$

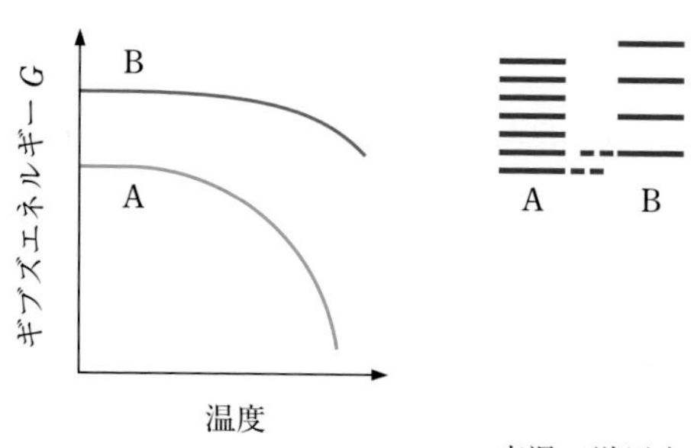

高温で逆反応が自発過程になる．

② P (固体，赤リン) $\longrightarrow$ P(固体，黄リン)

$\Delta_r S^\circ = +18\,\mathrm{J\,K^{-1}\,mol^{-1}}$,　$\Delta_r H^\circ = +17.6\,\mathrm{kJ\,mol^{-1}}$

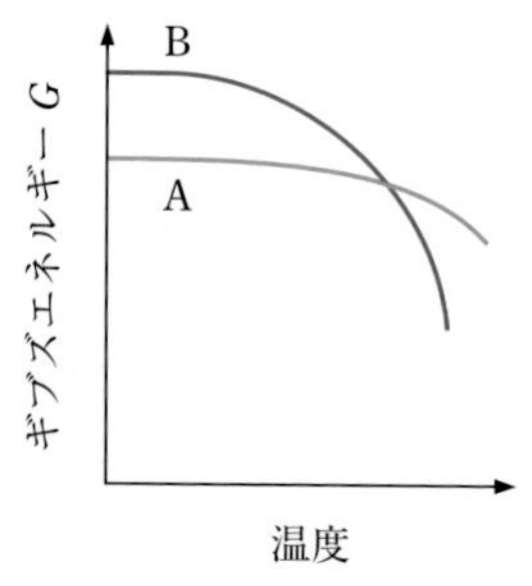

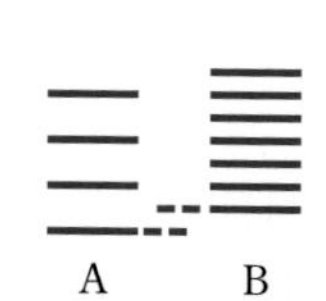

高温で正反応が自発過程になる．

③ Sn (固体，白色スズ) $\longrightarrow$ Sn(固体，灰白スズ)

$\Delta_r S^\circ = -8.0\,\mathrm{J\,K^{-1}\,mol^{-1}}$,　$\Delta_r H^\circ = -2.09\,\mathrm{kJ\,mol^{-1}}$

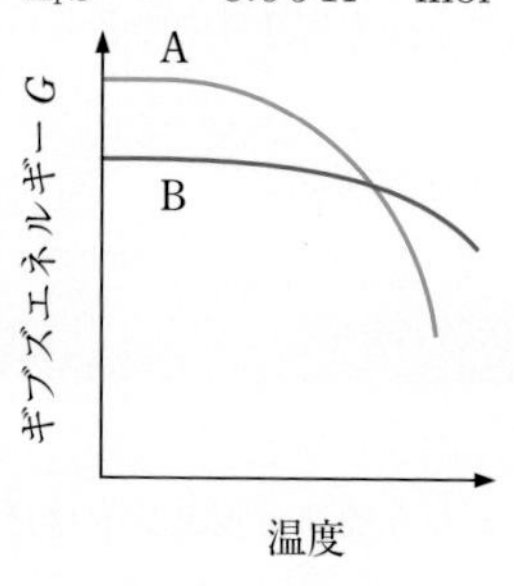

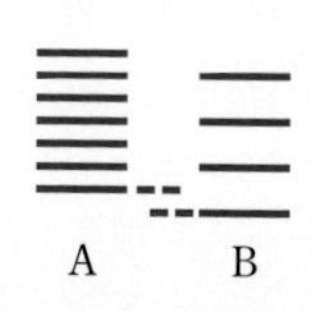

高温で逆反応が自発過程になる．

(2)　水の気液平衡と G-T 図

次に水と水蒸気の相平衡 (気液平衡) を考えてみよう．

$$\mathrm{H_2O(liquid)} \rightleftarrows \mathrm{H_2O(gas)}$$

相変化にともなうギブズエネルギー変化

$$\Delta G = \Delta_{\mathrm{vap}}H - T\Delta S_{\mathrm{sys}}$$

を，標準モル蒸発エンタルピー ($\Delta_{\mathrm{vap}}H^\circ = 44010\,\mathrm{J\,mol^{-1}}$) と標準モルエントロピー変化 ($\Delta S^\circ_{\mathrm{sys}} = +119\,\mathrm{J\,K^{-1}\,mol^{-1}}$) の値がそれぞれ水の沸点における $\Delta_{\mathrm{vap}}H$ と ΔS_{sys} と等しいとみなせるとして計算してみる．すると，おおよそ 100℃ ($T = 373\,\mathrm{K}$) のとき $\Delta G = 0$ で相平衡に達することがわかる．つまり標準状態 (圧力 1 bar，温度 298 K) での値を用いても，水が沸騰するおおよその温度を予想できる．図 5.21 の上図の反応系 (青線) と生成系 (赤線) の上下関係や変化の様子は，固液平衡の G-T 図パターン (図 5.19) と類似している．しかし，気液平衡の場合には，気体のエントロピーの値を圧力の比で補正する必要がある．たとえば，圧力をどんどん下げていくと，室温 298 K (25℃) においてでも，水が沸騰し始める (図 5.21 の下図)．

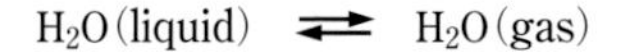

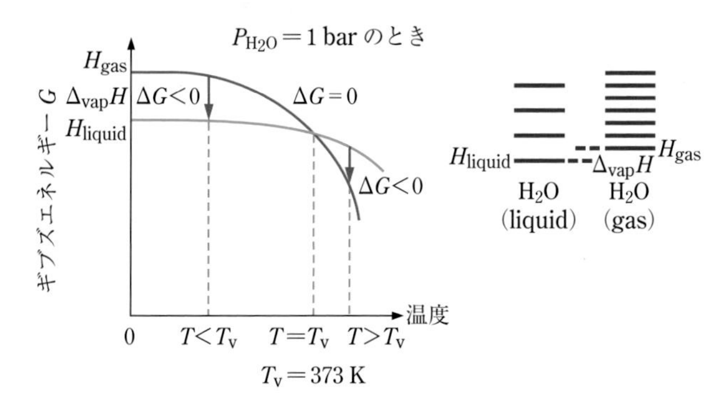

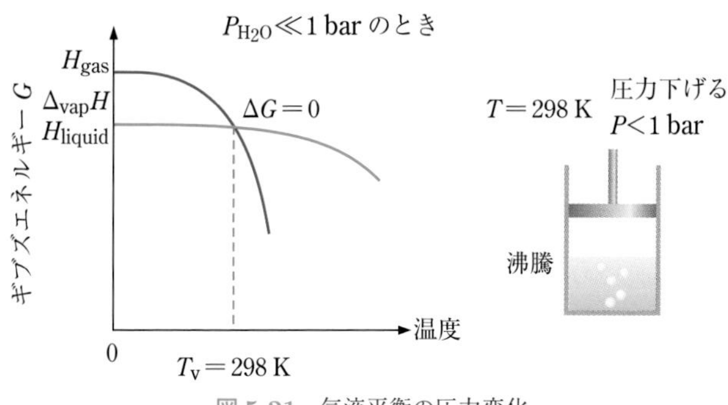

図 5.21　気液平衡の圧力変化

エントロピーの圧力補正項は，気体に比べると固体や液体では無視できるくらい小さい．その理由は，気体が並進運動の自由度を持つことに由来している．並進運動のエネルギー準位は体積 V の $\frac{2}{3}$ 乗に反比例しているので，圧力が下がり体積が大きくなると並進エネルギー準位の間隔が狭くなって，エントロピーの値が大きくなるのである．標準モルエントロピーは圧力 1 bar での 1 モルあたりのエントロピーであるから，任意の圧力 P [bar] でのモルエントロピーの値は，

$$S_{\mathrm{sys}} = S^{\circ}_{\mathrm{sys}} - R\ln\frac{P\,[\mathrm{bar}]}{1\,[\mathrm{bar}]} = S^{\circ}_{\mathrm{sys}} - R\ln P$$

と，圧力の比に依存する補正項が加わる (図 5.22)．この補正項は，水と水蒸気の相平衡 (気液平衡) においては，重要な意味を持つ．つまり，氷と水の固液平衡では，273 K (0 ℃) でのみ氷と水が共存できるが，水と水蒸気の気液平衡では，圧力が変化すると，広い温度範囲で水と水蒸気が共存できる．後で図 5.23 を用いて説明する通り，圧力が 1 bar よりも下がれば，373 K (100 ℃) より低温で水は沸騰する．

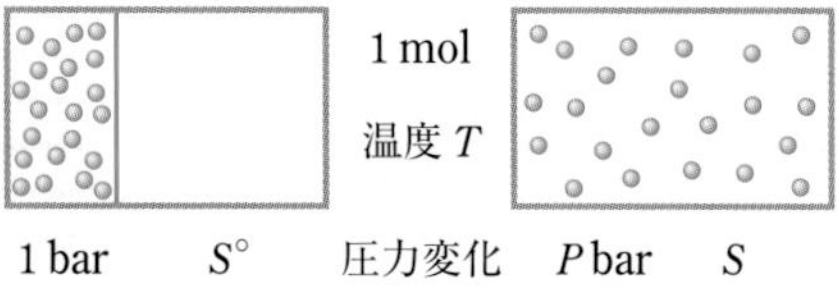

圧力によるモルエントロピーの変化　$\Delta S = S - S^{\circ} = -R\ln\frac{P\,[\mathrm{bar}]}{1\,[\mathrm{bar}]}$

$$\therefore\quad S = S^{\circ} - R\ln\frac{P\,[\mathrm{bar}]}{1\,[\mathrm{bar}]}$$

図 5.22　モルエントロピーの圧力補正

例題 5.11　温度 100 ℃での水の蒸発熱は $\Delta_{\mathrm{vap}}H^{\circ} = +41.34\,\mathrm{kJ\,mol^{-1}}$ であり，蒸発にともなう標準モルエントロピー変化は $\Delta S^{\circ} = 110.8\,\mathrm{J\,K^{-1}\,mol^{-1}}$ である．水蒸気圧 P [bar] でのモルギブズエネルギーの変化の式を書け．また 100 ℃での平衡状態の水蒸気圧を求めよ．

【解答】

水蒸気圧 P [bar] でのモルギブズエネルギーの変化の式は，

$$\Delta G = \Delta_{\mathrm{vap}}H^{\circ} - T\left(\Delta S^{\circ} - R\ln\frac{P\,[\mathrm{bar}]}{1\,[\mathrm{bar}]}\right)$$

100 ℃ (373 K) で気液平衡が成立すると

$$\Delta G = 41340 - 373\,(110.8 - 8.31\cdot\ln P) = 0$$

よって，

$$P = \exp\left(\frac{\frac{41340}{373} - 110.8}{-8.31}\right) = 0.996\,[\mathrm{bar}]$$

つまり，100℃ (373 K) での水蒸気圧はほぼ 1 bar であって水の内部から水蒸気が発生する (沸騰).

図 5.23 を用いて H_2O が氷，水，水蒸気の三態の間で変化する様子を説明してみよう．G-T 図は，融解と蒸発の潜熱に対応するエンタルピー変化分の上下関係があり，上から水蒸気 (赤線)，水 (青線)，氷 (紺色線) が温度上昇にともなって傾き $-S$ で下方へ曲がっている．水蒸気圧が 1 bar の標準状態では，373 K (100℃) の赤線と青線が交わる点が沸点 (T_v) で，273 K (0℃) の青線と紺色線が交わる点が融点 (T_m) である．0 K から 273 K の温度領域では，氷 (紺色線) のギブズエネルギーが一番下にあるので，ギブズエネルギー変化が負の方向である水蒸気から氷へ，水から氷への転移が自発過程である．273 K から 373 K の温度領域では，水 (青線) が一番下にあり，373 K 以上では水蒸気 (赤線) が一番下にある．ゆえに，それぞれの温度領域でそれぞれの状態がもっとも安定な相である．さて，水蒸気圧が 1 bar 以下 ($P < 1$) に下がると，水蒸気 (赤線) のエントロピーに正の圧力補正項が加わって増加するので，赤線がより大きく下方に曲がる (図 5.23 の下図)．そのために，373 K (100℃) より低い温度で赤線と青線が交わって常温でも水蒸気と水の共存平衡が成立する．もっと水蒸気圧が下がれば，融点 273 K (0℃) 以下で赤線と紺色線が交わって，水蒸気と氷の共存平衡が成立する．この共存平衡温度 T_sub (昇華点) の少し高温側では，氷が水蒸気に直接変化する昇華転移が見られる．

(3) 平衡定数とギブズエネルギー

ここまで，ギブズエネルギー変化が負となる方向が自発過程であり，その変化がゼロとなるときに反応が平衡に達することを理解した．また，反応系に気体が含まれるときには，気体のエントロピーの値に気体圧力の補正を加える必要があることがわかった．この理解から，化学反応 (気相反応) の**平衡定数** K_eq が反応の標準モルエンタルピー変化 (標準反応エンタルピー) $\Delta_\mathrm{r}H^\circ$ と標準モルエントロピー変化 (標準反応エントロピー) $\Delta_\mathrm{r}S^\circ$ から予想できることを示す．

化学反応 (気相反応) の平衡定数 K_eq を求める例として，二酸化窒素から四酸化二窒素への二量化反応を考えよう (図 5.24 参照)．

$$2\mathrm{NO_2(gas)} \rightleftarrows \mathrm{N_2O_4(gas)}$$

この反応の標準反応エンタルピーは，$\Delta_\mathrm{r}H^\circ = -57200\,\mathrm{J\,mol^{-1}}$ であり，298 K で発

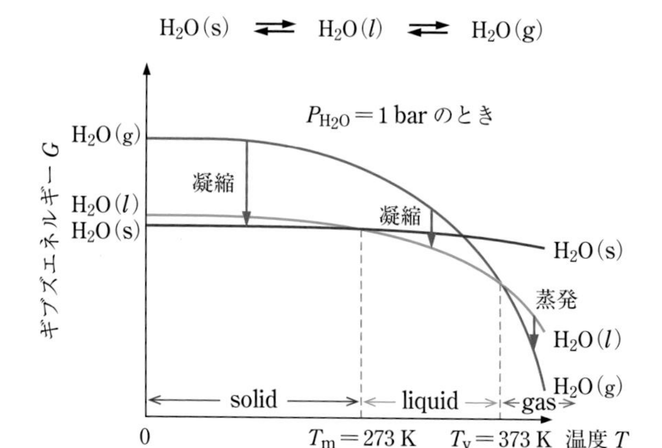

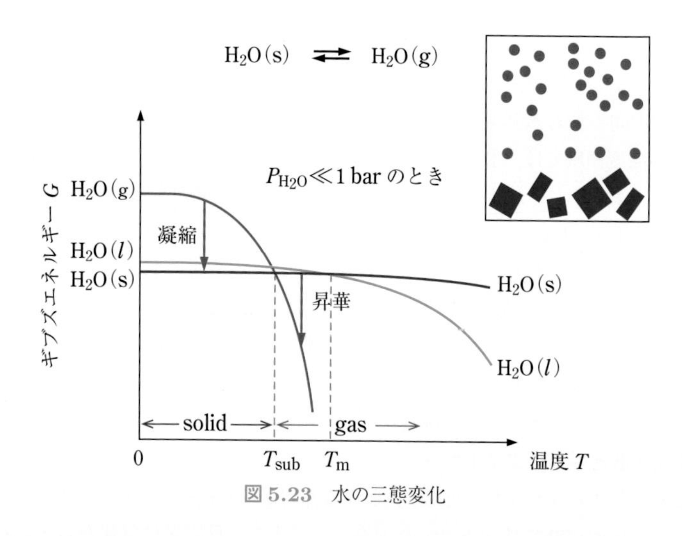

図 5.23　水の三態変化

熱反応である．標準反応エントロピーは $\Delta_r S^\circ = -176\ \mathrm{J\,K^{-1}\,mol^{-1}}$ であるが，NO_2 から N_2O_4 への二量化反応が進むと，反応物 NO_2 の圧力が下がり，生成物 N_2O_4 の圧力が上がることにより，反応エントロピー $\Delta_r S$ は，エントロピーの圧力補正項を用いて，

$$\Delta_r S = S_{N_2O_4} - 2S_{NO_2} = (S^\circ_{N_2O_4} - R\ln P_{N_2O_4}) - 2(S^\circ_{NO_2} - R\ln P_{NO_2})$$

$$= \Delta_r S^\circ - R\ln\left(\frac{P_{N_2O_4}}{{P_{NO_2}}^2}\right)$$

となる．ここで，反応比 Q は分圧比を用いて

$2\,NO_2(gas) \rightleftarrows N_2O_4(gas)$

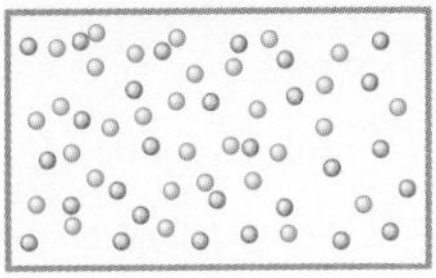

反応比　$Q = \dfrac{P_{N_2O_4}}{{P_{NO_2}}^2}$ (気体反応であるから分圧比)

$$\Delta_r S = \Delta_r S^\circ - R \ln \frac{P_{N_2O_4}}{{P_{NO_2}}^2}$$
$$= \Delta_r S^\circ - R \ln Q$$

図 5.24　二酸化窒素の二量化反応

$$Q = \frac{P_{N_2O_4}}{{P_{NO_2}}^2}$$

と定義されるので，反応のギブズエネルギー変化 (**反応ギブズエネルギー**) $\Delta_r G$ は，

$$\Delta_r G = \Delta_r H^\circ - T\Delta_r S = \Delta_r H^\circ - (\Delta_r S^\circ - R \ln Q)\,T$$

と与えられる．反応が平衡状態に達すると，反応ギブズエネルギーがゼロになり，平衡状態の反応比が平衡定数 K_{eq} であるから，

$$0 = \Delta_r H^\circ - T\Delta_r S = \Delta_r H^\circ - (\Delta_r S^\circ - R \ln K_{eq})\,T$$

となる．平衡定数 K_{eq} は，

$$K_{eq} = \frac{P_{N_2O_{4eq}}}{{P_{NO_{2eq}}}^2} = e^{-(\Delta_r H^\circ - T\Delta_r S^\circ)/RT_{eq}}$$

となる*．標準反応エンタルピー $\Delta_r H^\circ$ と標準反応エントロピー $\Delta_r S^\circ$ から平衡定数 K_{eq} を計算できる．温度 298 K における平衡定数 K_{eq} は

$$K_{eq} = \frac{P_{N_2O_{4eq}}}{{P_{NO_{2eq}}}^2} = e^{-(-57200-298\times(-176))/(8.31\times 298)} = 6.81$$

と予想され，圧力 1 bar の NO_2 と N_2O_4 を混合した標準状態から自発的に反応が進み，NO_2 が $-x$ [bar] だけ圧力が下がり，N_2O_4 が $0.5x$ [bar] だけ圧力が上がって平衡に達したとして，

$$K_{eq} = \frac{P_{N_2O_{4eq}}}{{P_{NO_{2eq}}}^2} = \frac{1+0.5x}{(1-x)^2} = 6.81 \quad \therefore \quad x = 0.57$$

NO_2 が 0.43 bar，N_2O_4 が 1.29 bar で平衡に達する．

---

* ここで定義された平衡定数 K_{eq} は，次章の 6.1.1 で定義されている圧力平衡定数のことである．詳しくは第 6 章を参照のこと．

例題 5.12　次の反応において，

$$\mathrm{Ag_2O(solid)} \rightleftarrows 2\,\mathrm{Ag(solid)} + \frac{1}{2}\mathrm{O_2(gas)}$$

(ただし，各物質の標準モル生成エンタルピーと標準モルエントロピーは，$\mathrm{Ag_2O(solid)}$ では $\Delta_f H^\circ = -31.1\,\mathrm{kJ\,mol^{-1}}$，$S^\circ = 121\,\mathrm{J\,K^{-1}\,mol^{-1}}$，Ag(solid) では $\Delta_f H^\circ = 0\,\mathrm{kJ\,mol^{-1}}$，$S^\circ = 42.6\,\mathrm{J\,K^{-1}\,mol^{-1}}$，$\mathrm{O_2(gas)}$ では $\Delta_f H^\circ = 0\,\mathrm{kJ\,mol^{-1}}$，$S^\circ = 205\,\mathrm{J\,K^{-1}\,mol^{-1}}$ である．)

① 右向きの反応の標準反応エンタルピーと標準反応エントロピーを参考にして G-T 図を描け．

② 室温 298 K で酸素の分圧を 1 bar とすると，反応はどちら方向に進むか？

③ 298 K で平衡に達するときの酸素の分圧を求めよ．

【解答】

① $$\Delta_r H^\circ = \left\{2 \times 0 + \left(\frac{1}{2}\right) \times 0\right\}\mathrm{kJ\,mol^{-1}} - (-31.1)\,\mathrm{kJ\,mol^{-1}}$$
$$= +31.1\,\mathrm{kJ\,mol^{-1}}$$
$$\Delta_r S^\circ = \left\{2 \times 42.6 + \left(\frac{1}{2}\right) \times 205\right\}\mathrm{J\,K^{-1}\,mol^{-1}} - 121\,\mathrm{J\,K^{-1}\,mol^{-1}}$$
$$= +66.7\,\mathrm{J\,K^{-1}\,mol^{-1}}$$

酸素の分圧が 1 bar のときにこの反応が平衡状態となる温度 T_{eq} は，

$$T_{eq} = \frac{\Delta_r H^\circ}{\Delta_r S^\circ} = 466\,\mathrm{K}$$

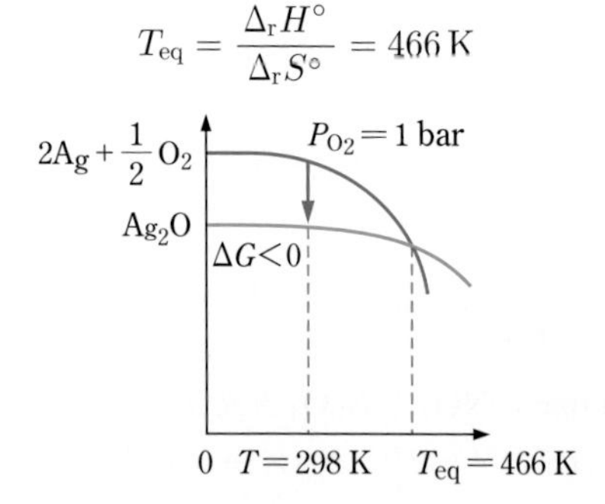

② 描いた G-T 図より，左向きの反応が進む．

③ 反応に関わっている気体が酸素のみであるから，

$$K_{eq} = \frac{{P_{\mathrm{O_2}}}^{1/2}}{1} = \mathrm{e}^{-(31100-298\times66.7)/(8.31\times298)} = 0.0108$$

$$P_{\mathrm{O_2}} = 1.17 \times 10^{-4}\,\mathrm{bar}$$

(4) 化学ポテンシャル

系の圧力 P，体積 V，温度 T を無限小だけ変化することにより，エンタルピー $H(=U+PV)$ が $H+\mathrm{d}H$ に無限小量 $\mathrm{d}H$ だけ変化したとき，

$H+\mathrm{d}H=(U+\mathrm{d}U)+(P+\mathrm{d}P)(V+\mathrm{d}V)=U+\mathrm{d}U+PV+P\,\mathrm{d}V+V\,\mathrm{d}P+\mathrm{d}P\,\mathrm{d}V$

ここで，無限小量どうしの積 $\mathrm{d}P\,\mathrm{d}V$ は無視できるほど小さいと考えると，$H=U+PV$ であるから，エンタルピーの変化 $\mathrm{d}H$ は

$$\mathrm{d}H=\mathrm{d}U+P\,\mathrm{d}V+V\,\mathrm{d}P$$

このとき，ギブズエネルギー $G\ (=H-TS)$ が $G+\mathrm{d}G$ に無限小量 $\mathrm{d}G$ だけ変化したとすると，

$G+\mathrm{d}G=(H+\mathrm{d}H)-(T+\mathrm{d}T)(S+\mathrm{d}S)=H+\mathrm{d}H-TS-T\,\mathrm{d}S-S\,\mathrm{d}T-\mathrm{d}T\,\mathrm{d}S$

$\mathrm{d}T\mathrm{d}S$ は無視できるほど小さいので，ギブズエネルギーの変化 $\mathrm{d}G$ は

$$\mathrm{d}G=\mathrm{d}H-T\,\mathrm{d}S-S\,\mathrm{d}T=\mathrm{d}U+P\,\mathrm{d}V+V\,\mathrm{d}P-T\,\mathrm{d}S-S\,\mathrm{d}T$$

系に無限小量の熱 $\mathrm{d}q$ や仕事 $\mathrm{d}w$ が加えられたときの内部エネルギーの変化 $\mathrm{d}U$ は

$$\mathrm{d}U=\mathrm{d}q+\mathrm{d}w$$

無限小量の変化は準静的過程 (可逆変化) とみなせるから，

$$\mathrm{d}S=\frac{\mathrm{d}q}{T},\ \mathrm{d}w=-P\,\mathrm{d}V$$

よって，

$$\mathrm{d}U=T\,\mathrm{d}S-P\,\mathrm{d}V$$

したがって，ギブズエネルギーの変化 $\mathrm{d}G$ は，次の式のように表すことができる．

$$\mathrm{d}G=V\,\mathrm{d}P-S\,\mathrm{d}T$$

さて，温度 T が一定の条件では，$\mathrm{d}T=0$ であるから

$$\mathrm{d}G=V\,\mathrm{d}P$$

圧力が P_i から P_f まで変化したときのギブズエネルギーの変化は

$$G(P_\mathrm{f})-G(P_\mathrm{i})=\int_{P_\mathrm{i}}^{P_\mathrm{f}}V\,\mathrm{d}P$$

理想気体の場合，$V=\dfrac{nRT}{P}$ であるから

$$G(P_\mathrm{f})-G(P_\mathrm{i})=nRT\int_{P_\mathrm{i}}^{P_\mathrm{f}}\frac{\mathrm{d}P}{P}=nRT\ln\frac{P_\mathrm{f}}{P_\mathrm{i}}$$

ここで，P_i を標準状態の圧力 P° に，P_f を注目している状態の圧力 P にそれぞれ書きかえると

$$G(P) - G^\circ = nRT \ln \frac{P}{P^\circ} \qquad \therefore \quad G(P) = G^\circ + nRT \ln \frac{P}{P^\circ}$$

ただし，G° は標準状態におけるギブズエネルギーである．さらに，1 mol あたりのモルギブズエネルギー G_m についての式に書きかえると

$$G_\mathrm{m}(P) = G_\mathrm{m}{}^\circ + RT \ln \frac{P}{P^\circ}$$

ここで，**化学ポテンシャル** μ を次式で定義して導入する．

$$\mu = \left(\frac{\partial G}{\partial n} \right)_{T,\ P} = G_\mathrm{m}$$

ある温度 T および圧力 P のときの系の化学ポテンシャル μ は，次のように表される．

$$\mu = \mu^\circ + RT \ln \frac{P}{P^\circ}$$

(5)　混合ギブズエネルギー

物質量 n_A の理想気体 A と物質量 n_B の理想気体 B を考える．ある温度 T および圧力 P における両気体のギブズエネルギーの和 G_i は

$$G_\mathrm{i} = n_\mathrm{A}\mu_\mathrm{A} + n_\mathrm{B}\mu_\mathrm{B} = n_\mathrm{A} \left(\mu_\mathrm{A}{}^\circ + RT \ln \frac{P}{P^\circ} \right) + n_\mathrm{B} \left(\mu_\mathrm{B}{}^\circ + RT \ln \frac{P}{P^\circ} \right)$$

この両気体を混合させると，気体 A, B の分圧 $P_\mathrm{A}, P_\mathrm{B}$ は，

$$P_\mathrm{A} = x_\mathrm{A} P,\ P_\mathrm{B} = x_\mathrm{B} P$$

ただし，$x_\mathrm{A}, x_\mathrm{B}$ は混合気体中の気体 A, B のモル分率である．

$$x_\mathrm{A} = \frac{n_\mathrm{A}}{n},\ x_\mathrm{B} = \frac{n_\mathrm{B}}{n} \qquad \text{ただし，} n = n_\mathrm{A} + n_\mathrm{B}$$

よって，混合後のギブズエネルギー G_f は

$$\begin{aligned} G_\mathrm{f} &= n_\mathrm{A} \left(\mu_\mathrm{A}{}^\circ + RT \ln \frac{P_\mathrm{A}}{P^\circ} \right) + n_\mathrm{B} \left(\mu_\mathrm{B}{}^\circ + RT \ln \frac{P_\mathrm{B}}{P^\circ} \right) \\ &= n_\mathrm{A} \left(\mu_\mathrm{A}{}^\circ + RT \ln \frac{x_\mathrm{A} P}{P^\circ} \right) + n_\mathrm{B} \left(\mu_\mathrm{B}{}^\circ + RT \ln \frac{x_\mathrm{B} P}{P^\circ} \right) \end{aligned}$$

ここで，任意の気体 J について

$$\ln \frac{x_\mathrm{J} P}{P^\circ} - \ln \frac{P}{P^\circ} = \ln x_\mathrm{J} P - \ln P = \ln \frac{x_\mathrm{J} P}{P} = \ln x_\mathrm{J}$$

であるから，混合によるギブズエネルギー変化 (**混合ギブズエネルギー**) ΔG は

$$\Delta G = G_\mathrm{f} - G_\mathrm{i} = RT(n_\mathrm{A} \ln x_\mathrm{A} + n_\mathrm{B} \ln x_\mathrm{B}) = nRT(x_\mathrm{A} \ln x_\mathrm{A} + x_\mathrm{B} \ln x_\mathrm{B})$$

と与えられる．ここで，$x_A < 1$，$x_B < 1$ であるから，$\ln x_A < 0$，$\ln x_B < 0$ となる．よって，理想気体の混合において $\Delta G < 0$ であるから，理想気体は自発的に混合することがわかる．

温度 T が一定のとき，混合ギブズエネルギー ΔG は，**混合エンタルピー** ΔH と**混合エントロピー** ΔS を用いて，次のように表すことができる．

$$\Delta G = \Delta H - T\Delta S$$

上記の通り導出した式とこの式とを対応させると，

$$\Delta H = 0,\ \Delta S = -nR(x_A \ln x_A + x_B \ln x_B) > 0$$

すなわち，理想気体の混合により，エンタルピーは変化しないが，エントロピーは増大する．

章末問題 5

5.1 台風の中心気圧が 950 hPa であった．この中心気圧を mbar と atm の単位で示せ．

5.2 15 ℃で 736 mmHg の圧力の気体密度が $5.380\,\mathrm{g\,L^{-1}}$ である．この気体の 1 mol あたりの質量は何 g か？

5.3 0.5 mol の N_2 の体積が 300 K で 0.6 L であった．理想気体と仮定したときの圧力を求めよ．また，ファンデルワールス方程式にしたがうとしたときの圧力を求めよ．ただし，補正項は $a = 1.35\,\mathrm{L^2\,atm}$，$b = 0.0387\,\mathrm{L\,mol^{-1}}$ とする．

5.4 物質の臨界点におけるモル体積 V_c，温度 T_c，圧力 P_c は**臨界定数**とよばれ，その物質に固有の値である．臨界定数 V_c, T_c, P_c を，ファンデルワールス方程式で用いられている定数 a, b を用いて表せ．

5.5 実在気体の状態方程式として，次の**ビリアル状態方程式**があげられる．

$$Z = \frac{PV}{nRT} = 1 + B\left(\frac{n}{V}\right) + C\left(\frac{n}{V}\right)^2 + \cdots$$

第二ビリアル係数 B と第三ビリアル係数 C を，ファンデルワールス方程式で用いられている定数 a, b を用いて表せ．

5.6 分子量 M の気体分子について，マクスウエル-ボルツマン分布に基づいて，温度 T における次の速度をそれぞれ求めよ．

(1) 根平均 2 乗速度

(2) 平均速度

(3) 最確速度 (最大確率速度)

5.7 等温可逆膨張 (I)，断熱可逆膨張 (II)，等温可逆圧縮 (III)，断熱可逆圧縮 (IV) の 4 つの過程を経て循環する右の図の熱機関は**カルノー** (Carnot) **サイクル**とよばれている．このカルノーサイクルの効率を求めよ．

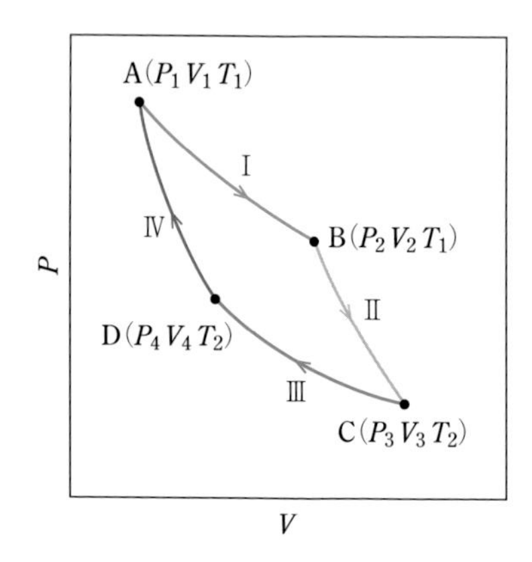

カルノーサイクル

5.8 次の反応における気体のモル数変化 $\Delta_r n_{gas}$，標準モル生成エンタルピー変化 $\Delta_r H^\circ$，内部エネルギー変化 $\Delta_r U$ を計算せよ．ただし，温度 298 K で $\Delta_r H^\circ = \Delta_r U + (\Delta_r n_{gas})RT$ の関係式を用いてよい．

① $H_2(gas) + Br_2(liquid) \longrightarrow 2\,HBr(gas)$

② $H_2(gas) + Br_2(gas) \longrightarrow 2\,HBr(gas)$

5.9 1 mol の理想気体の等温可逆過程について，次の問いに答えよ．

① 体積が 10.0 L から 20.0 L に変化したときのエントロピー変化を符号を含めて答えよ．

② 圧力が 1.00 bar から 0.100 bar に変化したときのエントロピー変化を符号を含めて答えよ．

5.10 ブタンの定圧モル熱容量は，300 K から 1500 K 以下までの温度領域において

$$\frac{C_P}{R} = 0.0564 + 0.0463\,T - (2.39 \times 10^{-5})T^2 + (4.81 \times 10^{-9})T^3$$

と表される．1 mol のブタンを定圧で 300 K から 1000 K まで加熱したときのエントロピー変化を計算せよ．

5.11 右の図のようなエネルギー準位が等間隔である系において，分子がボルツマン分布をしている．エネルギー間隔は 5.0×10^{-22} J で，基底準位から 1 つ上の準位と 3 つ上の準位の占有数が 4000，40 と与えてある．基底準位 (a) と 2 つ上の準位 (b)，(c) の占有数を答えよ．また，系の温度は何度か？ ただし，(b) と (c) のエネルギー準位は同じ高さである．((b) と (c) は縮退している．)

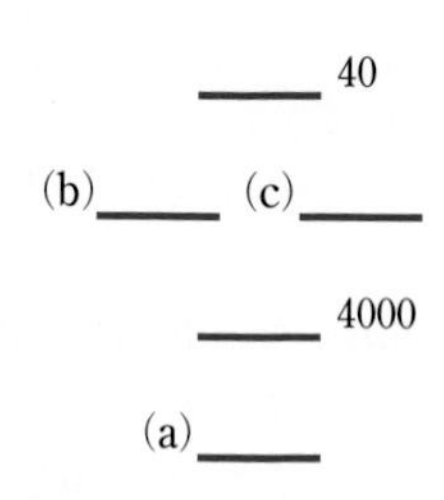

5.12 温度 0 ℃ での水の蒸発熱は $\Delta_{vap}H^\circ = +45.07\ kJ\ mol^{-1}$，蒸発にともなう標準モルエントロピー変化は $\Delta_{vap}S^\circ = 122.6\ J\ K^{-1}\ mol^{-1}$ である．水蒸気圧 0.01 bar

でのギブズエネルギー変化を計算せよ．0 ℃，水蒸気圧 0.01 bar で水は蒸発するか，凝集するか答えよ．

5.13 理想気体を定圧で (P_1, V_1, T_1) から (P_1, V_2, T_3) へ膨張させた後に，定積のまま温度を元に戻して (P_1, V_2, T_3) から (P_2, V_2, T_1) へ変化させた．この過程における気体への熱の出入りと，気体のエントロピー変化を計算せよ．

5.14 次の反応

$$\mathrm{CO\,(gas) + 2\,H_2(gas) \rightleftarrows CH_3OH\,(gas)}$$

はプラスティック工業において重要な反応である．温度 298 K における平衡定数 K_P を計算せよ．ただし，298 K における $\mathrm{CH_3OH(gas)}$ の標準モル生成エンタルピーは $\Delta_\mathrm{f}H^\circ = -201.0\,\mathrm{kJ\,mol^{-1}}$，標準モルエントロピーは $S^\circ = 239.8\,\mathrm{J\,K^{-1}\,mol^{-1}}$ である．$\mathrm{CO\,(gas)}$ と $\mathrm{H_2(gas)}$ については，表 5.4 と表 5.6 を参照のこと．

5.15 空気の組成はおおよそ窒素 78 %，酸素 21 %，アルゴン 1 % である．この混合比で窒素，酸素，アルゴンの 3 種類の気体を混合させて 1 mol の混合気体を作った．このときの混合エントロピーは何 $\mathrm{J\,K^{-1}\,mol^{-1}}$ となるか求めよ．ただし，すべての気体は理想気体とみなせるものとし，気体定数の値は $R = 8.31\,\mathrm{J\,K^{-1}\,mol^{-1}}$ として計算せよ．

第 6 章

化学反応

化学反応が始まると，時間の経過とともに反応物は生成物へと変化して，反応物の濃度は減少し，生成物の濃度は増加する．反応が開始して時間が十分に経つと，反応物の濃度低下と生成物の濃度上昇がゆっくりとなって，最後にはそれらの濃度は一定となる．この状態を化学平衡という．

化学平衡の状態では，反応が起こっていないのではない．反応物から生成物への正反応も，生成物から反応物への逆反応もともに起こっている．これら正逆 2 つの反応の速度が等しいので，どの物質の濃度も変化していないように見えるのである．

平衡状態における反応物，生成物の多寡は平衡定数に依存する．平衡定数が大きいほど，生成物の濃度は高くなる．化学平衡論によれば，化学反応が到達する最終状態がどのようなものであるのか，生成物がどれだけ生成するのか，を予測できる．

一方，平衡状態に達するのにどれだけの時間がかかるのか，生成物の濃度が時間とともにどのように増えていくのか，については反応速度論が答えを与えてくれる．化学反応の過程についての情報は化学平衡論からは得られない．

化学反応の速度は，反応物の濃度と速度定数に依存する．濃度が高く，速度定数が大きいほど速度は速い．しかし，化学反応式に現れる反応物すべての濃度が必ずしも速度に影響するわけではない．われわれが通常扱う化学反応式は反応全体を纏めたものであって，それが一挙に起こるわけではないからである．

本章では化学反応を理解するための 2 つの大きな視点である，化学平衡論と反応速度論について詳しく解説する．

アンリ・ルイ・ル・シャトリエ (Henry Louis Le Chtelier)　フランスの化学者 (1850 ~1936). 1884 年に「ル・シャトリエの原理」として知られる平衡の移動に関する法則を提唱した.

6.1 反応のつり合い

6.1.1 平衡定数

ある化学反応

$$a\,\mathrm{A} + b\,\mathrm{B} \rightleftharpoons c\,\mathrm{C} + d\,\mathrm{D}$$

が**化学平衡** (chemical equilibrium) に達したとき，反応物 A と B および生成物 C と D の濃度には，次の関係が成立している.

$$\frac{[\mathrm{C}]^c[\mathrm{D}]^d}{[\mathrm{A}]^a[\mathrm{B}]^b} = K \tag{6.1}$$

ここで K はこの反応に特有の定数で，**平衡定数** (equilibrium constant) とよばれる．温度が同じなら，K の値は常に同じである．すなわち，反応開始時の反応物と生成物の濃度がどのような値であっても，平衡状態に達したときの反応物と生成物の濃度から得られる (6.1) 式の値は常に一定の値となる．この法則を**質量作用の法則** (law of mass action) という.

平衡定数の次元　平衡定数を厳密に濃度項によって定義された数式と考えると，たとえば反応 $\mathrm{CH_3COOH(aq)} \rightleftharpoons \mathrm{H^+(aq)} + \mathrm{CH_3COO^-(aq)}$ の平衡定数 K は

$$K = \frac{[\mathrm{H^+}][\mathrm{CH_3COO^-}]}{[\mathrm{CH_3COOH}]}$$

と定義されるので，その次元は $\mathrm{mol\,L^{-1}}$ となる.

しかし，平衡定数に用いる濃度は，CH_3COOH や H^+，CH_3COO^- の濃度をそれぞれの熱力学的標準状態における濃度 ($1\,\mathrm{mol\,L^{-1}}$) で割った濃度比とみなされる．このように考えると，平衡定数は常に無次元の値となる．本章ではこの考えに基づいて記述する．

たとえば，ヨウ化水素の生成反応，

$$H_2(g) + I_2(g) \rightleftarrows 2\,HI(g) \tag{6.2}$$

の平衡定数は 25 ℃ で 2.38×10^1 である．したがって，

$$[H_2] = 0.0500\,\mathrm{mol\,L^{-1}}, \qquad [I_2] = 0.0500\,\mathrm{mol\,L^{-1}}, \qquad [HI] = 0.0000\,\mathrm{mol\,L^{-1}}$$

$$[H_2] = 0.0250\,\mathrm{mol\,L^{-1}}, \qquad [I_2] = 0.0250\,\mathrm{mol\,L^{-1}}, \qquad [HI] = 0.0500\,\mathrm{mol\,L^{-1}}$$

$$[H_2] = 0.0000\,\mathrm{mol\,L^{-1}}, \qquad [I_2] = 0.0000\,\mathrm{mol\,L^{-1}}, \qquad [HI] = 0.1000\,\mathrm{mol\,L^{-1}}$$

のどの状態から反応が始まっても，それが平衡状態に達したときには $\dfrac{[HI]^2}{[H_2][I_2]}$ の値はどの場合でも 2.38×10^1 となって

$$[H_2] = 0.0145\,\mathrm{mol\,L^{-1}}, \qquad [I_2] = 0.0145\,\mathrm{mol\,L^{-1}}, \qquad [HI] = 0.0710\,\mathrm{mol\,L^{-1}}$$

となる．

例題 6.1　反応 (6.2) の平衡定数は 127 ℃ で 1.40×10^1 である．反応開始時において $[H_2] = [I_2] = 0.0500\,\mathrm{mol\,L^{-1}}$，$[HI] = 0.0000\,\mathrm{mol\,L^{-1}}$ だったとすると，平衡に達したときの $[H_2]$，$[I_2]$，$[HI]$ の値はそれぞれいくらになるか．

【解答】

平衡時における $[HI]$ の値を $x\,\mathrm{mol\,L^{-1}}$ とすると，

$$\frac{x^2}{(0.0500 - 0.5x)^2} = 1.40 \times 10^1$$

となる．この方程式を解くと $x = 0.0652\,\mathrm{mol\,L^{-1}}$ となる．したがって，

$$[H_2] = [I_2] = 0.0174\,\mathrm{mol\,L^{-1}}, \qquad [HI] = 0.0652\,\mathrm{mol\,L^{-1}}$$

である．

気体反応の場合は，平衡定数は反応気体，生成気体の分圧を使って表すこともできる*．すべての気体が理想気体であると仮定すると，たとえば $P_AV = n_ART$ であるか

* 5.4.3 (3) に例として $2NO_2 \rightleftarrows N_2O_4$ の気体反応がある．

ら $[\mathrm{A}] = \dfrac{n_{\mathrm{A}}}{V} = \dfrac{P_{\mathrm{A}}}{RT}$ と表される．ここで，P_{A}，V，n_{A}，R，T はそれぞれ A の分圧，反応系の体積，A の物質量 (モル数)，気体定数，反応温度である．同様に $[\mathrm{B}] = \dfrac{P_{\mathrm{B}}}{RT}$，$[\mathrm{C}] = \dfrac{P_{\mathrm{C}}}{RT}$，$[\mathrm{D}] = \dfrac{P_{\mathrm{D}}}{RT}$ である．したがって，

$$K = \frac{[\mathrm{C}]^c[\mathrm{D}]^d}{[\mathrm{A}]^a[\mathrm{B}]^b} = \frac{\left(\dfrac{P_{\mathrm{C}}}{RT}\right)^c \left(\dfrac{P_{\mathrm{D}}}{RT}\right)^d}{\left(\dfrac{P_{\mathrm{A}}}{RT}\right)^a \left(\dfrac{P_{\mathrm{B}}}{RT}\right)^b} = \frac{{P_{\mathrm{C}}}^c\,{P_{\mathrm{D}}}^d}{{P_{\mathrm{A}}}^a\,{P_{\mathrm{B}}}^b}(RT)^{a+b-c-d} = K_P(RT)^{a+b-c-d}$$

となって，圧力平衡定数 $K_P(K_P = K(RT)^{c+d-a-b})$ が濃度平衡定数 K の代わりに用いられる．上式からわかるように，反応気体，生成気体それぞれの総分子数が等しいとき，すなわち $a + b = c + d$ のときには $K_P = K$ となって，圧力平衡定数は濃度平衡定数と同じになる．

濃度平衡定数と活量平衡定数　水溶液の場合，平衡定数が濃度の式として与えられるのは，正確には，極く希薄な水溶液のときに限られる．極く希薄な水溶液の場合には，あるイオン (分子) の近傍に他のイオン (分子) が存在することは稀である．しかし，溶質の濃度が高くなると，あるイオンの近くに他のイオンが存在することになる．この場合，いま，着目しているイオンの動きは，周囲に存在する他のイオン (同じ電荷，反対電荷のイオンによらない) の動きによって影響を受ける．このため，このような場合には平衡定数は，それぞれのイオンの実効濃度とも言える**活量**をもって与えられる．すなわち (6.1) 式の平衡定数は

$$K = \frac{{\gamma_{\mathrm{C}}}^c\,{\gamma_{\mathrm{D}}}^d}{{\gamma_{\mathrm{A}}}^a\,{\gamma_{\mathrm{B}}}^b}$$

と表される．ここでたとえば γ_{A} は A の活量であり，$\gamma_{\mathrm{A}} = f_{\mathrm{A}}[\mathrm{A}]$ である．f_{A} はその水溶液の濃度状態を反映した値であり，活量係数とよばれ，水溶液の濃度が希薄になると 1 に近づく．

平衡定数は基本的には (6.1) 式のように定義されるが，反応の形式によっては平衡定数の表現が少し異なる場合がある．それらについて，以下に例示する．

(1)　純粋な固相が関与する化学反応

純粋な固相が反応に関与している場合には，その濃度は平衡定数の式に含めない．純粋な固相中での物質の濃度は一定であり，反応においてその物質がいくらかでも存在すれば平衡は達せられ，その量には依存しないからである．たとえば，難溶性固体炭酸カルシウムの水への溶解反応

$$CaCO_3(s) \rightleftharpoons Ca^{2+}(aq) + CO_3{}^{2-}(aq)$$

の平衡定数 K は

$$K = [Ca^{2+}][CO_3{}^{2-}]$$

と表される.

(2) 溶媒が関与する化学反応

溶媒が反応に関与する場合も，その濃度は平衡定数の式には含めない．反応の前後で溶媒の濃度はほとんど変化しないからである．この典型的な例が，水の解離反応についての平衡定数，いわゆる水のイオン積である．それは次のように定義されている．

$$H_2O \rightleftharpoons H^+ + OH^-$$

$$K = [H^+][OH^-]$$

(3) 気体が関与する化学反応

気体反応の場合には反応気体の分圧を使って平衡定数を表すことができたように，反応物あるいは生成物に気体が含まれる場合には，その物質については濃度の代わりに分圧を用いて平衡定数が表される．たとえば，二酸化炭素の水への溶解と解離の反応

$$CO_2(g) + H_2O(l) \rightleftharpoons H^+(aq) + HCO_3{}^-(aq)$$

の平衡定数 K は

$$K = \frac{[H^+][HCO_3{}^-]}{P_{CO_2}}$$

となる．ここで分母に H_2O の濃度が含まれていないのは，上述したように溶媒としての H_2O が反応に関与しているからである．

6.1.2 平衡の移動

化学平衡は温度が変化したときはもちろんであるが，定温であっても反応条件が変化したときには，現在の平衡が崩れて，新たな平衡に向かって系の状態が変化する．このとき，どの方向に系の状態が変化するかを示したものが，**ル・シャトリエ** (Le Châtelier) **の原理**「平衡状態にある系に外部からの作用が加えられて平衡が崩れたときには，その変化をやわらげる方向に系の状態が変化する」である．このことを，

$$N_2(g) + 3H_2(g) \rightleftharpoons 2NH_3(g) \tag{6.3}$$

の反応を例に考えよう．この反応の平衡定数 K は温度 227 ℃ で 1.7×10^2 であって，

$$K = \frac{[NH_3]^2}{[N_2][H_2]^3}$$

であるから，N_2，H_2，NH_3 の濃度がそれぞれ 1.0×10^{-2} mol L^{-1}，2.0×10^{-2} mol L^{-1}，3.7×10^{-3} mol L^{-1} のときに系は平衡にある．この状態からの変化を考える．

(1)　濃度変化による化学状態の変化

系に N_2 を加えて，その濃度を $4.0 \times 10^{-2}\,\mathrm{mol\,L^{-1}}$ にすると，系はその変化 (N_2 濃度の増加) をやわらげる方向，すなわち N_2 の濃度が減少する方向に反応する．このため (6.3) 式の正反応が促進されて，N_2 とともに H_2 の濃度も減少して，NH_3 の濃度が増加する．

なぜこのような変化が起こるのかを，$\dfrac{[NH_3]^2}{[N_2][H_2]^3}$ の値の変化から考えよう．系はまず平衡にあって N_2，H_2，NH_3 の濃度はそれぞれ $1.0 \times 10^{-2}\,\mathrm{mol\,L^{-1}}$，$2.0 \times 10^{-2}\,\mathrm{mol\,L^{-1}}$，$3.7 \times 10^{-3}\,\mathrm{mol\,L^{-1}}$ であり，$\dfrac{[NH_3]^2}{[N_2][H_2]^3}$ の値は平衡定数 $K = 1.7 \times 10^2$ に等しい．ここで，系に N_2 が加えられて，その濃度が $4.0 \times 10^{-2}\,\mathrm{mol\,L^{-1}}$ になると，$\dfrac{[NH_3]^2}{[N_2][H_2]^3}$ の値は一時的に 4.3×10^1 になって，K より小さくなる．このため系は $\dfrac{[NH_3]^2}{[N_2][H_2]^3}$ の値が K になる方向に反応して，$[N_2]$ と $[H_2]$ の値を減少させ，$[NH_3]$ の値を増加させるのである．

これとは逆に平衡にある系に生成物である NH_3 を加えてその濃度を増加させると，$\dfrac{[NH_3]^2}{[N_2][H_2]^3}$ の値は一時的に K より大きくなる．このため，NH_3 が減少して N_2 と H_2 が増加する方向に反応が起こる．

(2)　系の容積と圧力の変化による化学状態の変化

気体反応の場合には系の容積を変化させることで，容易に系の圧力が変化する．たとえば (6.3) 式の反応が平衡にある系の容積を半分にすると，これらの気体がすべて理想気体であると仮定するなら，全圧は一旦 2 倍になる．もちろん，$PV = nRT$ だから全圧とともに，それぞれの反応物，生成物の分圧も濃度も 2 倍になる．すると系は，ル・シャトリエの原理から全圧を低下させる方向に反応する．すなわち，系の総物質量を減少させる方向に反応が進行し，N_2 と H_2 が反応して NH_3 が生成する反応が進むことになる．この変化を $\dfrac{[NH_3]^2}{[N_2][H_2]^3}$ の値で見るなら，容積が半分になって，それぞれの気体の分圧ならびに濃度が 2 倍になると，$\dfrac{[NH_3]^2}{[N_2][H_2]^3}$ の値は $\dfrac{1}{4}$ に減少するので，この値を増加させるように N_2 と H_2 が反応して NH_3 が生成する方向に反応が進むのである．

ただし，こうした系の容積と圧力の変化の影響は，反応物，生成物それぞれの総分子数が等しいとき，たとえば (6.2) 式のような反応では，変化の前後で $\dfrac{[HI]^2}{[H_2][I_2]}$ の値に変わりはないので，平衡状態の移動は起こらない．

(3)　温度変化による化学状態の変化

ル・シャトリエの原理からすれば，平衡状態にある系の温度が変化すると，その温度変化をやわらげる方向に反応が進むことになる．平衡定数は温度によって変化するのであるから，このことは当然のことといえるが，これは次のように解釈できる．平衡状態にある系の温度が低下すると，その変化をやわらげる方向，すなわち温度が上昇する方向に，反応が進む．したがって，正反応が発熱反応である場合には正反応が，正反応が吸熱反応である場合には逆反応が進行することになる．

一般に発熱反応の場合には温度が上がるほど平衡定数は小さくなり，温度が低下するほど平衡定数は大きくなる．吸熱反応の場合はこの逆となる．したがって，発熱反応が平衡にあるとき，その温度を下げると高温のときよりも低温のときのほうが平衡定数が大きいので，正反応が進行することになる．発熱反応である正反応が進行すると，系の温度が高まることになる．したがって，発熱反応が平衡にあるとき，系の温度を下げると，正反応である発熱反応が進行して，一旦下がった系の温度が上昇する方向に向かうのである．

6.1.3　酸・塩基反応

水溶液内での酸・塩基反応は，化学平衡の定量的な解析を学ぶのに格好の例である．ここでは弱酸水溶液の化学平衡について定量的に解説する．

(1)　酸・塩基の概念

まずは，酸・塩基とはどのようなものなのだろうか．これに関しては，いくつかの理論が提唱されている．

アレニウス-オストワルド (Arrhenius-Ostwald) の概念

1887 年にアレニウスとオストワルドによって提唱された．水溶液中で水素イオン (H^+) を生じるものを酸，水酸化物イオン (OH^-) を生じるものを塩基とする．水溶液中の酸と塩基については，この概念によってほぼすべて理解できる．また，$H^+ + OH^- \rightleftarrows H_2O$ の反応として中和反応が描かれることになり，25 ℃ では $[H^+][OH^-]$ の値が 1×10^{-14} であることから，$pH = -\log[H^+]$ の定義を用いて，中性では $pH = 7.0$ となることなど，水溶液の液性に関する有用な取り扱いが生み出された．

ブレンステッド-ローリー (Brönsted-Lowry) の概念

1923 年にブレンステッドとローリーが独立してこの概念を唱えた．酸とは塩基に対してプロトン (H^+) を与えることのできる物質 (プロトン供与体)，塩基とは酸からプロトンを受け取ることのできる物質 (プロトン受容体) とするものである．

ルイス (Lewis) の概念

ルイスは 1923 年に，非共有電子対を受け取る物質 (電子対受容体) が酸，非共有電子対を供与する物質 (電子対供与体) が塩基であると提唱した．この概念による酸・塩基をルイス酸・ルイス塩基とよぶ．

酸・塩基概念の発展　アレニウス-オストワルドの概念では，酸・塩基反応は水溶液内反応に限られていた．また，アンモニアのように分子内に OH を含まない物質は塩基とはされなかった．このため，気体反応によって HCl と NH_3 から NH_4Cl が生成する反応は，酸・塩基反応ではないことになっていた．
ブレンステッド-ローリーの概念では，水溶液反応以外にも酸塩基反応は拡張され，アンモニアも塩基と定義されるので，気体反応による NH_4Cl の生成も酸・塩基反応に含まれることになった．
ルイスの概念では，酸・塩基の概念がさらに拡張され，金属カチオン (陽イオン) はすべて酸とみなされ，錯形成反応も酸・塩基反応と考えられている．

(2)　強酸と弱酸

塩酸 (HCl) は水溶液中でほぼすべてが解離して水素イオン (H^+) と塩化物イオン (Cl^-) になる．これは塩酸の解離反応

$$\mathrm{HCl} \rightleftharpoons \mathrm{H^+} + \mathrm{Cl^-} \qquad K = \frac{[\mathrm{H^+}][\mathrm{Cl^-}]}{[\mathrm{HCl}]}$$

の平衡定数 K がほぼ無限大と考えてよいほどに大きいからである．このような酸を強酸という．

一方，酢酸 (CH_3COOH) はほとんど解離しない．たとえば $1\,\mathrm{mol\,L^{-1}}$ の水溶液中では，溶存する酢酸の 0.41 % が解離しているのみである．後に詳しく述べるが，これは酢酸の解離反応

$$\mathrm{CH_3COOH} \rightleftharpoons \mathrm{H^+} + \mathrm{CH_3COO^-} \qquad K = \frac{[\mathrm{H^+}][\mathrm{CH_3COO^-}]}{[\mathrm{CH_3COOH}]}$$

の平衡定数 K の値が 1.7×10^{-5} と小さいことによっている．このような酸を弱酸とよぶ．これらのことからわかるように，強酸と弱酸の区別は，その解離反応の平衡定数 (酸解離定数) の大小によっている．いくつかの酸に対して酸解離定数を表 6.1 に示した．同様に，強塩基と弱塩基の区別も塩基の解離反応における平衡定数 (塩基解離定数) の大小によるものである．

硫酸　硫酸 (H_2SO_4) は次のような 2 段階の反応によって解離し，一般的には強酸に分類される．

$$\mathrm{H_2SO_4} \rightleftharpoons \mathrm{H^+} + \mathrm{HSO_4}^-$$

$$K_1 = \frac{[\mathrm{H^+}][\mathrm{HSO_4}^-]}{[\mathrm{H_2SO_4}]}$$

$$\mathrm{HSO_4}^- \rightleftharpoons \mathrm{H^+} + \mathrm{SO_4}^{2-}$$

表 6.1　酸解離定数 (25 ℃)

HF	2.1×10^{-3}
HCN	8.3×10^{-10}
H_2CO_3	4.4×10^{-7}
HCO_3^-	4.7×10^{-11}
H_2S	8.5×10^{-8}
HS^-	6.3×10^{-13}
H_3PO_4	1.5×10^{-2}
$H_2PO_4^-$	3.7×10^{-7}
HPO_4^{2-}	3.5×10^{-12}
$HCOOH$	2.9×10^{-4}
CH_3COOH	1.7×10^{-5}
$HOOCCOOH$	9.1×10^{-2}
$HOOCCOO^-$	1.5×10^{-4}
C_6H_5OH	1.3×10^{-10}
C_6H_5COOH	1.0×10^{-4}

$$K_2 = \frac{[H^+][SO_4{}^{2-}]}{[HSO_4{}^-]}$$

しかし，2 段階目の解離反応の平衡定数 K_2 は 1.0×10^{-2} であるので，この反応に限れば弱酸といえる．

(3)　弱酸水溶液の化学平衡

酸解離定数を用いて，弱酸水溶液の化学平衡について定量的に解説する．このとき，弱酸のみによる水溶液，弱酸と強塩基からなる塩の水溶液，弱酸と強塩基との混合水溶液，の 3 つの場合に分けて，それら水溶液の水素イオン濃度について考察する．こうすることによって，酸・塩基反応に関する化学平衡をよりよく理解できるからである．弱酸の例としては，酢酸を取り上げる．

弱酸の水溶液

$C\,\mathrm{mol\,L^{-1}}$ の酢酸水溶液の水素イオン濃度について考える．この水溶液の中で起こる化学反応は，次の 2 つで代表される．1 つは酢酸の解離反応である．

$$CH_3COOH \rightleftharpoons H^+ + CH_3COO^-$$

$$K_a = \frac{[H^+][CH_3COO^-]}{[CH_3COOH]} = 1.7 \times 10^{-5}\ (25\,℃)$$

他の 1 つは水の解離である．

$$H_2O \rightleftharpoons H^+ + OH^-$$

$$K_w = [H^+][OH^-] = 1.0 \times 10^{-14}\ (25\,℃)$$

ここで平衡定数 K に添え字の a や w を付けているのは，これらが酸解離反応，水の解離反応における平衡定数であることを示すためである．

水溶液中での各種のイオンや分子の濃度を議論する際には，電気的中性と注目物質 (反応物あるいは生成物) の総濃度に着目するとよい．水溶液中での電気的中性とは，電荷を考慮した陽イオンの総濃度と陰イオンの総濃度が等しいことである．すなわち，酢酸水溶液中では陽イオンとしては H^+ が，陰イオンとしては CH_3COO^- と OH^- が存在しているので，次の式が成り立つことになる．

$$[H^+] = [CH_3COO^-] + [OH^-]$$

次に酢酸の総濃度に着目すると，水溶液中で酢酸は解離していない CH_3COOH と解離した形の CH_3COO^- として存在しているから，それらの合計濃度は

$$[CH_3COOH] + [CH_3COO^-] = C$$

となる．これらの式ならびに K_w の式から

$$[CH_3COO^-] = [H^+] - [OH^-]$$

$$[CH_3COOH] = C - ([H^+] - [OH^-])$$

$$[OH^-] = \frac{K_w}{[H^+]}$$

が導かれる．これらを K_a の式に代入すると

$$K_a = \frac{[H^+]([H^+] - [OH^-])}{C - ([H^+] - [OH^-])} = \frac{[H^+]\left([H^+] - \dfrac{K_w}{[H^+]}\right)}{C - \left([H^+] - \dfrac{K_w}{[H^+]}\right)} \tag{6.4}$$

となる．この式は $[H^+]$ についての 3 次式であって，K_a と K_w は定数，C は既知の値である．したがって，$[H^+]$ に関するこの 3 次方程式を解けば，どのような濃度の酢酸水溶液であってもその水素イオン濃度を厳密に求めることができることになる．

$[H^+]$ を求める式は，ある仮定が成り立つと，もっと簡単になる．酢酸水溶液は濃度の違いはあっても，酸性の水溶液であるから，$[H^+] \gg [OH^-]$ の仮定が成り立つなら $[H^+]$ に対して $[OH^-]$ が無視できる．したがって，(6.4) 式は

$$K_a = \frac{[H^+]^2}{C - [H^+]} \tag{6.5}$$

と近似される．すなわち $[H^+] \gg [OH^-]$ のときは，$[H^+]$ に関する 2 次式である (6.5) 式を解けば，水素イオン濃度が求められる．ここでもし $C \gg [H^+]$ が成立するなら，(6.5) 式は

$$K_a = \frac{[H^+]^2}{C}$$

$$[H^+] = \sqrt{CK_a} \tag{6.6}$$

となる．すなわち，$C\ \mathrm{mol\ L^{-1}}$ の酢酸水溶液ひいては弱酸水溶液の水素イオン濃度は(6.6) 式で表され，pH は

$$\mathrm{pH} = \frac{1}{2}(-\log C - \log K_a)$$

と表されることになる．

多価イオンを含む水溶液の電気的中性　硫酸水溶液のような多価イオンを含む水溶液の電気的中性を表す場合には，イオンの電荷と，多価イオンが生成する過程で生じる部分解離形のイオンに注意する．硫酸水溶液の場合には，次のようになる．

$$[H^+] = [HSO_4{}^-] + 2[SO_4{}^{2-}] + [OH^-]$$

弱酸と強塩基からなる塩の水溶液

$C\ \mathrm{mol\ L^{-1}}$ の酢酸ナトリウム水溶液の水素イオン濃度について考える．酢酸ナトリウムを水に溶かすと，まずは

$$CH_3COONa \rightleftarrows Na^+ + CH_3COO^-$$

の反応が起こる．Na^+ はアルカリ金属イオンであり陽イオンとして存在しやすいので，この反応によって酢酸ナトリウムはほぼ完全に解離する．生成した CH_3COO^- は水と次のように反応して CH_3COOH を生成する．

$$CH_3COO^- + H_2O \rightleftarrows CH_3COOH + OH^- \tag{6.7}$$

$$K_h = \frac{[CH_3COOH][OH^-]}{[CH_3COO^-]} = 5.9 \times 10^{-10}\ (25\ ^\circ\mathrm{C})$$

このような反応を加水分解反応といい，K_h はその平衡定数である．K_h と酢酸の酸解離定数 K_a は次のような関係にある．

$$K_h = \frac{[CH_3COOH][OH^-]}{[CH_3COO^-]} = \frac{[CH_3COOH][OH^-][H^+]}{[CH_3COO^-][H^+]} = \frac{K_w}{K_a}$$

(6.7) 式の反応が平衡にあるなら，CH_3COO^- と CH_3COOH が関与する酢酸の解離反応も平衡にあるからである．したがって，平衡論の上からは酢酸ナトリウム水溶液を取り扱うに当たっても，酢酸の解離反応を考えればよいことになる．このため，$C\ \mathrm{mol\ L^{-1}}$ の酢酸ナトリウム水溶液の化学平衡を考えるに当たっては，

酢酸ナトリウムの解離

$$CH_3COONa \rightleftarrows Na^+ + CH_3COO^- \qquad \text{全解離} \ ([Na^+] = C)$$

酢酸の解離

$$CH_3COOH \rightleftarrows H^+ + CH_3COO^- \qquad K_a = \frac{[H^+][CH_3COO^-]}{[CH_3COOH]}$$

水の解離

$$H_2O \rightleftarrows H^+ + OH^- \qquad K_w = [H^+][OH^-]$$

水溶液の電気的中性

$$[Na^+] + [H^+] = [CH_3COO^-] + [OH^-]$$

酢酸の全濃度

$$[CH_3COOH] + [CH_3COO^-] = C$$

の3つの化学反応式と5つの数式が，この水溶液の平衡状態を記述していることになる．これらの式から，

$$[CH_3COO^-] = C - ([OH^-] - [H^+])$$

$$[CH_3COOH] = C - [CH_3COO^-] = [OH^-] - [H^+]$$

$$K_a = \frac{[H^+][CH_3COO^-]}{[CH_3COOH]} = \frac{[H^+]\{C - ([OH^-] - [H^+])\}}{[OH^-] - [H^+]}$$

$$= \frac{[H^+]\left\{C - \left(\dfrac{K_w}{[H^+]} - [H^+]\right)\right\}}{\dfrac{K_w}{[H^+]} - [H^+]} \tag{6.8}$$

となる．したがって，$[H^+]$ に関する3次式である (6.8) 式を解けば，どのような濃度の酢酸ナトリウム水溶液であってもその水素イオン濃度を厳密に求めることができる．

(6.8) 式もある仮定が成り立てば，簡単な近似式に変形される．酢酸ナトリウムの水溶液は塩基性の水溶液であるから，$[OH^-] \gg [H^+]$ が成り立つなら $[OH^-]$ に対して $[H^+]$ が無視できるので，(6.8) 式は

$$K_a = \frac{[H^+](C - [OH^-])}{[OH^-]} = \frac{[H^+]\left(C - \dfrac{K_w}{[H^+]}\right)}{\dfrac{K_w}{[H^+]}} \tag{6.9}$$

と表される．すなわち $[OH^-] \gg [H^+]$ のときは，$[H^+]$ に関する2次式である (6.9) 式を解けば，水溶液の水素イオン濃度が求められる．ここでもし $C \gg [OH^-]$ が成り立つなら，この式は

$$K_a = \frac{[H^+]C}{[OH^-]} = \frac{[H^+]C}{\frac{K_w}{[H^+]}} = \frac{[H^+]^2 C}{K_w} \qquad [H^+] = \sqrt{\frac{K_a K_w}{C}} \tag{6.10}$$

となる．すなわち，$C\,\mathrm{mol\,L^{-1}}$ の酢酸ナトリウム水溶液ひいては弱酸と強塩基からなる塩の水溶液の水素イオン濃度は (6.10) 式で表され，その pH は

$$\mathrm{pH} = \frac{1}{2}\left(\log C - \log K_a - \log K_w\right)$$

となる．

弱酸と強塩基の混合水溶液

$C_H\,\mathrm{mol\,L^{-1}}$ の酢酸と $C_{Na}\,\mathrm{mol\,L^{-1}}$ の水酸化ナトリウムが含まれる混合水溶液について考える．上述の酢酸ナトリウム水溶液の取り扱いを参考にすれば，この水溶液の状態を記述するには，

水酸化ナトリウムの解離

$NaOH \rightleftarrows Na^+ + OH^-$ 　　全解離 ($[Na^+] = C_{Na}$)

酢酸の解離

$CH_3COOH \rightleftarrows H^+ + CH_3COO^-$ 　　$K_a = \frac{[H^+][CH_3COO^-]}{[CH_3COOH]}$

水の解離

$H_2O \rightleftarrows H^+ + OH^-$ 　　$K_w = [H^+][OH^-]$

水溶液の電気的中性

$[Na^+] + [H^+] = [CH_3COO^-] + [OH^-]$

酢酸の全濃度

$[CH_3COOH] + [CH_3COO^-] = C_H$

の 3 つの化学反応式と 5 つの数式を考えればよい．これらの式から，

$$[CH_3COO^-] = C_{Na} + [H^+] - [OH^-]$$

$$[CH_3COOH] = C_H - [CH_3COO^-] = C_H - C_{Na} - ([H^+] - [OH^-])$$

$$K_a = \frac{[H^+][CH_3COO^-]}{[CH_3COOH]} = \frac{[H^+](C_{Na} + [H^+] - [OH^-])}{C_H - C_{Na} - ([H^+] - [OH^-])}$$

$$= \frac{[H^+]\left(C_{Na} + [H^+] - \frac{K_w}{[H^+]}\right)}{C_H - C_{Na} - \left([H^+] - \frac{K_w}{[H^+]}\right)} \tag{6.11}$$

となる．したがって，$[H^+]$ に関する 3 次方程式である (6.11) 式を解けば，どのような C_H と C_{Na} の値を持つ酢酸/水酸化ナトリウム混合水溶液であってもその水素イオン濃度

を厳密に求めることができる．すなわち，酢酸水溶液を水酸化ナトリウム水溶液で滴定するときの滴定曲線 (図 6.1) を理論的に描くこともできる．

酢酸/水酸化ナトリウム混合水溶液において $C_\mathrm{H} > C_\mathrm{Na}$ であるなら，この水溶液は一般に酸性を示す．このとき $[\mathrm{H^+}] \gg [\mathrm{OH^-}]$ が成り立つなら (6.11) 式は

$$K_\mathrm{a} = \frac{[\mathrm{H^+}](C_\mathrm{Na} + [\mathrm{H^+}])}{C_\mathrm{H} - C_\mathrm{Na} - [\mathrm{H^+}]} \tag{6.12}$$

と表される．ここで $C_\mathrm{Na} \gg [\mathrm{H^+}]$ かつ $C_\mathrm{H} - C_\mathrm{Na} \gg [\mathrm{H^+}]$ なら (6.12) 式は

$$K_\mathrm{a} = \frac{[\mathrm{H^+}]C_\mathrm{Na}}{C_\mathrm{H} - C_\mathrm{Na}} \qquad [\mathrm{H^+}] = K_\mathrm{a}\frac{C_\mathrm{H} - C_\mathrm{Na}}{C_\mathrm{Na}} \tag{6.13}$$

となる．したがって，$C_\mathrm{H} > C_\mathrm{Na}$，$[\mathrm{H^+}] \gg [\mathrm{OH^-}]$，$C_\mathrm{Na} \gg [\mathrm{H^+}]$，$C_\mathrm{H} - C_\mathrm{Na} \gg [\mathrm{H^+}]$ のとき，酢酸と水酸化ナトリウムの混合水溶液の水素イオン濃度は，(6.13) 式のような簡単な式で表すことができるようになる．

(6.13) 式は弱酸による pH 緩衝水溶液の水素イオン濃度を表す式でもある．なぜなら弱酸による pH 緩衝水溶液は，弱酸の一部を強塩基で中和することによって作製できるからである．(6.13) 式からすれば，弱酸を強塩基で半分中和した水溶液 $\left(C_\mathrm{Na} = \dfrac{1}{2}C_\mathrm{H}\right)$ は弱酸の酸解離定数に等しい水素イオン濃度を示す．そして，このような水溶液は外部からの酸や塩基の添加に対して，水溶液の pH の変化を小さく保つという特徴を持つ．図 6.1 において，水酸化ナトリウムを用いて酢酸を半分中和した点のまわりでは滴定曲線の傾きがとても小さいことから，このことを理解できる．

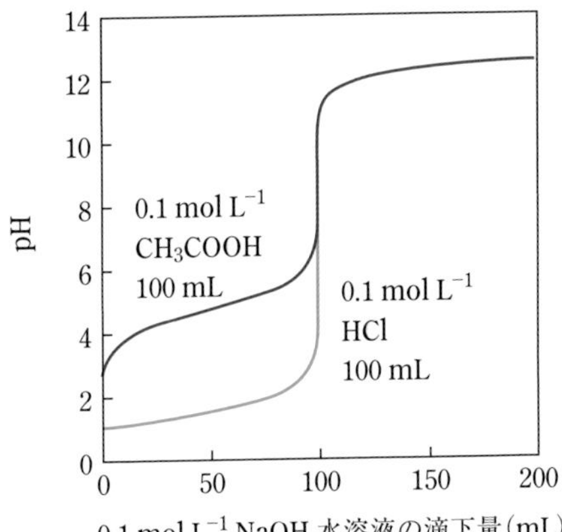

図 6.1　塩酸と酢酸の滴定曲線

(4)　pH 緩衝水溶液

pH 緩衝水溶液は弱酸とその塩の混合によっても作製できる．例として $C_1\,\mathrm{mol\,L^{-1}}$ の酢酸と $C_2\,\mathrm{mol\,L^{-1}}$ の酢酸ナトリウムが含まれる混合水溶液について考えよう．この水溶液の組成は，$(C_1 + C_2)\,\mathrm{mol\,L^{-1}}$ の酢酸と $C_2\,\mathrm{mol\,L^{-1}}$ の水酸化ナトリウムの混合水溶液の組成に等しい．したがって，上述の議論からこの水溶液の水素イオン濃度は

$$[\mathrm{H^+}] = K_\mathrm{a}\frac{(C_1 + C_2) - C_2}{C_2} = K_\mathrm{a}\frac{C_1}{C_2}$$

と表される．これが，弱酸とその塩の混合からなる pH 緩衝水溶液の水素イオン濃度となる．すなわち，このときの水素イオン濃度は弱酸とその塩の濃度比によって決定されることになり，等濃度の混合水溶液の水素イオン濃度は弱酸の酸解離定数の値に等しくなる．また，緩衝水溶液の水素イオン濃度は弱酸とその塩の濃度比のみに依存し，それぞれの濃度には無関係となる．したがって，緩衝水溶液を希釈しても弱酸とその塩の濃度比は変化しないから，水溶液の水素イオン濃度も変化しない．このことが緩衝水溶液の 1 つの特徴となる．

例題 6.2　次の①と②の水溶液の水素イオン濃度はどちらも 1.7×10^{-5} mol L^{-1}, pH は 4.77 である．それぞれの水溶液 1 L に対して 10 mol L^{-1} の塩酸水溶液を 0.1 mL 加えた．このとき，それぞれの水溶液の水素イオン濃度と pH はいくらになるか．

① 1.7×10^{-5} mol L^{-1} 塩酸水溶液

② 0.1 mol L^{-1} 酢酸と 0.1 mol L^{-1} 酢酸ナトリウムを含む水溶液

【解答】

水溶液 1 L に対して，10 mol L^{-1} 塩酸水溶液を 0.1 mL 加えるのだから，このときの容積変化を無視すると，どちらの水溶液の塩酸濃度も 1.0×10^{-3} mol L^{-1} 増加する．したがってそれぞれの水溶液は

① 1.02×10^{-3} mol L^{-1} 塩酸水溶液

② 0.1 mol L^{-1} 酢酸，0.1 mol L^{-1} 酢酸ナトリウム，1.0×10^{-3} mol L^{-1} 塩酸を含む水溶液

となる．②の水溶液の組成は 0.101 mol L^{-1} 酢酸，0.099 mol L^{-1} 酢酸ナトリウム，0.001 mol L^{-1} 塩化ナトリウムを含む水溶液の組成と同じである．塩化ナトリウムは強酸と強塩基からなる塩であるから，水溶液の水素イオン濃度には影響を及ぼさない．したがって，それぞれの水溶液の水素イオン濃度と pH は，

① $[\mathrm{H^+}] = 1.02 \times 10^{-3}\ \mathrm{mol\,L^{-1}}$, $\mathrm{pH} = 2.99$

② $[\mathrm{H^+}] = 1.7 \times 10^{-5} \times \dfrac{0.101}{0.099}\ \mathrm{mol\,L^{-1}} = 1.73 \times 10^{-5}\ \mathrm{mol\,L^{-1}}$, $\mathrm{pH} = 4.76$

となる．②の水溶液が強い pH 緩衝能力を持っていることがわかる．

6.1.4 電池反応

化学平衡を学ぶのに適したもう 1 つの例は，電池反応である．これは陽極と陰極の 2 つの単極反応からなる酸化還元反応である．1836 年に J.F.Daniell によって考案されたダニエル電池 (図 6.2) を例に考えよう．この電池は亜鉛イオンを含む水溶液に亜鉛板を電極として浸したものと，銅イオンを含む水溶液に銅板を電極として浸したも

のからなっている．2 つの水溶液が**塩橋**を通してつながれている．このような電池を作製すると，それぞれの水溶液中での Zn^{2+} と Cu^{2+} の濃度に応じて，亜鉛電極と銅電極の間に電圧 (電位差) が生じる．たとえば，$[Zn^{2+}]$ と $[Cu^{2+}]$ がともに $1.0\,mol\,L^{-1}$ のときは 1.10 V，$[Zn^{2+}] = 0.1\,mol\,L^{-1}$ で $[Cu^{2+}] = 1.0\,mol\,L^{-1}$ のときには 1.13 V，逆に $[Zn^{2+}] = 1\,mol\,L^{-1}$ で $[Cu^{2+}] = 0.1\,mol\,L^{-1}$ のときには 1.07 V の電圧が生じる．そして両方の電極をつなぐと，銅電極から亜鉛電極に向かって電流が流れる (このとき，電子は亜鉛電極から銅電極へと流れている)．これはそれぞれの電極で，

亜鉛電極 (陰極)

$$Zn(s) \rightleftarrows Zn^{2+}(aq) + 2e^- \qquad \text{酸化反応}$$

銅電極 (陽極)

$$Cu^{2+}(aq) + 2e^- \rightleftarrows Cu(s) \qquad \text{還元反応}$$

の反応が起こっているからである．

塩橋　塩化カリウムのような電池反応に対して不活性な電解質の濃厚水溶液に数％の寒天を加えて加熱溶解した後，冷却して固化したもの．塩橋を通して左右の水溶液間をイオンが移動して，両方の水溶液中での電気的中性が保たれる．図 6.2 のダニエル電池では，硝酸アンモニウム (NH_4NO_3) が用いられている．

(1)　電極電位

2 つの電極間の電圧はそれぞれの電極が示す電位の差 (電位差) であると考えると，電池に発生する電圧を理解しやすい．ダニエル電池を例にとり，亜鉛電極の電位を E_{Zn} [V]，銅電極の電位を E_{Cu} [V] とする．このとき，電流が流れる方向に向かって電位が低下する (電子が流れる方向に向かって電位が上昇する) と考えると，銅電極から亜鉛電極に電

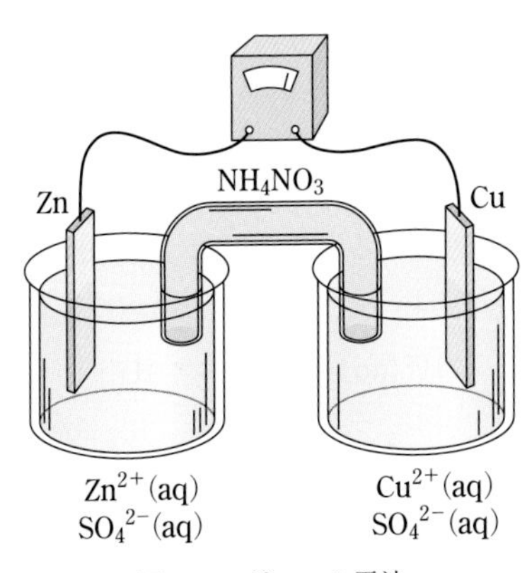

図 6.2　ダニエル電池

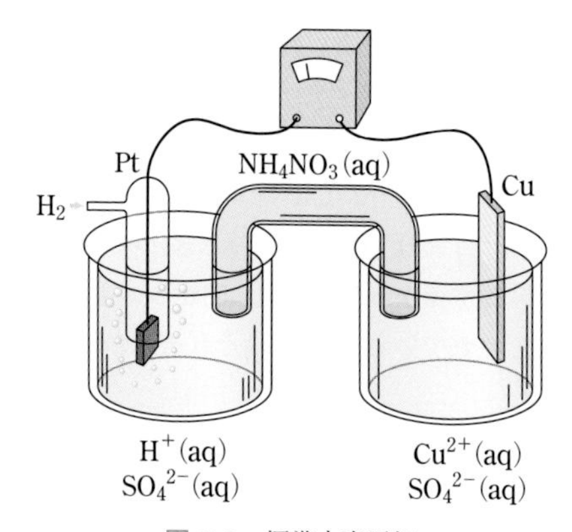

図 6.3 標準水素電極
標準水素電極と銅電極がつながった電池を示している.

流が流れるので，$E_{Cu} > E_{Zn}$ となる．また，Zn^{2+} と Cu^{2+} の濃度がともに $1.0\,mol\,L^{-1}$ のときには両電極間に 1.10 V の電圧が発生するので，このときの E_{Cu} と E_{Zn} の関係は $E_{Cu} - E_{Zn} = 1.10\,V$ と表される．このように考えるとさまざまな電池の電極電位の相対関係を求めることができる．たとえば $1.0\,mol\,L^{-1}$ の Zn^{2+} 水溶液と亜鉛板電極，$1.0\,mol\,L^{-1}$ の Ni^{2+} 水溶液とニッケル板電極からなる電池の電圧は 0.53 V で，ニッケル電極から亜鉛電極へと電流が流れる．したがって，それぞれの電極電位を E_{Zn}，E_{Ni} とすると $E_{Ni} - E_{Zn} = 0.53\,V$ となる．これらのことからすれば，$1\,mol\,L^{-1}$ の Ni^{2+} 水溶液とニッケル板電極，$1\,mol\,L^{-1}$ の Cu^{2+} 水溶液と銅板電極からなる電池の電極電位の関係は $E_{Cu} - E_{Ni} = 0.57\,V$ となることがわかる．それゆえ，基準となる電位を定めるなら，たとえば，ある決まった状態にある電極の電位を 0 V と定めるなら，さまざまな電極の絶対電位を見積もることができるようになる．このような基準電位として定められたのが，標準水素電極の電位である．

(2) 標準水素電極

1 bar の水素ガスと接触している $1\,mol\,L^{-1}$ の H^+ 水溶液 (25 ℃) に白金電極を浸したものを**標準水素電極** (標準状態にある水素電極) とよぶ (図 6.3)．この電極の電位を 0V と定義する．このとき電極上では

$$2H^+(aq) + 2e^- \rightleftarrows H_2(g)$$

の反応が起こっている．

標準状態　固体，液体，気体については 1 bar の圧力で純粋な形にある状態．溶液においては濃度が $1\,mol\,L^{-1}$ の状態．温度は通常 25 ℃ である．

(3)　標準電極電位

基準となる電位が定められると，さまざまな電極の絶対電位を決めることができる．このとき**標準状態**にある電極の電位は**標準電極電位**（標準還元電位，標準酸化還元電位）とよばれる．これらをまとめたものが表 6.2 に示す標準電極電位の表であって，通常は還元反応として表した電極反応とともにその値が示されている．標準電極電位は，その値が高いほど対応する還元反応が起こりやすいことを意味している．

表 6.2　標準電極電位 (25 ℃)

電極反応	V
$Ce^{4+} + e^- \rightleftarrows Ce^{3+}$	1.74
$Au^+ + e^- \rightleftarrows Au(s)$	1.68
$MnO_4{}^- + 8H^+ + 5e^- \rightleftarrows Mn^{2+} + 4H_2O$	1.51
$Au^{3+} + 3e^- \rightleftarrows Au(s)$	1.50
$Cr_2O_7{}^{2-} + 14H^+ + 6e^- \rightleftarrows 2Cr^{3+} + 7H_2O$	1.29
$O_2(g) + 4H^+ + 4e^- \rightleftarrows 2H_2O$	1.23
$MnO_2 + 4H^+ + 2e^- \rightleftarrows Mn^{2+} + 2H_2O$	1.23
$Pt^{2+} + 2e^- \rightleftarrows Pt(s)$	1.19
$Ag^+ + e^- \rightleftarrows Ag(s)$	0.80
$Hg_2{}^{2+} + 2e^- \rightleftarrows 2Hg(s)$	0.79
$Fe^{3+} + e^- \rightleftarrows Fe^{2+}$	0.77
$AsO_4{}^{3-} + 2H^+ + 2e^- \rightleftarrows AsO_3{}^{3-} + H_2O$	0.56
$I_2(s) + 2e^- \rightleftarrows 2I^-$	0.53
$Cu^+ + e^- \rightleftarrows Cu(s)$	0.52
$Cu^{2+} + 2e^- \rightleftarrows Cu(s)$	0.34
$2H^+ + 2e^- \rightleftarrows H_2(g)$	0.00
$Pb^{2+} + 2e^- \rightleftarrows Pb(s)$	−0.13
$Sn^{2+} + 2e^- \rightleftarrows Sn(s)$	−0.14
$Ni^{2+} + 2e^- \rightleftarrows Ni(s)$	−0.23
$Fe^{2+} + 2e^- \rightleftarrows Fe(s)$	−0.44
$Zn^{2+} + 2e^- \rightleftarrows Zn(s)$	−0.76
$Al^{3+} + 3e^- \rightleftarrows Al(s)$	−1.66
$Mg^{2+} + 2e^- \rightleftarrows Mg(s)$	−2.37
$Na^+ + e^- \rightleftarrows Na(s)$	−2.71
$Ca^{2+} + 2e^- \rightleftarrows Ca(s)$	−2.84
$K^+ + e^- \rightleftarrows K(s)$	−2.93

(4)　電極電位とネルンスト式

濃度や構成成分がさまざまに異なる電極の電位 E は，次の**ネルンスト式** (Nernst equation) で与えられる．

$$E = E^\circ - \frac{RT}{nF} \ln \frac{[\mathrm{Red}]}{[\mathrm{Ox}]} = E^\circ - \frac{0.0591}{n} \log \frac{[\mathrm{Red}]}{[\mathrm{Ox}]} \ (25\ ^\circ\mathrm{C})$$

ここで E° は酸化体 (Ox) と還元体 (Red) の電極反応 (単極反応) $\mathrm{Ox}+ne^- \rightleftarrows \mathrm{Red}$ の標準電極電位*, n は電極反応に関与する電子のモル数, F はファラデー定数 ($96500\ \mathrm{C\ mol^{-1}} = 96500\ \mathrm{J\ V^{-1}\ mol^{-1}}$), R は気体定数 ($8.31\ \mathrm{J\ mol^{-1}\ K^{-1}}$), T は絶対温度である. たとえば電極反応 $Fe^{3+} + e^- \rightleftarrows Fe^{2+}$ の電位 E は

$$E = E^\circ - \frac{RT}{F} \ln \frac{[Fe^{2+}]}{[Fe^{3+}]} = E^\circ - 0.0591 \log \frac{[Fe^{2+}]}{[Fe^{3+}]} \ (25^\circ\mathrm{C})$$

$$E^\circ = 0.77\ \mathrm{V}$$

電極反応 $MnO_4{}^- + 8H^+ + 5e^- \rightleftarrows Mn^{2+} + 4H_2O$ の電位 E は

$$E = E^\circ - \frac{RT}{5F} \ln \frac{[Mn^{2+}]}{[MnO_4{}^-][H^+]^8} = E^\circ - \frac{0.0591}{5} \log \frac{[Mn^{2+}]}{[MnO_4{}^-][H^+]^8} \ (25^\circ\mathrm{C})$$

$$E^\circ = 1.51\ \mathrm{V}$$

となる.

例題6.3 ヨウ素 (固体), $1\ \mathrm{mol\ L^{-1}}$ ヨウ化物イオン, $1\ \mathrm{mol\ L^{-1}}$ ヒ酸イオン, $1\ \mathrm{mol\ L^{-1}}$ 亜ヒ酸イオンが共存する水溶液では, pH $=$ 0 のときには $2I^- + AsO_4{}^{3-} + 2H^+ \rightleftarrows I_2 + AsO_3{}^{3-} + H_2O$ の反応が起こるが, pH $=$ 4 のときにはこの逆反応が起こる. これはなぜか.

【解答】

ある定められた条件において, 2 つの電極反応 (単極反応) のうちどちらの反応が還元反応として起こるのかは, それらの電極反応の電位を比較するとわかる.

① $I_2(s) + 2e^- \rightleftarrows 2I^-$ $E^\circ = 0.53\ \mathrm{V}$

② $AsO_4{}^{3-} + 2H^+ + 2e^- \rightleftarrows AsO_3{}^{3-} + H_2O$ $E^\circ = 0.56\ \mathrm{V}$

①の電位は pH に関係なく 0.53 V で一定である. しかし, ②の電位は

$$E = 0.56 - \frac{0.0591}{2} \log \frac{[AsO_3{}^{3-}]}{[AsO_4{}^{3-}][H^+]^2} = 0.56 - 0.0591\,\mathrm{pH}$$

となって, pH によって変化し, pH $= 0$ では 0.56 V, pH $= 4$ では 0.32 V となる. したがって, pH $= 0$ では②の電位が高いので $2I^- + AsO_4{}^{3-} + 2H^+ \longrightarrow I_2 + AsO_3{}^{3-} + H_2O$ の反応が起こるが, pH $= 4$ では①の電位が高くなり $I_2 + AsO_3{}^{3-} + H_2O \longrightarrow 2I^- + AsO_4{}^{3-} + 2H^+$ の反応が起こる.

* 標準電極電位 E° の下で, n mol の電子 (電荷量 nF) が移動する電気エネルギーは, 電極反応で生じた標準状態におけるギブズエネルギー変化 ΔrG° に由来している. よって $-n \cdot F \cdot E^\circ = \Delta rG^\circ$ の関係がある.

(5) 電池の電圧

上述のように電池の電圧は陽極と陰極の電極電位の差となる．そして，それらの電極電位はネルンスト式によって表される．したがって，電池の電圧もネルンスト式を用いて表すことができる．

陽極と陰極で次のような電極反応

$$\text{陽極}\quad \mathrm{A} + n\,\mathrm{e}^- \rightleftarrows \mathrm{C} \qquad \text{陰極}\quad \mathrm{B} \rightleftarrows \mathrm{D} + m\,\mathrm{e}^-$$

が起こっているとする．$\mathrm{A}+n\,\mathrm{e}^- \rightleftarrows \mathrm{C}$ の標準電極電位を E_1°，$\mathrm{D} + m\,\mathrm{e}^- \rightleftarrows \mathrm{B}$ の標準電極電位を E_2°，陽極の電位を E_1，陰極の電位を E_2 とすると，電池の電圧 (電極間電位差) ΔE は

$$\Delta E = E_1 - E_2 = E_1^\circ - \frac{RT}{nF}\ln\frac{[\mathrm{C}]}{[\mathrm{A}]} - \left(E_2^\circ - \frac{RT}{mF}\ln\frac{[\mathrm{B}]}{[\mathrm{D}]}\right)$$
$$= E_1^\circ - E_2^\circ - \frac{RT}{mnF}\ln\frac{[\mathrm{C}]^m[\mathrm{D}]^n}{[\mathrm{A}]^m[\mathrm{B}]^n}$$

と表されることになる．ここで2つの電極反応から合成される全体の酸化還元反応は

$$m\,\mathrm{A} + n\,\mathrm{B} \rightleftarrows m\,\mathrm{C} + n\,\mathrm{D}$$

であり，この反応に関与する電子の数は mn モルである．$E_1^\circ - E_2^\circ$ は電池反応に関わる2つの電極反応の標準電極電位の差であり，一般に**標準電極電位差** ΔE° とよばれる．また，対数項を構成する $\frac{[\mathrm{C}]^m[\mathrm{D}]^n}{[\mathrm{A}]^m[\mathrm{B}]^n}$ は全体の酸化還元反応に関する平衡定数の定義式と同じになっている．すなわち，このことから類推されるように，一般式

$$a\,\mathrm{A} + b\,\mathrm{B} \rightleftarrows c\,\mathrm{C} + d\,\mathrm{D}$$

で示される電池反応からなる電池の電圧 ΔE は，

$$\Delta E = \Delta E^\circ - \frac{RT}{nF}\ln\frac{[\mathrm{C}]^c[\mathrm{D}]^d}{[\mathrm{A}]^a[\mathrm{B}]^b} = \Delta E^\circ - \frac{0.0591}{n}\log\frac{[\mathrm{C}]^c[\mathrm{D}]^d}{[\mathrm{A}]^a[\mathrm{B}]^b}\ (25^\circ\mathrm{C})$$

と表される．この式を電池に関するネルンスト式という．ここで ΔE° は電池の標準電極電位差，n は電池反応に関わる電子のモル数である．

たとえば，図6.2のダニエル電池に関するネルンスト式は

$$\Delta E = \Delta E^\circ - \frac{RT}{2F}\ln\frac{[\mathrm{Zn}^{2+}]}{[\mathrm{Cu}^{2+}]} = \Delta E^\circ - \frac{0.0591}{2}\log\frac{[\mathrm{Zn}^{2+}]}{[\mathrm{Cu}^{2+}]}\ (25^\circ\mathrm{C})$$

$$\Delta E^\circ = E_{\mathrm{Cu}}^\circ - E_{\mathrm{Zn}}^\circ = 1.10\,\mathrm{V}$$

となる．ここで E_{Cu}°，E_{Zn}° はそれぞれ銅と亜鉛の標準電極電位である．

金属のイオン化傾向と標準電極電位　金属元素は K > Ca > Na > Mg > Al > Zn > Fe > Ni > Sn > Pb > H > Cu > Hg > Ag > Pt > Au の順にイオンになりやすく，この順序は金属のイオン化傾向として知られている．イオン化傾向は，金属Mの

$$M^{n+} + n\,e^- \rightleftarrows M$$

の反応における標準電極電位の順序と一致していて，標準電極電位が低いほどイオン化傾向は大きくなる．なぜなら，金属イオンの還元反応は標準電極電位が高いほど起こりやすい，言い換えれば標準電極電位が低いほど単体金属は酸化されてイオンになりやすいからである．

金属のイオン化傾向といいながら，その中に非金属である水素が含まれているのは，水素の標準電極電位が0Vで，すべての電位の基準となっているからである．

(6)　電池の電圧と平衡定数

電池の反応が進むと，最終的には見かけ上反応が停止して，電流が流れなくなり電圧(電位差)がゼロとなる．このとき，電池反応は平衡に達している．したがって，一般的な電池反応

$$a\,A + b\,B \rightleftarrows c\,C + d\,D$$

が平衡に到達したときの電池の電圧 ΔE に関するネルンスト式は，

$$\Delta E = \Delta E^\circ - \frac{RT}{nF}\ln\frac{[C]^c[D]^d}{[A]^a[B]^b} = \Delta E^\circ - \frac{0.0591}{n}\log\frac{[C]^c[D]^d}{[A]^a[B]^b} = 0\ (25℃)$$

となる．ここで，$\dfrac{[C]^c[D]^d}{[A]^a[B]^b}$ の値は平衡定数 K に等しいから，

$$\Delta E^\circ - \frac{RT}{nF}\ln K = \Delta E^\circ - \frac{0.0591}{n}\log K = 0\ (25℃)$$

と表される．すなわち，

$$\ln K = \frac{nF\Delta E^\circ}{RT}, \qquad \log K = \frac{n\Delta E^\circ}{0.0591}\ (25℃)$$

となる．

6.2 反応の速さ

6.2.1 反応速度

反応速度は，単純には単位時間あたりの生成物の濃度増加量あるいは反応物の濃度減少量と定義できる．たとえばオゾンの分解反応

$$O_3(g) \longrightarrow O_2(g) + O(g)$$

では $\dfrac{d[O_2]}{dt}$，$\dfrac{d[O]}{dt}$，$-\dfrac{d[O_3]}{dt}$ と表される (反応速度は一般に正の値として定義されるので，反応物の減少速度として表すときには負号をつける)．したがって，この場合はどの物質に着目した場合も**反応速度**は同じ値となる．しかし，アンモニアの生成反応

$$N_2(g) + 3H_2(g) \longrightarrow 2NH_3(g)$$

の場合には

$$\frac{d[NH_3]}{dt} = -\frac{d[N_2]}{dt} \times 2 = -\frac{d[H_2]}{dt} \times \frac{2}{3}$$

となって，着目する物質によって反応速度の値が違うことになる．このため化学反応式

$$a\,A + b\,B \longrightarrow c\,C + d\,D$$

に関する反応速度は一般的に，生成物の増加速度あるいは反応物の減少速度を化学反応式の係数で割ったものと定義される．すると，それらの値は次のように

$$(\text{反応速度}) = \frac{1}{c}\frac{d[C]}{dt} = \frac{1}{d}\frac{d[D]}{dt} = -\frac{1}{a}\frac{d[A]}{dt} = -\frac{1}{b}\frac{d[B]}{dt}$$

となって，どの物質に着目した場合でも反応速度は同じになる．

6.2.2　反応速度式と反応次数

化学反応

$$a\,A + b\,B \longrightarrow c\,C + d\,D$$

の反応速度が反応物の濃度にどのように依存しているかを表した式を**反応速度式**といい，通常は次のように表される．

$$(\text{反応速度}) = k[A]^m[B]^n$$

ここで k は**速度定数**とよばれ，この化学反応とその反応温度に固有の比例定数である．m と n はそれぞれ A と B に関する反応次数とよばれ，反応速度に対する A と B の濃度の影響の度合を表す．m と n の和は化学反応全体の**反応次数**を表す．後述する理由から m と n の値は一般には化学反応式の係数 a, b とは一致しない．

(1)　微分速度式と積分速度式

前述のように反応速度を

$$(\text{反応速度}) = \frac{1}{c}\frac{d[C]}{dt} = \frac{1}{d}\frac{d[D]}{dt} = -\frac{1}{a}\frac{d[A]}{dt} = -\frac{1}{b}\frac{d[B]}{dt} = k[A]^m[B]^n$$

と表した式を**微分速度式**という．これに対して微分速度式を積分して得られる速度式を**積分速度式**という．これは微分速度式に 1 種類の分子のみが関わるときに得られる．

1 次反応の積分速度式

五酸化二窒素の分解反応

$$N_2O_5 \longrightarrow 2NO_2 + \frac{1}{2}O_2$$

の微分速度式は N_2O_5 について 1 次であって

$$-\frac{d[N_2O_5]}{dt} = k[N_2O_5]$$

と表される．これを積分すると

$$\frac{d[N_2O_5]}{[N_2O_5]} = -k\,dt$$

$$\int_{[N_2O_5]_0}^{[N_2O_5]} \frac{d[N_2O_5]}{[N_2O_5]} = \int_0^t -k\,dt$$

$$\ln\frac{[N_2O_5]}{[N_2O_5]_0} = -kt$$

$$[N_2O_5] = [N_2O_5]_0 e^{-kt}$$

となる．ここで $[N_2O_5]_0$ は，$t = 0$ における N_2O_5 の濃度である．

放射性崩壊

一次反応の微分速度式，積分速度式が適用されるもっとも典型的な例の 1 つは，**放射性同位体**の崩壊反応である．たとえば ^{14}C は，β^- 崩壊して，原子核内の中性子から β^- 線 (陰電子線) を放出し ^{14}N となる．このとき電子を放出した中性子は陽子に変わる．

$$^{14}C \longrightarrow {}^{14}N + \beta^-$$

このとき，微分速度式は

$$-\frac{d[^{14}C]}{dt} = \lambda[^{14}C]$$

と表される．**放射性崩壊**の速度式では多くの場合，速度定数として k の代わりに λ が用いられ，一般に**崩壊定数**あるいは**壊変定数**とよばれるが，これらの意味するところは同じである．一方，積分速度式は

$$[^{14}C] = [^{14}C]_0 e^{-\lambda t}$$

あるいは

$$\log[^{14}C] = \log[^{14}C]_0 - \lambda t \log e$$

となって，濃度の時間変化は図 6.4 のように表される．

放射性崩壊を議論するときには，たびたび**半減期** ($T_{1/2}$) という値が用いられる．これは現存する放射性同位体の濃度や量が放射性崩壊によって半減するのに要する時間のことで，

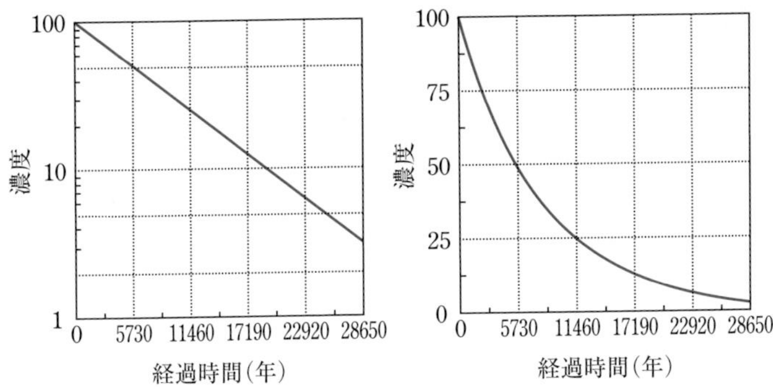

図 6.4 放射性崩壊による ^{14}C 炭素濃度の時間変化

縦軸は ^{14}C の初期濃度を 100 とする相対的な値を示している．左図の縦軸は対数目盛となっている．横軸は ^{14}C の半減期である 5730 年を単位として目盛りを刻んでいる．

$$\frac{[^{14}\mathrm{C}]}{[^{14}\mathrm{C}]_0} = \frac{1}{2} = \mathrm{e}^{-\lambda T_{1/2}}$$

$$T_{1/2} = \frac{\ln 2}{\lambda} = \frac{0.693}{\lambda}$$

と表される．^{14}C の場合，λ は $1.209 \times 10^{-4}\,\mathrm{y}^{-1}$，半減期は 5730 年となる．

放射性崩壊　放射性崩壊には α 崩壊，β 崩壊，γ 崩壊の 3 つがあり，どれも 1 次反応の微分速度式，積分速度式が適用される．α 崩壊では原子核からヘリウム $^{4}_{2}\mathrm{He}$ の原子核と同じ粒子が放出される．β 崩壊には，β^- 崩壊と β^+ 崩壊があり，それぞれ原子核内の中性子から陰電子が，陽子から陽電子が放出される．また，軌道電子を原子核内に捕獲して核内の陽子が中性子に変わる軌道電子捕獲も β 崩壊の 1 つである．γ 崩壊は励起状態にある原子核から電磁波が放出されるもので，核異性体転移ともよばれる．

例題 6.4　^{32}P は半減期 14.3 日で β^- 崩壊する．^{32}P を 60 日間保管したとすると，現在量の何 % に減少するか．

【解答】

^{32}P は 14.3 日ごとに $\frac{1}{2}$ に減少する．したがって，60 日後には

$$\left(\frac{1}{2}\right)^{\frac{60}{14.3}} \times 100 = 5.46\,\%$$

に減少する．

2 次反応の積分速度式

二酸化窒素の分解反応

$$2NO_2(g) \longrightarrow 2NO(g) + O_2(g)$$

の微分速度式は NO_2 について二次であって

$$-\frac{d[NO_2]}{dt} = k[NO_2]^2$$

と表される．これを積分すると

$$-\frac{d[NO_2]}{[NO_2]^2} = k\,dt$$

$$\int_{[NO_2]_0}^{[NO_2]} -\frac{d[NO_2]}{[NO_2]^2} = \int_0^t k\,dt$$

$$\frac{1}{[NO_2]} = kt + \frac{1}{[NO_2]_0}$$

となる．

6.2.3 反応機構

(1) 素反応

化学反応式の係数と微分速度式の次数は一般には一致しない．これは化学反応式で表された反応は，通常は1段階によるものではなく，何段階かの反応が集まってのものだからである．特に多数の分子が関与する化学反応では，このことがいえる．4分子以上が関わる反応が1段階で起こることはほとんどない．

反応物から生成物ができる一連の過程を表したものを**反応機構**という．これを構成するそれぞれの単位反応は**素反応**とよばれる．素反応を構成する分子の数はせいぜい3分子までである．

素反応の反応次数は，その素反応の化学反応式の係数と一致している．したがって，素反応は反応に関わる分子の種類と数によって6つに分類され，それぞれに対応する反応速度式は次のように表される．

1種類1分子反応	A $\longrightarrow$ 生成物	(反応速度)$= k[A]$
1種類2分子反応	2A $\longrightarrow$ 生成物	(反応速度)$= k[A]^2$
1種類3分子反応	3A $\longrightarrow$ 生成物	(反応速度)$= k[A]^3$
2種類2分子反応	A+B $\longrightarrow$ 生成物	(反応速度)$= k[A][B]$
2種類3分子反応	2A+B $\longrightarrow$ 生成物	(反応速度)$= k[A]^2[B]$
3種類3分子反応	A+B+C $\longrightarrow$ 生成物	(反応速度)$= k[A][B][C]$

(2) 反応機構と反応速度式

反応機構を構成するいくつかの素反応の中でもっとも遅い反応を**律速段階**という．この反応の速度が全体の反応速度を支配し，律速段階が全体の反応の中でどの位置にあるかによって，反応速度式の形態が異なる．

1 つの素反応のみによって構成される反応

この反応は，全体の化学反応式それ自体が素反応である．ヨウ化水素の生成反応

$$\mathrm{H_2 + I_2 \longrightarrow 2HI}$$

がその例である．したがって，この反応速度式は

$$-\frac{\mathrm{d[H_2]}}{\mathrm{d}t} = k\mathrm{[H_2][I_2]}$$

となる．

最初の素反応が律速段階にある反応

二酸化窒素と一酸化炭素の反応

$$\mathrm{NO_2 + CO \longrightarrow NO + CO_2}$$

の反応機構は次のようである．

$$\mathrm{NO_2 + NO_2 \longrightarrow NO_3 + NO} \qquad (\text{律速段階；}k_1)$$

$$\mathrm{NO_3 + CO \longrightarrow NO_2 + CO_2} \qquad (\text{速い反応；}k_2)$$

1 段階目の反応が律速であるので，NO_3 と NO の生成はゆっくりである．しかし，この反応で生成した中間体の NO_3 は，それが生成するとすぐさま CO と反応して CO_2 を生成する．したがって，最終生成物の CO_2 の生成速度は，1 段階目の反応で生成する NO_3 の生成速度と等しいことになる．NO_3 の生成速度は素反応である 1 段階目の反応の速度式で記述されるから，CO_2 の生成速度は

$$\frac{\mathrm{d[CO_2]}}{\mathrm{d}t} = \frac{\mathrm{d[NO_3]}}{\mathrm{d}t} = k_1\mathrm{[NO_2]}^2$$

となる．実験的に求められた速度式も同じ形態にあり，

$$\frac{\mathrm{d[CO_2]}}{\mathrm{d}t} = k\mathrm{[NO_2]}^2$$

となることが示されている．したがって，1 段階目の素反応の速度定数 k_1 が全体の反応の速度定数 k に相当する．

2 段階目以降の素反応が律速段階にある反応

一酸化窒素と水素の反応

$$\mathrm{2NO + 2H_2 \longrightarrow N_2 + 2H_2O}$$

の反応機構は次のようである．

$$2NO \rightleftarrows N_2O_2 \qquad \text{(速い反応；可逆)}$$

$$N_2O_2 + H_2 \longrightarrow N_2O + H_2O \qquad \text{(律速段階；}k_2\text{)}$$

$$N_2O + H_2 \longrightarrow N_2 + H_2O \qquad \text{(速い；}k_3\text{)}$$

この反応では1段階目の正反応と逆反応がともに速く，2段階目の反応が遅い．このため1段階目の正反応で生成したN_2O_2は2段階目の反応に利用される前に，1段階目の逆反応に使われるようになり，1段階目の反応は擬似的な(準安定な)平衡状態に陥る．したがって，その平衡定数をKとすると

$$K = \frac{[N_2O_2]}{[NO]^2}$$

が成立することになる．2段階目の反応でN_2Oが生成すると，それはすぐさまH_2と反応してN_2を生じるので，N_2の生成速度は2段階目の反応でのN_2Oの生成速度と等しくなる．

$$\frac{d[N_2]}{dt} = \frac{d[N_2O]}{dt}$$

また，N_2Oの生成速度は2段階目の反応が素反応であることから

$$\frac{d[N_2O]}{dt} = k_2[N_2O_2][H_2]$$

と表されるので，

$$\frac{d[N_2]}{dt} = \frac{d[N_2O]}{dt} = k_2[N_2O_2][H_2] = k_2K[NO]^2[H_2]$$

となる．

定常状態近似法

反応機構のどの段階もほぼ同じような速さで進行する場合もある．このような場合には，**定常状態近似法**が適用される．

次の反応

$$A + B \longrightarrow D + E + F$$

の反応機構が

$$A + B \rightleftarrows C + D \qquad \text{(正反応：}k_1\text{；逆反応：}k_{-1}\text{)} \tag{6.14}$$

$$C \longrightarrow E + F \qquad (k_2) \tag{6.15}$$

だとする．このとき定常状態近似法では，ある程度反応時間が経過した後には，中間体Cの濃度が定常状態になる，すなわちその濃度がほぼ一定になると仮定する．それゆえ，中間体Cの生成速度と消滅速度は

$$(\text{C の生成速度}) = (\text{C の消滅速度})$$

となる．ここで，

$$(\text{C の生成速度}) = k_1[\mathrm{A}][\mathrm{B}]$$

$$(\text{C の消滅速度}) = k_{-1}[\mathrm{C}][\mathrm{D}] + k_2[\mathrm{C}]$$

だから

$$k_1[\mathrm{A}][\mathrm{B}] = k_{-1}[\mathrm{C}][\mathrm{D}] + k_2[\mathrm{C}]$$

$$[\mathrm{C}] = \frac{k_1[\mathrm{A}][\mathrm{B}]}{k_{-1}[\mathrm{D}] + k_2}$$

となる．E の生成速度は

$$\frac{\mathrm{d}[\mathrm{E}]}{\mathrm{d}t} = k_2[\mathrm{C}]$$

なので，

$$\frac{\mathrm{d}[\mathrm{E}]}{\mathrm{d}t} = k_2\frac{k_1[\mathrm{A}][\mathrm{B}]}{k_{-1}[\mathrm{D}] + k_2} = \frac{k_1k_2[\mathrm{A}][\mathrm{B}]}{k_{-1}[\mathrm{D}] + k_2} \tag{6.16}$$

となる．こうして，E の一般的な生成速度式が得られる．(6.16) 式の分母に着目すると，この式は 2 つの状態に分けて考えることができる．1 つは $k_{-1}[\mathrm{D}] \ll k_2$ すなわち $k_{-1}[\mathrm{C}][\mathrm{D}] \ll k_2[\mathrm{C}]$ のときであって，反応 (6.15) の正反応の速度が反応 (6.14) の逆反応の速度よりもとても速いときである．これは生成した中間体 C は反応 (6.15) の正反応によって速やかに E と F を生成し，反応 (6.14) の逆反応によって反応物 A と B に戻ることはない状況を示している．すなわち，1 段階目の反応 (6.14) が反応機構の中で律速段階となっている．このとき，(6.16) 式は

$$\frac{\mathrm{d}[\mathrm{E}]}{\mathrm{d}t} = k_1[\mathrm{A}][\mathrm{B}]$$

となり，反応速度式もこのことに一致している．

もう 1 つの場合は，$k_{-1}[\mathrm{D}] \gg k_2$ すなわち $k_{-1}[\mathrm{C}][\mathrm{D}] \gg k_2[\mathrm{C}]$ のときである．このときは，反応 (6.14) の逆反応の速度が反応 (6.15) の正反応の速度よりもとても速い．したがって，生成した中間体 C は反応 (6.14) の逆反応によって速やかに反応物 A と B に戻ってしまうので，反応 (6.14) が擬似的な平衡に陥ることになる．それゆえ，反応機構の律速段階は反応 (6.15) となる．(6.16) 式もこのことを示すように

$$\frac{\mathrm{d}[\mathrm{E}]}{\mathrm{d}t} = \frac{k_1k_2[\mathrm{A}][\mathrm{B}]}{k_{-1}[\mathrm{D}]}$$

と変化する．

例題 6.5　N_2O_5 の分解反応　$2N_2O_5 \longrightarrow 4NO_2 + O_2$ の反応機構は，

$N_2O_5 \rightleftarrows NO_2 + NO_3$　　(正反応：k_1；逆反応：k_{-1})

$NO_3 + NO_2 \longrightarrow NO + NO_2 + O_2$　　(k_2)

$NO_3 + NO \longrightarrow 2NO_2$　　(k_3)

であるとされる．定常状態近似法を適用して，O_2 の生成速度を表す式を求めよ．

【解答】

中間体である NO_3 に定常状態近似法を適用すると，

$$k_1[N_2O_5] = k_{-1}[NO_2][NO_3] + k_2[NO_3][NO_2] + k_3[NO_3][NO] \tag{6.17}$$

となる．もう1つの中間体 NO にも定常状態近似法を適用すると，

$$k_2[NO_3][NO_2] = k_3[NO_3][NO] \tag{6.18}$$

となる．O_2 の生成速度は

$$\frac{d[O_2]}{dt} = k_2[NO_3][NO_2]$$

と表される．(6.17) 式，(6.18) 式から

$$[NO_3] = \frac{k_1[N_2O_5]}{k_{-1}[NO_2] + k_2[NO_2] + k_3[NO]}$$

$$= \frac{k_1[N_2O_5]}{k_{-1}[NO_2] + k_2[NO_2] + k_3\dfrac{k_2[NO_2]}{k_3}}$$

$$= \frac{k_1[N_2O_5]}{k_{-1}[NO_2] + 2k_2[NO_2]}$$

となるので，

$$\frac{d[O_2]}{dt} = \frac{k_1k_2[N_2O_5][NO_2]}{k_{-1}[NO_2] + 2k_2[NO_2]} = \frac{k_1k_2[N_2O_5]}{k_{-1} + 2k_2}$$

と求められる．

6.2.4　反応速度定数と平衡定数

前述した一酸化窒素と水素の反応における1段階目の反応，

正反応　$2NO \longrightarrow N_2O_2$　　速度定数：k_1　　$\dfrac{d[N_2O_2]}{dt} = k_1[NO]^2$

逆反応　$N_2O_2 \longrightarrow 2NO$　　速度定数：k_{-1}　　$-\dfrac{d[N_2O_2]}{dt} = k_{-1}[N_2O_2]$

を例に，速度定数と平衡定数の関係について考える．平衡状態では正反応と逆反応の速度が等しいから

$$k_1[\mathrm{NO}]^2 = k_{-1}[\mathrm{N_2O_2}]$$

$$\frac{k_1}{k_{-1}} = \frac{[\mathrm{N_2O_2}]}{[\mathrm{NO}]^2}$$

となる．ここで右辺の値はこの反応の平衡定数に等しいから，

$$K = \frac{k_1}{k_{-1}}$$

となって，平衡定数は正反応と逆反応の速度定数の比に等しいことがわかる．

6.2.5 反応の生起

反応が起こるにはいくつかの条件が満たされなくてはならない．このことが反応速度に影響する．2 分子間の反応を例にとれば，まずはそれら 2 分子が衝突する (反応が起こるに必要な限界距離内に近づく) ことが求められる．しかし，2 分子がどのような方向から衝突したとしても反応が起こるというわけではない．反応が起こるに適した方向で衝突しなくてはならない．これらに加えて，2 分子がある程度以上のエネルギーを持っておくことが必要である．これらの 3 つの要件が満たされてはじめて反応が起こる．

(1) 分子の衝突

気体の分子運動論によれば，1 個の分子が他の分子と単位時間内に衝突する頻度は

$$\pi r^2 \overline{v} n$$

と表される．ここで r は衝突時の 2 分子間の距離 (衝突直径；分子の直径程度の大きさ)，$\overline{v}$ は分子の相対的平均速度，n は分子の濃度 (単位体積中に存在する分子数) である．この式をもとに A 分子と B 分子が衝突する場合を考える．A 分子，B 分子の濃度をそれぞれ $n_{\mathrm{A}}, n_{\mathrm{B}}$ とすると 1 個の A 分子が B 分子と単位時間に衝突する回数は $\pi r^2 \overline{v} n_{\mathrm{B}}$ となるので，A 分子と B 分子の全衝突回数は

$$\pi r^2 \overline{v} n_{\mathrm{A}} n_{\mathrm{B}}$$

となる．

(2) 立体因子

2 原子分子 AB (Ⓐ－Ⓑ) と 1 原子分子 C (Ⓒ) が反応して 1 原子分子 A(Ⓐ) と 2 原子分子 BC (Ⓑ－Ⓒ) が生成する反応

$$\mathrm{AB} + \mathrm{C} \longrightarrow \mathrm{A} + \mathrm{BC}$$

があるとする．この場合，AB 分子と C 分子が

Ⓐ－Ⓑ ---> Ⓒ

の方向で衝突するなら反応が起こるが，

Ⓑ－Ⓐ ---> Ⓒ

の方向で衝突しても反応は起こらない．

このような分子衝突の方向性を考慮した反応性因子を立体因子という．これは2分子あるいは3分子の衝突が起こる全頻度に対する，反応が起こるに適した方向性を持った衝突の頻度の割合を示す係数である．

(3)　活性化エネルギー

適切な方向性をもって2分子が衝突しても，必ずしも反応が起こるわけではない．2分子が持つエネルギーの総和がある値以上でないと反応は起こらない．このエネルギーを**活性化エネルギー** (E_a) とよぶ．

前述の反応

$$AB + C \longrightarrow A + BC$$

を例にとると，AB分子とC分子は遠く離れた状態 (Ⓐ－Ⓑ＋Ⓒ) から両分子が衝突し，不可分の活性錯合体 (Ⓐ---Ⓑ---Ⓒ) の形成を経て，A分子とBC分子 (Ⓐ＋Ⓑ－Ⓒ) に分かれて生成物となる．このような状態変化を横軸にとり，そのときの2分子の位置エネルギーを縦軸にとると，図6.5のようになる．図中のエネルギー差 E_a が上式の反応における活性化エネルギーである．2分子の持つエネルギーの総和がこの値を超えないと反応は起こらない．

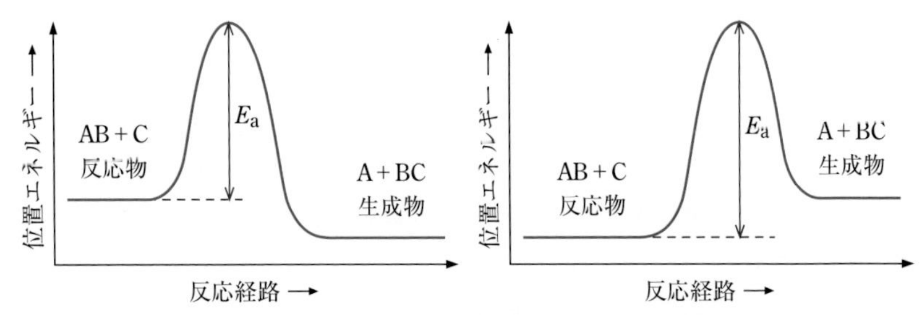

図6.5　活性化エネルギー
反応物と生成物のエネルギーの大小によって，2つの場合がある．

多くの2分子反応では，反応温度が10℃上がると反応速度が1.5～5倍に増加するといわれる．これは温度の上昇によって，分子の持つエネルギーが増大し，活性化エネルギーを上回るエネルギーを持った分子が増加するからである．

6.2.6　アレニウスの式

(1)　理論的反応速度

立体因子と活性化エネルギーを考慮した分子AとBによる気相2分子反応の理論的な速度式は，

$$p\left(\frac{8\pi\alpha T}{\mu}\right)^{\frac{1}{2}} r^2 \mathrm{e}^{-E_\mathrm{a}/RT} n_\mathrm{A} n_\mathrm{B}$$

と表される．ここで，p は立体因子，α はボルツマン定数*，T は絶対温度，μ は分子 A と B の換算質量である．μ は，分子 A，B それぞれの質量 m_A，m_B を用いて次のように表される．

$$\mu = \frac{m_\mathrm{A} m_\mathrm{B}}{m_\mathrm{A} + m_\mathrm{B}}$$

立体因子 p は，簡単な構造の 2 分子の反応では 0.1 程度であるが，複雑な 2 分子では 10^{-5} 程度の小さな値になることもある．

(2)　アレニウスの式

反応速度論からは 2 分子の素反応の反応速度は $kn_\mathrm{A}n_\mathrm{B}$ と表されるから上述の理論式との関係は

$$kn_\mathrm{A}n_\mathrm{B} = p\left(\frac{8\pi\alpha T}{\mu}\right)^{\frac{1}{2}} r^2 \mathrm{e}^{-E_\mathrm{a}/RT} n_\mathrm{A} n_\mathrm{B}$$

$$k = p\left(\frac{8\pi\alpha T}{\mu}\right)^{\frac{1}{2}} r^2 \mathrm{e}^{-E_\mathrm{a}/RT}$$

となる．$p\left(\frac{8\pi\alpha T}{\mu}\right)^{\frac{1}{2}} r^2$ の部分は T を除けばある決まった反応について定数となる．このため $p\left(\frac{8\pi\alpha T}{\mu}\right)^{\frac{1}{2}} r^2$ の部分の変化は，$\mathrm{e}^{-E_\mathrm{a}/RT}$ の部分の変化に比べてほんのわずかであるので，$p\left(\frac{8\pi\alpha T}{\mu}\right)^{\frac{1}{2}} r^2$ を定数とみなしても構わない．たとえば 250 K から 350 K の温度上昇で $T^{1/2}$ は 15.8 から 17.3 へとわずか 1.10 倍になるだけであるが，$\mathrm{e}^{-E_\mathrm{a}/RT}$ は表 6.3 に示す $N_2O_5 \longrightarrow NO_2 + NO_3$ の反応を例にとれば 8.51×10^{-21} から 4.63×10^{-15} へと大きく変化する．そこで $p\left(\frac{8\pi\alpha T}{\mu}\right)^{\frac{1}{2}} r^2 = A$ とおくと，

$$k = A\mathrm{e}^{-E_\mathrm{a}/RT}$$

$$\ln k = -\frac{E_\mathrm{a}}{RT} + \ln A \tag{6.19}$$

---

* **ボルツマン定数**　気体定数 (R) をアボガドロ定数 (N_A) で除した値．

$$\alpha = \frac{R}{N_\mathrm{A}}$$

第 2 章で示したように通常は k_B の記号が用いられるが，ここでは反応速度定数との混同を避けるために α を用いた．

表 6.3 気相反応の活性化エネルギー

反応	E_a (kJ mol^{-1})
$N_2O_5 \longrightarrow NO_2+NO_3$	96
$C_2H_6 \longrightarrow 2CH_3$	368
$N_2O \longrightarrow N_2+O$	251
$H+Cl_2 \longrightarrow HCl+Cl$	22
$CO+O_2 \longrightarrow CO_2+O$	213
$O_3+NO \longrightarrow NO_2+O_2$	10

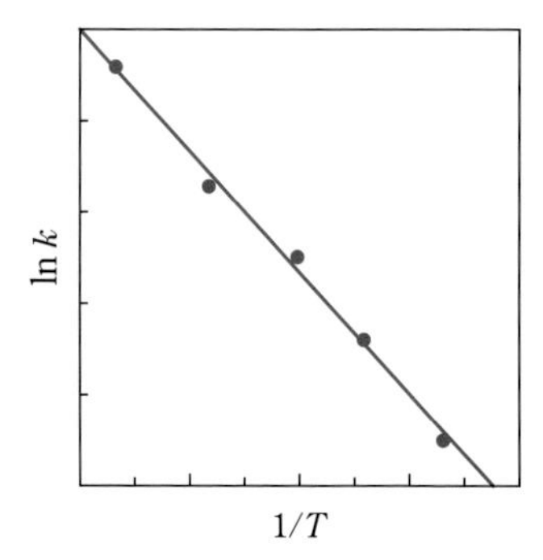

図 6.6 アレニウスプロット

の式が得られる．これは速度定数 k と活性化エネルギー E_a についての関係を表した**アレニウス** (Arrhenius) **の式**として知られ，ここで A は**頻度因子**とよばれる．

この式から，さまざまな温度で速度定数を測定し，縦軸に $\ln k$ を横軸に $1/T$ をとって作図すると，図 6.6 のような直線になることがわかる (アレニウスプロットとよばれる)．したがって，この直線の傾きから活性化エネルギー E_a が，縦軸切片から頻度因子 A が実験的に求められる．また，E_a と A がわかっているなら，任意の温度での速度定数が求められることにもなる．

6.2.7 触媒反応

反応系の中に**触媒**が存在すると反応速度が増大する．触媒とは，それ自身は反応によって変化することはないが化学反応の速度を高める働きを持つ物質のことである．たとえば，過酸化水素の分解反応

$$2H_2O_2 \longrightarrow 2H_2O + O_2$$

は二酸化マンガン MnO_2 の粉末や塩化鉄 $FeCl_3$ の水溶液の添加によって，反応速度が高まる．これは，触媒の存在によって (6.19) のアレニウスの式の頻度因子 A が大きくなる，あるいは活性化エネルギー E_a が小さくなるためである．

触媒反応の代表的な例が**酵素反応**である．酵素はたんぱく質を構成成分とする高分子物質であり，生体反応の触媒として働く．表 6.4 にいくつかの酵素とその作用を示す．たとえば，ヒトのだ液の中に含まれるアミラーゼは，でんぷんからグルコースへの分解反応を触媒する．酵素反応の最も簡単な反応機構は次のようであると考えられている．

$$E + S \rightleftarrows ES\,(\text{速い反応；可逆；正反応：}k_1\text{；逆反応：}k_{-1})$$

$$ES \longrightarrow E + P\,(\text{律速段階；速度定数：}k_2)$$

酵素反応での反応物は基質 (S) とよばれ，これが酵素 (E) と反応して酵素基質複合体

(ES) を生成する．この反応は速い反応であって可逆である．生成した ES はゆっくりとした反応によって S を生成物 (P) に変え，E が ES から外れる．この E は再び S と ES を生成し，酵素反応による P の生成が繰り返される．

酵素基質複合体の濃度が定常状態にあるとみなすと，

$$\frac{\mathrm{d[ES]}}{\mathrm{d}t} = k_1[\mathrm{E}][\mathrm{S}] - k_{-1}[\mathrm{ES}] - k_2[\mathrm{ES}] = 0$$

$$[\mathrm{ES}] = \frac{k_1[\mathrm{E}][\mathrm{S}]}{k_{-1} + k_2} = \frac{[\mathrm{E}][\mathrm{S}]}{K_\mathrm{m}}$$

となる．ただし，$K_\mathrm{m} = (k_{-1} + k_2)/k_1$ である．2 段階目の反応が律速段階なので，P の生成速度 $\frac{\mathrm{d[P]}}{\mathrm{d}t}$ は

$$\frac{\mathrm{d[P]}}{\mathrm{d}t} = k_2[\mathrm{ES}]$$

となる．反応系において通常，酵素の全濃度 $[\mathrm{E}]_\mathrm{T}$ は一定だから，

表 6.4　酵素

酵　素	作　用
アミラーゼ	でんぷん ⟶ グルコース・マルトース
マルターゼ	マルトース ⟶ グルコース
ラクターゼ	ラクトース ⟶ グルコース・ガラクトース
ペプシン	たんぱく質 ⟶ プロテオース・ペプトン
カタラーゼ	過酸化水素 ⟶ 酸素・水

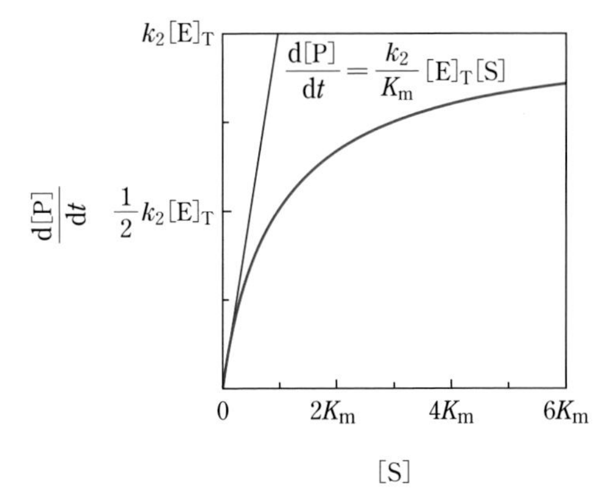

図 6.7　酵素反応の反応速度

青色の直線は $\frac{\mathrm{d[P]}}{\mathrm{d}t} = \frac{k_2}{K_\mathrm{m}}[\mathrm{E}]_\mathrm{T}[\mathrm{S}]$ の値を示している．

$$[E]_T = [E] + [ES]$$

である．したがって，

$$[ES] = \frac{([E]_T - [ES])[S]}{K_m}$$

$$[ES] = \frac{[E]_T[S]}{K_m + [S]}$$

となるから，

$$\frac{d[P]}{dt} = \frac{k_2[E]_T[S]}{K_m + [S]} \tag{6.20}$$

と表される．この式が酵素反応の一般的な速度を表す式とされ，**ミハエリス-メンテン (Michaelis-Menten) の式**とよばれる．(6.20) 式からわかるように，$[S] \ll K_m$ のときには

$$\frac{d[P]}{dt} = \frac{k_2}{K_m}[E]_T[S]$$

となって，P の生成速度は基質の濃度に比例する．しかし，$[S] \gg K_m$ となると

$$\frac{d[P]}{dt} = k_2[E]_T$$

となって，基質濃度に関係なく P の生成速度は一定となる．したがって，酵素反応の速度 $\frac{d[P]}{dt}$ は，基質濃度に応じて図 6.7 のように変化することになる．なお，K_m は**ミハエリス定数**とよばれている．

章末問題 6

6.1 次の反応における平衡定数はどのような式になるか．

(1) $2CO(g) + O_2(g) \rightleftharpoons 2CO_2(g)$

(2) $CaCO_3(s) + CO_2(g) + H_2O(l) \rightleftharpoons Ca^{2+}(aq) + 2HCO_3^-(aq)$

(3) $CaCO_3(s) \rightleftharpoons CaO(s) + CO_2(g)$

(4) $BaSO_4(s) \rightleftharpoons Ba^{2+}(aq) + SO_4^{2-}(aq)$

(5) $HCOOH(aq) \rightleftharpoons H^+(aq) + HCOO^-(aq)$

6.2 塩化銀，クロム酸銀，リン酸カルシウムなどの難溶性塩の水への溶解に関する平衡定数は溶解度積 (K_{sp}) とよばれ，次のように定義される．

$$AgCl(s) \rightleftharpoons Ag^+(aq) + Cl^-(aq) \quad K_{sp} = [Ag^+][Cl^-] = 2.8 \times 10^{-10}$$

$$Ag_2CrO_4(s) \rightleftharpoons 2Ag^+(aq) + CrO_4^{2-}(aq)$$

$$K_{sp} = [Ag^+]^2[CrO_4^{2-}] = 1.9 \times 10^{-12}$$

$$Ca_3(PO_4)_2(s) \rightleftharpoons 3Ca^{2+}(aq) + 2PO_4^{3-}(aq)$$

$$K_{sp} = [Ca^{2+}]^3[PO_4^{3-}]^2 = 1.3 \times 10^{-32}$$

それぞれの塩の水への溶解度はいくらになるか．3つの塩の中でもっとも溶解度が高いのはどれか．

6.3 次の水溶液①〜④の水素イオン濃度を求めよ．ただし，塩酸は完全解離し，酢酸と水の解離反応の平衡定数は次の通りとする．

$$CH_3COOH(aq) \rightleftarrows CH_3COO^-(aq) + H^+(aq) \qquad K_a = 1.7 \times 10^{-5}$$

$$H_2O(l) \rightleftarrows H^+(aq) + OH^-(aq) \qquad K_w = 1.0 \times 10^{-14}$$

① $2.0 \times 10^{-3}\,mol\,L^{-1}$ 塩酸水溶液

② $2.0 \times 10^{-7}\,mol\,L^{-1}$ 塩酸水溶液

③ $2.0 \times 10^{-1}\,mol\,L^{-1}$ 酢酸水溶液

④ $2.0 \times 10^{-3}\,mol\,L^{-1}$ 塩酸と $2.0 \times 10^{-1}\,mol\,L^{-1}$ 酢酸を含む水溶液

6.4 $2.0 \times 10^{-1}\,mol\,L^{-1}$ の Ag^+ 水溶液と銀板電極，$1.0 \times 10^{-2}\,mol\,L^{-1}$ の Cu^{2+} 水溶液と銅板電極からなる電池がある．これらの標準電極電位は次の通りである．

$$Ag^+ + e^- \rightleftarrows Ag \qquad E^\circ = 0.80\,V$$

$$Cu^{2+} + 2\,e^- \rightleftarrows Cu \qquad E^\circ = 0.34\,V$$

(1) この電池の正極はどちらか．

(2) 電池の電圧はいくらか．

(3) この電池で起こる自発的反応の式を書け．

(4) この反応の平衡定数はいくらか．

(5) 電池の電圧を 0.06 V 増加させるにはどうすればよいか．

6.5 $Fe^{3+} \longrightarrow Fe^{2+}$，$Ce^{4+} \longrightarrow Ce^{3+}$，$MnO_4{}^- \longrightarrow Mn^{2+}$ の電極反応と標準電極電位は次の通りである．

$$Fe^{3+} + e^- \rightleftarrows Fe^{2+} \qquad E^\circ_{Fe} = 0.77\,V$$

$$Ce^{4+} + e^- \rightleftarrows Ce^{3+} \qquad E^\circ_{Ce} = 1.74\,V$$

$$MnO_4{}^- + 8H^+ + 5\,e^- \rightleftarrows Mn^{2+} + 4H_2O \qquad E^\circ_{Mn} = 1.51\,V$$

(1) $0.1\,mol\,L^{-1}$ の Fe^{2+} 水溶液 20 mL に，$0.1\,mol\,L^{-1}$ の Ce^{4+} 水溶液 20 mL を加えた．この水溶液の電位はいくらになるか．

(2) 水素イオン濃度を $1\,mol\,L^{-1}$ に保ちながら $0.1\,mol\,L^{-1}$ の Fe^{2+} 水溶液 20 mL に，$0.02\,mol\,L^{-1}$ の $MnO_4{}^-$ 水溶液 20 mL を加えた．この水溶液の電位はいくらになるか．

(3) 上の (1)，(2) を参考にして，次の問に答えよ．次の2つの電極反応があり，

$$A + m\,e^- \rightleftarrows A' \qquad 標準電極電位：E^\circ_A\ [V]$$

$$\mathrm{B} + n\,\mathrm{e}^- \rightleftharpoons \mathrm{B}' \qquad \text{標準電極電位：} E^\circ_\mathrm{B}\ [\mathrm{V}]$$

$E^\circ_\mathrm{A} > E^\circ_\mathrm{B}$ である．$1/m\ \mathrm{mol\,L^{-1}}$ の A 水溶液 V mL に，$1/n\ \mathrm{mol\,L^{-1}}$ の B′ 水溶液 V mL を加えた．この溶液の電位はどのような式になるか，導け．

6.6 一酸化窒素と塩素から塩化ニトロシル NOCl が生成する反応は次の式で示される 3 次反応であるとされる．

$$2\mathrm{NO} + \mathrm{Cl_2} \longrightarrow 2\mathrm{NOCl}$$

一酸化窒素と塩素をある濃度に設定して反応させると，NO の 0.1 % が反応するのに 5 秒かかった．ただし，$\mathrm{Cl_2}$ の濃度はこの反応の前後でほとんど変化しなかった．

(1) $\mathrm{Cl_2}$ の濃度を 2 倍にすると，NO の 0.1 % が反応するのに何秒かかるか．

(2) NO の濃度を 2 倍にすると，NO の 0.1 % が反応するのに何秒かかるか．

6.7 五酸化二窒素の分解反応

$$\mathrm{N_2O_5} \longrightarrow 2\mathrm{NO_2} + \frac{1}{2}\mathrm{O_2}$$

の反応速度は $\mathrm{N_2O_5}$ について 1 次である．$\mathrm{N_2O_5}$ の濃度が反応開始時の $\frac{1}{8}$ になるのに 20 分かかった．この反応の速度式を表せ．

6.8 一酸化炭素と塩素からホスゲン $\mathrm{COCl_2}$ が生成する反応

$$\mathrm{CO} + \mathrm{Cl_2} \longrightarrow \mathrm{COCl_2}$$

の機構は次のようであるとされる．

$\mathrm{Cl_2} \rightleftharpoons 2\mathrm{Cl}$ (速い反応；可逆；平衡定数 K_1)

$\mathrm{Cl} + \mathrm{CO} \rightleftharpoons \mathrm{COCl}$ (速い反応；可逆；平衡定数 K_2)

$\mathrm{COCl} + \mathrm{Cl_2} \rightleftharpoons \mathrm{COCl_2} + \mathrm{Cl}$ (律速段階；速度定数 k)

$\mathrm{COCl_2}$ の生成速度はどのような式で表されるか．

6.9 反応 $\mathrm{CH_3} + \mathrm{CCl_4} \rightleftharpoons \mathrm{CH_3Cl} + \mathrm{CCl_3}$ の速度定数を温度を変えて測定した．その結果を下表に示した．

温度 (℃)	速度定数 ($\mathrm{mol\,L^{-1}\,s^{-1}}$)
92	4.59×10^2
102	8.28×10^2
112	1.34×10^3
122	1.69×10^3
132	2.52×10^3
142	4.40×10^3

(1) これらの値をもとにして，活性化エネルギー E_a と頻度因子 A の値を求めよ．

(2) 温度 110 ℃ の速度定数を求めよ．

6.10 (6.20) 式に示したミハエリス-メンテンの式に基づくと $\dfrac{\mathrm{d[P]}}{\mathrm{d}t}$ の最大値は $k_2[\mathrm{E}]_\mathrm{T}$ となる．

(1) $\dfrac{\mathrm{d[P]}}{\mathrm{d}t}$ が $\dfrac{1}{2}k_2[\mathrm{E}]_\mathrm{T}$，$\dfrac{2}{3}k_2[\mathrm{E}]_\mathrm{T}$，$\dfrac{3}{4}k_2[\mathrm{E}]_\mathrm{T}$ となるときの [S] の値はそれぞれいくらになるか．

(2) 酵素反応の機構を

$$\mathrm{E + S \rightleftarrows ES} \qquad (\text{速い反応；可逆；平衡定数：}K)$$

$$\mathrm{ES \longrightarrow E + P} \qquad (\text{律速段階；速度定数：}k)$$

としても，(6.20) 式と同様の式が導かれる．その式を導け．

略　　解

章末問題 1

1.1 陽子：92 個，電子：92 個，中性子：143 個

1.2 $\dfrac{10.53}{28.0855} = 0.3749\,\mathrm{mol}$，$0.3749 \times 6.022 \times 10^{23} = 2.258 \times 10^{23}$ 個

1.3 $\dfrac{0.35 \times 10^{-3}}{0.15 \times 10^{-9}} = 2.3 \times 10^{6}$ 個

1.4 $\dfrac{10!}{5!\,5!} \times \dfrac{10!}{5!\,5!} = 63504$ 通り

1.5 相対的な赤玉の存在比に対する，場合の数の相対比は，以下のグラフ．

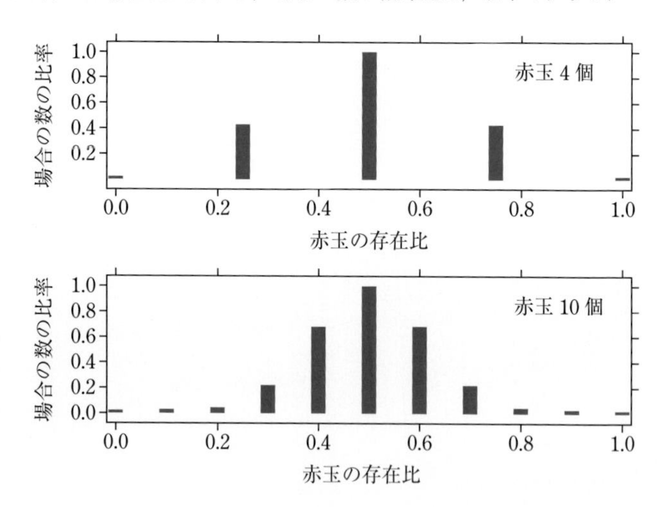

1.6 $W(N_1, N_2) = \dfrac{N!}{N_1!\,N_2!}$　$N_1 = X$ とおくと $W(X, N-X) = \dfrac{N!}{X!\,(N-X)!}$

証明：$\ln W(X, N-X)$ を X について微分して，極大値を持つとき $X = \dfrac{N}{2}$ である．

1.7 $W(N_1, N_2, \cdots, N_r) = \dfrac{N!}{N_1!\,N_2!\cdots N_r!}$

証明：

$$\begin{aligned}
&\ln W(N_1, N_2, \cdots, N_r)\\
&\quad = \ln N! - (N_1 \ln N_1 - N_1) - (N_2 \ln N_2 - N_2) - \cdots - (N_r \ln N_r - N_r)\\
&\quad = \ln N! - (N_1 \ln N_1 - N_1) - (N_2 \ln N_2 - N_2) - \cdots\\
&\qquad - (N - N_1 - N_2 - \cdots - N_{r-1}) \ln(N - N_1 - N_2 - \cdots - N_{r-1})\\
&\qquad + (N - N_1 - N_2 - \cdots - N_{r-1})
\end{aligned}$$

を N_i について微分して，極大値を持つとき $N_i = N_r$ である．

章末問題2

2.1 1) $\mathrm{IP} = -E_1 = \dfrac{me^4}{8{\varepsilon_0}^2 h^2} = 13.6\,[\mathrm{eV}]$

2) $\dfrac{1}{2}mv^2 = \dfrac{me^4}{8{\varepsilon_0}^2 h^2}$ より，$v = \dfrac{e^2}{2\varepsilon_0 h} = 2.1 \times 10^6\,[\mathrm{m\,s^{-1}}]$ なので，

$\dfrac{v}{c} \times 100 = 0.7\,\%$

2.2 クーロン力と遠心力のつり合いより $\dfrac{mv^2}{r} = \dfrac{Ze^2}{4\pi\varepsilon_0 r^2}$

量子条件より $2\pi rmv = nh$

したがって，

$$r_n = \frac{\varepsilon_0 h^2}{Ze^2 \pi m} n^2 = \frac{n^2}{Z} a_0$$

$$E_n = -\frac{e^2}{8\pi\varepsilon_0 r_n} = -\frac{Z^2 me^4}{8{\varepsilon_0}^2 h^2}\frac{1}{n^2}$$

2.3 $\dfrac{1}{2}mv^2 = \dfrac{h^2}{8ma^2}$ より，$v = \dfrac{h}{2ma}$ であるので，

1) $v = \dfrac{6.6 \times 10^{-34}}{2 \times 9.1 \times 10^{-31} \times 1.0 \times 10^{-9}} = 3.6 \times 10^5\,[\mathrm{m\,s^{-1}}]$

$t = \dfrac{1.0 \times 10^{-9}}{3.6 \times 10^5} = 2.8 \times 10^{-15}\,[\mathrm{s}] = 2.8\,[\mathrm{fs}]$

2) $v = \dfrac{6.6 \times 10^{-34}}{2 \times 0.025 \times 2.0} = 6.6 \times 10^{-33}\,[\mathrm{m\,s^{-1}}]$

$t = \dfrac{10^{-9}}{6.6 \times 10^{-33}} = 1.5 \times 10^{23}\,[\mathrm{s}] \approx 4.8 \times 10^{15}\,[\mathrm{year}]$

2.4 $N = 4$ では，$n = 2$ まで π 電子が存在するので，HOMO から LUMO への遷移

は $n = 2$ から $n = 3$ への遷移に対応する．したがって，

$$\Delta E = E_3 - E_2 = \frac{h^2}{8ma^2}(3^2 - 2^2) = 6.00\,[\mathrm{eV}]$$

$$\lambda = \frac{1240}{6.00} = 207\,[\mathrm{nm}]$$

2.5 $\psi(x, y) = X(x)Y(y)$ および $E = E_x + E_y$ とおくと，シュレーディンガー方程式は

$$\frac{1}{X(x)}\frac{\mathrm{d}^2}{\mathrm{d}x^2}X(x) + \frac{1}{Y(y)}\frac{\mathrm{d}^2}{\mathrm{d}y^2}Y(y) = -\frac{8\pi^2 m}{h^2}(E_x + E_y)$$

となるので，上式が恒等的に成立することから，以下のように1次元の式に帰着する．

$$\frac{\mathrm{d}^2}{\mathrm{d}x^2}X(x) = -\frac{8\pi^2 mE_x}{h^2}X(x)$$

$$\frac{\mathrm{d}^2}{\mathrm{d}y^2}Y(y) = -\frac{8\pi^2 mE_y}{h^2}Y(y)$$

これを解くと，

$$X(x) = \sqrt{\frac{2}{a}}\sin\left(\frac{n_x\pi}{a}x\right), \qquad E_x = \frac{h^2}{8ma^2}{n_x}^2$$

$$Y(y) = \sqrt{\frac{2}{a}}\sin\left(\frac{n_y\pi}{a}y\right), \qquad E_y = \frac{h^2}{8ma^2}{n_y}^2$$

したがって，

$$\psi(x, y) = \frac{2}{a}\sin\left(\frac{n_x\pi}{a}x\right)\sin\left(\frac{n_y\pi}{a}y\right), \qquad E = \frac{h^2}{8ma^2}({n_x}^2 + {n_y}^2)$$

となる．

2.6 2次元箱型ポテンシャルで表すと，ポルフィリンの π 電子は右図のようなエネルギー準位を示すので，HOMOは ${n_x}^2 + {n_y}^2 = 20$，LUMOは ${n_x}^2 + {n_y}^2 = 25$ の準位となる．したがって，

$$\Delta E = E_{25} - E_{20} = \frac{h^2}{8ma^2}(25 - 20)$$

$$= 1.88\,[\mathrm{eV}]$$

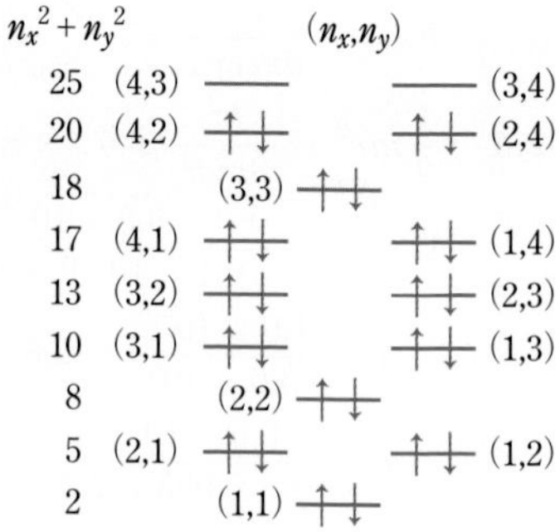

${n_x}^2 + {n_y}^2$	(n_x, n_y)				
25	(4,3)	—		—	(3,4)
20	(4,2)	↑↓		↑↓	(2,4)
18			(3,3) ↑↓		
17	(4,1)	↑↓		↑↓	(1,4)
13	(3,2)	↑↓		↑↓	(2,3)
10	(3,1)	↑↓		↑↓	(1,3)
8			(2,2) ↑↓		
5	(2,1)	↑↓		↑↓	(1,2)
2			(1,1) ↑↓		

2.7 $r = a$，$\theta = 90^\circ$ より，$\nabla^2 = \dfrac{1}{a^2}\dfrac{\mathrm{d}^2}{\mathrm{d}\phi^2}$ となる．

したがって，シュレーディンガー方程式は

$$\frac{\mathrm{d}^2}{\mathrm{d}\phi^2}\psi = -\frac{8\pi^2 ma^2}{h^2}E\psi = -{m_l}^2\psi$$

であり，

$${m_l}^2 = \frac{8\pi^2 ma^2}{h^2}E$$

とおくと，一般解は $\psi = Ae^{im_l\phi} + Be^{-im_l\phi}$ と表せる．

円周上での周期的境界条件より，$\psi(\phi) = \psi(\phi + 2\pi)$ であるので，

$$\psi(\phi+2\pi) = Ae^{im_l(\phi+2\pi)} + Be^{-im_l(\phi+2\pi)} = e^{2\pi im_l}Ae^{im_l\phi} + e^{-2\pi im_l}Be^{im_l\phi} = \psi(\phi)$$

したがって，$e^{2\pi m_l i} = e^{-2\pi m_l i} = 1$ を満たすには m_l が整数であればよいので，$m_l = 0, \pm1, \pm2, \cdots$ とおける．$e^{im_l\phi}$ と $e^{-im_l\phi}$ は回転方向の異なる運動であるので，m_l の符号を考慮すれば，$\psi = Ae^{im_l\phi}$ の一方のみを考えればよい．

また，規格化条件より

$$\int \psi^*\psi\,\mathrm{d}\tau = \int \psi^*\psi a\,\mathrm{d}\phi = A^2 a\int_0^{2\pi}\mathrm{d}\phi = A^2 2\pi a = 1, \qquad A = \sqrt{\frac{1}{2\pi a}}$$

したがって，求める波動関数とエネルギーは

$$\psi = \sqrt{\frac{1}{2\pi a}}e^{im_l\phi} \quad (m_l = 0, \pm1, \pm2, \cdots)$$

$$E = \frac{h^2}{8\pi^2 ma^2}{m_l}^2$$

である．

2.8 上記の円環モデルで表すと，ベンゼンの π 電子は右図のようなエネルギー準位を示すので，HOMO は $m_l = \pm1$，LUMO は $m_l = \pm2$ の準位となる．したがって，

$m_l = \pm3$
$m_l = \pm2$
$m_l = \pm1$
$m_l = 0$

$$\Delta E = \frac{h^2}{8\pi^2 ma^2}(4-1) = 5.8\,[\mathrm{eV}]$$

2.9 $\langle x\rangle = \dfrac{2}{a}\displaystyle\int_0^a \sin^2\left(\frac{n\pi}{a}x\right)x\,\mathrm{d}x = \frac{a}{2}$

$$\langle x^2\rangle = \frac{2}{a}\int_0^a \sin^2\left(\frac{n\pi}{a}x\right)x^2\,\mathrm{d}x = \frac{a^2}{3} - \frac{a^2}{2n^2\pi^2}$$

$$\langle p\rangle = \frac{2}{a}\int_0^a \sin\left(\frac{n\pi}{a}x\right)\left(-i\frac{h}{2\pi}\frac{\mathrm{d}}{\mathrm{d}x}\right)\sin\left(\frac{n\pi}{a}x\right)\mathrm{d}x$$

$$= -i\frac{nh}{a^2}\int_0^a \sin\left(\frac{n\pi}{a}x\right)\cos\left(\frac{n\pi}{a}x\right)\mathrm{d}x = 0$$

$$\langle p^2 \rangle = \frac{2}{a}\int_0^a \sin\left(\frac{n\pi}{a}x\right)\left(-\frac{h^2}{4\pi^2}\frac{\mathrm{d}^2}{\mathrm{d}x^2}\right)\sin\left(\frac{n\pi}{a}x\right)\mathrm{d}x$$
$$= \frac{n^2h^2}{2a^3}\int_0^a \sin^2\left(\frac{n\pi}{a}x\right)\mathrm{d}x = \frac{n^2h^2}{4a^2}$$

2.10 上記の結果を用いると，不確かさは

$$\Delta x = \sqrt{\langle x^2\rangle - \langle x\rangle^2} = \sqrt{\frac{a^2}{3} - \frac{a^2}{2n^2\pi^2} - \frac{a^2}{4}} = \frac{a}{4\pi}\sqrt{\frac{4\pi^2}{3} - \frac{8}{n^2}}$$

$$\Delta p = \sqrt{\langle p^2\rangle - \langle p\rangle^2} = \sqrt{\frac{n^2h^2}{4a^2}} = \frac{nh}{2a}$$

と書ける．したがって，

$$\Delta x\Delta p = \frac{a}{4\pi}\sqrt{\frac{4\pi^2}{3} - \frac{8}{n^2}}\,\frac{nh}{2a} = \frac{h}{8\pi}\sqrt{\frac{4n^2\pi^2}{3} - 8} > \frac{h}{8\pi}\sqrt{\frac{4\pi^2}{3} - 8}$$
$$> \frac{h}{4\pi}\sqrt{3-2} = \frac{h}{4\pi}$$

が成立する．

章末問題 3

3.1 $N_{\max}(n) = 2\sum_{l=0}^{n-1}(2l+1) = 2n^2$

3.2 $\lambda(n=3 \leftarrow n=2) = \dfrac{1}{\dfrac{R_\infty}{4} - \dfrac{R_\infty}{9}} = 656\,\mathrm{nm}$

3.3 $\lambda(\mathrm{Li}) = 671\,\mathrm{nm}$ (赤色)，$\lambda(\mathrm{Na}) = 588\,\mathrm{nm}$ (黄色).

3.4 $\mathrm{He_2}$ では，$1\sigma^*$ にも電子が 2 個入る．

3.5 $2\mathrm{p}_x$ 軌道と $2\mathrm{p}_y$ 軌道を表現する波動関数をそれぞれ p_x，p_y とおくと，p_{+1} と p_{-1} の線形結合をとることにより

$$p_x = -\frac{1}{\sqrt{2}}(p_{+1} - p_{-1}) = \frac{1}{4\sqrt{2\pi}}a_0^{-\frac{3}{2}}\rho \mathrm{e}^{-\frac{\rho}{2}}\sin\theta\cos\phi$$

$$p_y = \frac{i}{\sqrt{2}}(p_{+1} + p_{-1}) = \frac{1}{4\sqrt{2\pi}}a_0^{-\frac{3}{2}}\rho \mathrm{e}^{-\frac{\rho}{2}}\sin\theta\sin\phi$$

が得られる．

3.6 次ページの図のようになる．

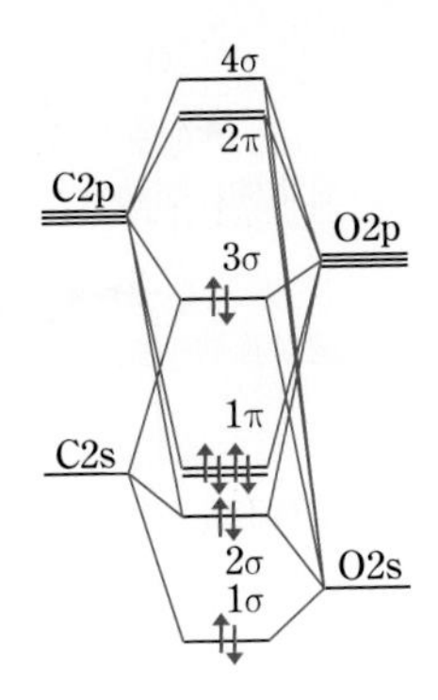

3.7 $(\pm 1, \pm 1, \pm 1)$ の位置を結ぶ立方体を考え，原点からその互い違いの頂点の方向に向いている (下図参照).

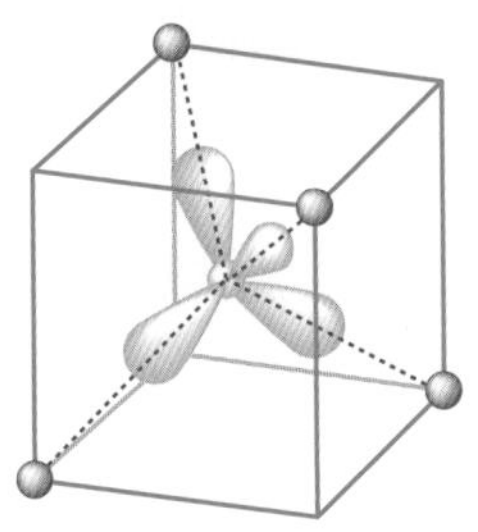

3.8 1 mol あたりで考え，各同位体の質量が質量数に等しいと近似すると，$^{1}H^{35}Cl$, $^{2}H^{35}Cl$, $^{1}H^{37}Cl$ の換算質量は，それぞれ，0.97222 g，1.8919 g，0.97368 g であり，式 (3.11) より波数は換算質量の平方根に反比例するので，$^{1}H^{35}Cl$ の波数が $2886\,\mathrm{cm}^{-1}$ であれば，$^{2}H^{35}Cl$ の波数は

$$2886\,\mathrm{cm}^{-1} \times \sqrt{\frac{0.97222\,\mathrm{g}}{1.8919\,\mathrm{g}}} = 2069\,\mathrm{cm}^{-1}$$

また，$^{1}H^{37}Cl$ の波数は

$$2886\,\mathrm{cm}^{-1} \times \sqrt{\frac{0.97222\,\mathrm{g}}{0.97368\,\mathrm{g}}} = 2884\,\mathrm{cm}^{-1}$$

と計算できる.

3.9 次ページの図のようになる.

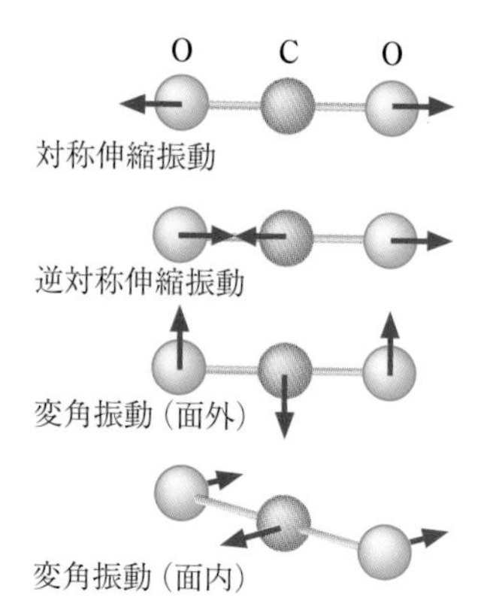

3.10 670 cm^{-1} 付近：CO_2 の変角，1600 cm^{-1} 付近：H_2O の変角，2350 cm^{-1} 付近：CO_2 の逆対称伸縮，3660 cm^{-1} 付近：H_2O の対称伸縮，3760 cm^{-1} 付近：H_2O の逆対称伸縮.

章末問題 4

4.1 H_2O_2 の分子構造は下図のようになる．よって，対称心を持たない．

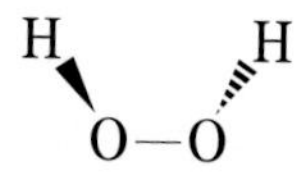

4.2 C_2 が 3 つ，σ が 3 つ，i が 1 つ．

4.3 3 回対称軸を 1 つ，鏡映面を 3 つ持つもので，CH_3Cl と $CHCl_3$.

4.4 C 原子の sp^3 混成軌道を含む．鏡映面を 1 つ持つ．

4.5 C_2 を 1 つ，σ を 2 つ持つもので，H_2O，CH_2Cl_2，cis-1, 2-dichloroethylene, cyclohexane (boat)，chlorobenzene.

4.6 半径が r の剛体球の立方最密充填構造 (面心立方格子) において，単位格子の辺の長さを a とすると $\sqrt{2}a = 4r$ であり，単位格子に含まれる剛体球の数は 4 個であるので，剛体球が占める空間の体積の割合は

$$\frac{\frac{4\pi r^3}{3} \times 4}{a^3} = \frac{16\pi r^3}{3 \times 16\sqrt{2}r^3} = 0.740$$

より 74.0 % になる．

4.7 最密充填構造を形成するイオンの数，八面体間隙，四面体間隙の数の比は 1 : 1 : 2 であるから，組成式は次のようになる．

(1) M_2X_3　(2) MX　(3) MX_2

4.8 図 4.24 を参照.

(1) Na^+：4 個，Cl^-：4 個

(2) 格子定数は最近接の Na^+ と Cl^- の距離の 2 倍だから，0.5628 nm

(3) (4.11) 式に，$N_A = 6.022 \times 10^{23}\,\mathrm{mol^{-1}}$，$M = 1.748$，$Z = 1$，$e = 1.602 \times 10^{-19}\,\mathrm{C}$，$\varepsilon_0 = 8.854 \times 10^{-12}\,\mathrm{m^{-3}\,kg^{-1}\,s^2\,C^2}$，$r_e = 0.2814\,\mathrm{nm}$，$d = 34.5\,\mathrm{pm}$ を代入すると，$757\,\mathrm{kJ\,mol^{-1}}$ を得る.

4.9 (4.12) 式を用い，表の値を代入すると，$\Delta H_L = 719\,\mathrm{kJ\,mol^{-1}}$ が得られる.

4.10 (1) GaAs は 13 族と 15 族からなる化合物半導体である．16 族元素を添加するとこれは 15 族の As と置換し，16 族元素の方が価電子の数が 1 個多いため，これが電気伝導に寄与し，n 型半導体となる.

(2) 発光の波長は GaN の方が短いので，GaN の方がエネルギーギャップは大きい.

章末問題 5

5.1 $1\,\mathrm{bar} = 10^5\,\mathrm{Pa}$ より，$950\,\mathrm{hPa} = 950 \times 100\,\mathrm{Pa} = 9.50 \times 10^4\,\mathrm{Pa} = 0.950\,\mathrm{bar} = 950\,\mathrm{mbar}$

$1\,\mathrm{atm} = 1.0133\,\mathrm{bar}$ より，$0.950\,\mathrm{bar} = 0.950/1.0133\,\mathrm{atm} = 0.938\,\mathrm{atm}$

5.2 $PV = nRT$ より, $n = \dfrac{\dfrac{736}{760} \times 1}{0.08206 \times 288} = 0.0410\,\mathrm{mol}$, $\dfrac{5.380}{0.0410} = 131\,\mathrm{g\,mol^{-1}}$

5.3 理想気体の状態方程式：$P = \dfrac{nRT}{V} = 20.5\,\mathrm{atm}$

ファンデルワールスの状態方程式：$P = \dfrac{nRT}{V - nb} - \dfrac{n^2 a}{V^2} = 20.3\,\mathrm{atm}$

5.4 モル体積 V_m を用いると，ファンデルワールス方程式は，$P = \dfrac{RT}{V_m - b} - \dfrac{a}{{V_m}^2}$

臨界点では, $\dfrac{dP}{dV_m} = -\dfrac{RT}{(V_m - b)^2} + \dfrac{2a}{{V_m}^3} = 0$ かつ $\dfrac{d^2P}{d{V_m}^2} = \dfrac{2RT}{(V_m - b)^3} - \dfrac{6a}{{V_m}^4} = 0$ であるから，臨界定数は次のように得られる.

臨界体積：$V_c = 3b$，臨界温度：$T_c = \dfrac{8a}{27Rb}$，臨界圧力：$P_c = \dfrac{a}{27b^2}$

5.5 モル体積 V_m を用いたファンデルワールス方程式を圧縮因子 Z のかたちで表現すると,

$$Z = \frac{PV_m}{RT} = \frac{V_m}{V_m - b} - \frac{a}{RTV_m} = \frac{1}{1 - \dfrac{b}{V_m}} - \frac{a}{RT} \cdot \frac{1}{V_m}$$

排除体積 b は V_{m} に比べて十分に小さいので，$\dfrac{1}{1-\dfrac{b}{V_{\mathrm{m}}}} = 1 + \dfrac{b}{V_{\mathrm{m}}} + \left(\dfrac{b}{V_{\mathrm{m}}}\right)^2 + \cdots$ であるから，

$$Z = \frac{PV_{\mathrm{m}}}{RT} = 1 + \left(b - \frac{a}{RT}\right)\frac{1}{V_{\mathrm{m}}} + \left(\frac{b}{V_{\mathrm{m}}}\right)^2 + \cdots$$

$V_{\mathrm{m}} = \dfrac{V}{n}$ であるから，$Z = \dfrac{PV}{nRT} = 1 + \left(b - \dfrac{a}{RT}\right)\dfrac{n}{V} + b^2\left(\dfrac{n}{V}\right)^2 + \cdots$

以上より，ビリアル係数は次のように表される．

第 2 ビリアル係数：$B = b - \dfrac{a}{RT}$，第 3 ビリアル係数：$C = b^2$

5.6 (1) 5.1.2 節で得られた式 $PV = \dfrac{1}{3}Nm\langle v^2\rangle = nRT$ を，分子量 M を用いて書きかえると，

$$\frac{1}{3}nM\langle v^2\rangle = nRT \quad \therefore \quad \langle v^2\rangle = \frac{3RT}{M}$$

よって，根平均 2 乗速度 v_{rms} は，$v_{\mathrm{rms}} = \sqrt{\langle v^2\rangle} = \sqrt{\dfrac{3RT}{M}}$

(2) 5.2.3 節で得られたマクスウエル-ボルツマン分布の式 $F(v)$ を用いると，平均速度 $\langle v\rangle$ は，

$$\langle v\rangle = \int_0^\infty vF(v)\,\mathrm{d}v = 4\pi\left(\frac{M}{2\pi RT}\right)^{3/2}\int_0^\infty v^3\mathrm{e}^{-\frac{Mv^2}{2RT}}\,\mathrm{d}v$$

$$= 4\pi\left(\frac{M}{2\pi RT}\right)^{3/2} \times \frac{1}{2}\left(\frac{2RT}{M}\right)^2 = \sqrt{\frac{8RT}{\pi M}}$$

(3) 最確速度 v_{mp} はマクスウエル-ボルツマン分布の式 $F(v)$ が極大値を与える速度である．よって，$v = v_{\mathrm{mp}}$ のとき $\dfrac{\mathrm{d}F(v)}{\mathrm{d}v} = 0$ であるから，

$$4\pi\left(\frac{M}{2\pi RT}\right)^{3/2}\left[2v_{\mathrm{mp}}\mathrm{e}^{-\frac{Mv_{\mathrm{mp}}{}^2}{2RT}}\left(1 - \frac{Mv_{\mathrm{mp}}{}^2}{2RT}\right)\right] = 0, \quad 1 - \frac{Mv_{\mathrm{mp}}{}^2}{2RT} = 0,$$

$$\therefore \quad v_{\mathrm{mp}} = \sqrt{\frac{2RT}{M}}$$

5.7 等温可逆膨張 (I)，断熱可逆膨張 (II)，等温可逆圧縮 (III)，断熱可逆圧縮 (IV) の 4 つの過程で系が吸収した熱量はそれぞれ $q_{\mathrm{I}} = RT_1 \ln\dfrac{V_2}{V_1}$，$q_{\mathrm{II}} = 0$，$q_{\mathrm{III}} = RT_2 \ln\dfrac{V_4}{V_3} = -RT_2 \ln\dfrac{V_2}{V_1}$，$q_{\mathrm{IV}} = 0$ である．

よって，1 サイクルの循環を経て系が吸収した正味の熱量 q は $q = q_{\mathrm{I}} + q_{\mathrm{II}} + q_{\mathrm{III}} + q_{\mathrm{IV}} = R(T_1 - T_2)\ln\dfrac{V_2}{V_1}$.

循環過程を経ても内部エネルギーの変化は生じないから，1サイクルの循環を経て系になされた正味の仕事 w は，$w = -q = -R(T_1 - T_2)\ln\dfrac{V_2}{V_1}$.
熱機関の効率は，熱機関が吸収した熱量のうち，熱機関がした仕事へとどれだけ変換されたかの割合にあたるから，カルノーサイクルの効率 η は $\eta = \dfrac{-w}{q_\mathrm{I}} =$

$$\frac{R(T_1 - T_2)\ln\dfrac{V_2}{V_1}}{RT_1\ln\dfrac{V_2}{V_1}} = \frac{T_1 - T_2}{T_1} = 1 - \frac{T_2}{T_1}$$

5.8 $H_2(g) + Br_2(l) \longrightarrow 2\,HBr(g)$：$\Delta_r n = 1$，$\Delta_r H^\circ = 398\,\mathrm{kJ\,mol^{-1}}$，$\Delta_r U = \Delta_r H^\circ - \Delta_r nRT = 395.5\,\mathrm{kJ\,mol^{-1}}$
$H_2(g) + Br_2(g) \longrightarrow 2\,HBr(g)$：$\Delta_r n = 0$，$\Delta_r H^\circ = 367.1\,\mathrm{kJ\,mol^{-1}}$，$\Delta_r U = \Delta_r H^\circ - \Delta_r nRT = 367.1\,\mathrm{kJ\,mol^{-1}}$

5.9 ① $\Delta S = R\ln\dfrac{V_2}{V_1} = 5.76\,\mathrm{J\,K^{-1}\,mol^{-1}}$

② $\Delta S = R\ln\dfrac{P_1}{P_2} = 19.1\,\mathrm{J\,K^{-1}\,mol^{-1}}$

5.10 エントロピーの温度変化は $S(T_2) - S(T_1) = \displaystyle\int_{T_1}^{T_2}\frac{\delta q}{T} = \int_{T_1}^{T_2}\frac{C_P}{T}\,\mathrm{d}T$ より

$$\int_{T_1}^{T_2}\frac{C_P}{T}\,\mathrm{d}T = R\int_{300}^{1000}\left(\frac{0.0564}{T} + 0.0463 - (2.39\times10^{-5})T + (4.81\times10^{-9})T^2\right)\mathrm{d}T$$

$$= 192.5\,\mathrm{J\,K^{-1}}$$

5.11 等比級数となっているから　(a) 40000，(b) 400，(c) 400
温度は $\dfrac{1}{10} = e^{-\frac{5.0\times10^{-22}}{1.38\times10^{-23}\times T}}$　　$\therefore$　$\ln\dfrac{1}{10} = -\dfrac{5.0\times10^{-22}}{1.38\times10^{-23}\times T}$ より，
$T = 16\,\mathrm{K}$

5.12 $\Delta_\mathrm{vap}G^\circ = \Delta_\mathrm{vap}H^\circ - T(\Delta_\mathrm{vap}S^\circ - R\ln P_{\mathrm{H_2O}}) = 1144\,\mathrm{J\,mol^{-1}}$
ギブズエネルギー変化がプラスであるから逆反応 (凝集) が起こる．

5.13 定圧膨張過程 $(P_1, V_1, T_1)\sim(P_1, V_2, T_3)$：

出入りした熱は　$\Delta q = \Delta U - \Delta w = \dfrac{3R}{2}(T_3 - T_1) + P_1(V_2 - V_1)$

エントロピー変化は　$\Delta S = \displaystyle\int_{T_1}^{T_3}\frac{\mathrm{d}U}{T} - \int_{V_1}^{V_2}\frac{\delta w}{T} = \frac{3R}{2}\ln\frac{T_3}{T_1} + R\ln\frac{V_2}{V_1}$

定積過程 $(P_1, V_2, T_3)\sim(P_2, V_2, T_1)$：

出入りした熱は　$\Delta q = \Delta U = \displaystyle\int_{T_3}^{T_1}\frac{3R}{2}\,\mathrm{d}T = \frac{3R}{2}(T_1 - T_3)$

エントロピー変化は　$\Delta S = \int_{T_3}^{T_1} \frac{\mathrm{d}U}{T} = \frac{3R}{2} \ln \frac{T_1}{T_3}$

以上より，$\Delta q = P_1(V_2 - V_1)$,　　$\Delta S = R \ln \frac{V_2}{V_1}$

5.14　$CO(g) + 2\,H_2(g) \rightleftarrows CH_3OH(g)$

$\Delta_r H^\circ = -90.47\,\mathrm{kJ\,mol^{-1}}$,　$\Delta_r S^\circ = -220.2\,\mathrm{J\,mol^{-1}}$,　$\Delta_r G^\circ = -24.9\,\mathrm{kJ\,mol^{-1}}$

よって，$K_P = \mathrm{e}^{-\frac{-24.9\times 10^3}{8.31\times 298}} = \mathrm{e}^{10} = 2.2 \times 10^4$

5.15　物質量がそれぞれ n_A, n_B, n_C の3種類の理想気体 A, B, C の混合によるエントロピーの変化(混合エントロピー)は，$n = n_A + n_B + n_C$ とすると，

$$\Delta S = -nR\left(\frac{n_A}{n}\ln\frac{n_A}{n} + \frac{n_B}{n}\ln\frac{n_B}{n} + \frac{n_C}{n}\ln\frac{n_C}{n}\right)$$

であるから，

$$\Delta S = -8.31 \times (0.78 \times \ln 0.78 + 0.21 \times \ln 0.21 + 0.01 \times \ln 0.01)$$
$$= 4.71\,\mathrm{J\,K^{-1}\,mol^{-1}}$$

章末問題 6

6.1　(1)　$K = \frac{(P_{CO_2})^2}{(P_{CO})^2 P_{O_2}}$ または $K = \frac{[CO_2]^2}{[CO]^2[O_2]}$

(2)　$K = \frac{[Ca^{2+}][HCO_3^-]^2}{P_{CO_2}}$

(3)　$K = P_{CO_2}$

(4)　$K = [Ba^{2+}][SO_4^{2-}]$

(5)　$K = \frac{[H^+][HCOO^-]}{[HCOOH]}$

6.2　溶解度を $x\,\mathrm{mol\,L^{-1}}$ とする．

$AgCl : x = \sqrt{2.8 \times 10^{-10}} = 1.7 \times 10^{-5}\,\mathrm{mol\,L^{-1}}$

$Ag_2CrO_4 : x = \sqrt[3]{\frac{1.9 \times 10^{-12}}{4}} = 7.8 \times 10^{-5}\,\mathrm{mol\,L^{-1}}$

$Ca_3(PO_4)_2 : x = \sqrt[5]{\frac{1.3 \times 10^{-32}}{108}} = 1.6 \times 10^{-7}\,\mathrm{mol\,L^{-1}}$

Ag_2CrO_4 の溶解度がもっとも高い．

6.3　①　水の解離による H^+ の付加が無視できるので，$[H^+] = 2.0\times 10^{-3}\,\mathrm{mol\,L^{-1}}$．

②　水の解離によりもたらされる H^+ 濃度を $x\,\mathrm{mol\,L^{-1}}$ とすると，次式が成立する．

$$[H^+][OH^-] = (2.0 \times 10^{-7} + x)x = K_w = 1.0 \times 10^{-14}$$

したがって，$x = 4.1 \times 10^{-8}$ (mol L^{-1})，$[H^+] = 2.4 \times 10^{-7}$ mol L^{-1}.

③ (6.6) 式から $[H^+] = \sqrt{(2.0 \times 10^{-1}) \times (1.7 \times 10^{-5})} = 1.8 \times 10^{-3}$ mol L^{-1}.

④ 水の解離による H^+ の付加は無視できる．酢酸の解離によりもたらされる H^+ 濃度を x mol L^{-1} とすると，次式が成立する．

$$\frac{[H^+][CH_3COO^-]}{[CH_3COOH]} = \frac{(2.0 \times 10^{-3} + x)x}{2.0 \times 10^{-1} - x} = K_a = 1.7 \times 10^{-5}$$

したがって，$x = 1.1 \times 10^{-3}$，$[H^+] = 3.1 \times 10^{-3}$ mol L^{-1}.

6.4 (1) 銀板電極の電位 E_{Ag} は，0.76 V．銅版電極の電位 E_{Cu} は，0.28 V．したがって，正極は銀板電極.

(2) 0.48 V

(3) $2\,Ag^+ + Cu \longrightarrow 2\,Ag + Cu^{2+}$

(4) $\log K = \dfrac{n\Delta E^\circ}{0.0591}$ より $K = 10^{15.6} = 3.7 \times 10^{15}$

(5) 銀イオンの濃度を 10 倍にして，2.0 mol L^{-1} にする．あるいは銅イオンの濃度を $\dfrac{1}{100}$ にして，1.0×10^{-4} mol L^{-1} にする.

6.5 (1) 反応後の Ce^{3+} の濃度を x mol L^{-1} とすると，次式が成立する．

$$E = E^\circ{}_{Fe} - \frac{RT}{F}\ln\frac{0.05 - x}{x}, \quad E = E^\circ{}_{Ce} - \frac{RT}{F}\ln\frac{x}{0.05 - x}$$

したがって，$E = 1.26$ V.

(2) 反応後の Mn^{2+} の濃度を x mol L^{-1} とすると，次式が成立する．

$$E = E^\circ{}_{Fe} - \frac{RT}{F}\ln\frac{0.05 - 5x}{5x}, \quad E = E^\circ{}_{Mn} - \frac{RT}{5F}\ln\frac{x}{0.01 - x}$$

したがって，$E = 1.39$ V.

(3) 反応後の A' の濃度を x mol L^{-1} とすると，次式が成立する．

$$E = E^\circ{}_{A} - \frac{RT}{mF}\ln\frac{2mx}{1 - 2mx}, \quad E = E^\circ{}_{B} - \frac{RT}{nF}\ln\frac{1 - 2mx}{2mx}$$

したがって，$E = \dfrac{mE^\circ{}_A + nE^\circ{}_B}{m + n}$.

6.6 反応速度式は $-\dfrac{1}{2}\dfrac{d[NO]}{dt} = k[NO]^2[Cl_2]$ と表される．

(1) 2.5 秒

(2) 2.5 秒

6.7 この反応の半減期を $T_{1/2}$ とすると，$T_{1/2} = 400$ (秒)．したがって，$k = 1.7 \times 10^{-3}$ (s^{-1})．反応速度式は $-\dfrac{d[N_2O_5]}{dt} = 1.7 \times 10^{-3}\,[N_2O_5]$ (mol L^{-1} s^{-1}).

6.8 第1段階目と第2段階目の反応が平衡にあり，第3段階目の反応が律速段階であるから

$$\frac{[\mathrm{Cl}]^2}{[\mathrm{Cl_2}]} = K_1, \quad \frac{[\mathrm{COCl}]}{[\mathrm{Cl}][\mathrm{CO}]} = K_2, \quad \frac{\mathrm{d}[\mathrm{COCl_2}]}{\mathrm{d}t} = k[\mathrm{COCl}][\mathrm{Cl_2}]$$

したがって，$\dfrac{\mathrm{d}[\mathrm{COCl_2}]}{\mathrm{d}t} = kK_1{}^{1/2}K_2[\mathrm{CO}][\mathrm{Cl_2}]^{3/2}$.

6.9 (1) 縦軸の値を $\ln k$，横軸の値を $\dfrac{1}{T}$ にして，表の値をもとにグラフを描く．すると，回帰式が $\ln k = -6.44 \times 10^3 \dfrac{1}{T} + 23.82$ の直線が得られる．したがって (6.19) 式から，$E_\mathrm{a} = 5.35 \times 10^4\ \mathrm{J\,mol^{-1}}$，$A = 2.21 \times 10^{10}\ \mathrm{L\,mol^{-1}\,s^{-1}}$.

(2) $k = 1.10 \times 10^3\ \mathrm{L\,mol^{-1}\,s^{-1}}$

6.10 (1) $\dfrac{\mathrm{d}[\mathrm{P}]}{\mathrm{d}t} = \dfrac{1}{2}k_2[\mathrm{E}]_\mathrm{T}$ のとき $[\mathrm{S}] = K_\mathrm{m}$，$\dfrac{\mathrm{d}[\mathrm{P}]}{\mathrm{d}t} = \dfrac{2}{3}k_2[\mathrm{E}]_\mathrm{T}$ のとき $[\mathrm{S}] = 2K_\mathrm{m}$，$\dfrac{\mathrm{d}[\mathrm{P}]}{\mathrm{d}t} = \dfrac{3}{4}k_2[\mathrm{E}]_\mathrm{T}$ のとき $[\mathrm{S}] = 3K_\mathrm{m}$

(2) 1段階目の反応が平衡で，2段階目の反応が律速段階だから，次式が成立する．

$$\frac{[\mathrm{ES}]}{[\mathrm{E}][\mathrm{S}]} = K, \qquad \frac{\mathrm{d}[\mathrm{P}]}{\mathrm{d}t} = k[\mathrm{ES}]$$

$[\mathrm{E}]_\mathrm{T}$ は $[\mathrm{E}]_\mathrm{T} = [\mathrm{E}] + [\mathrm{ES}]$ である．したがって，$\dfrac{\mathrm{d}[\mathrm{P}]}{\mathrm{d}t} = \dfrac{k[\mathrm{E}]_\mathrm{T}[\mathrm{S}]}{[\mathrm{S}] + \dfrac{1}{K}}$

索　引

な 行

は 行

ま 行

ら 行

物理化学要論 —理系常識としての化学— 第 3 版

2015 年 6 月 30 日　第 1 版　第 1 刷　発行
2016 年 3 月 30 日　第 2 版　第 1 刷　発行
2019 年 3 月 30 日　第 2 版　第 2 刷　発行
2024 年 3 月 20 日　第 3 版　第 1 刷　印刷
2024 年 3 月 30 日　第 3 版　第 1 刷　発行

編　者　田中勝久　中村敏浩
著　者　加藤立久　大北英生　馬場正昭　杉山雅人
発行者　発 田 和 子
発行所　株式会社　学術図書出版社

〒113−0033　東京都文京区本郷 5 丁目 4 の 6
TEL 03−3811−0889　振替 00110−4−28454
印刷　三美印刷 (株)

定価はカバーに表示してあります.

ISBN978−4−7806−1179−3　C3041

物理定数	
真空中の光速度	$c = 2.99792 \times 10^{8}$ m s^{-1}
電気素量	$e = 1.60218 \times 10^{-19}$ C
電子の静止質量	$m_{\mathrm{e}} = 9.10938 \times 10^{-31}$ kg
陽子の静止質量	$m_{\mathrm{p}} = 1.67262 \times 10^{-27}$ kg
中性子の静止質量	$m_{\mathrm{n}} = 1.67493 \times 10^{-27}$ kg
プランク（Planck）定数	$h = 6.62607 \times 10^{-34}$ J s
真空の誘電率	$\varepsilon_0 = 8.85419 \times 10^{-12}$ C^2 N^{-1} m^{-2}
	$\left(\dfrac{e^2}{4\pi\varepsilon_0} = 2.30709 \times 10^{-28}\ \mathrm{N\ m^2}\right)$
ボーア（Bohr）半径	$a_0 = 5.29177 \times 10^{-11}$ m $= 0.529177$ Å
アボガドロ（Avogadro）定数	$N_{\mathrm{A}} = 6.02214 \times 10^{23}$ mol^{-1}
気体定数	$R = 8.31446$ J K^{-1} mol^{-1}
ボルツマン（Boltzmann）定数	$k_{\mathrm{B}} = 1.38065 \times 10^{-23}$ J K^{-1}
ファラデー（Faraday）定数	$F = 9.64853 \times 10^{4}$ C mol^{-1}
重力加速度（緯度 45°）	$g = 9.81$ m s^{-2}

エネルギー単位の換算

	J	kJ mol^{-1}	eV	cm^{-1}	Hz
1 J	1	6.02214×10^{20}	6.24151×10^{18}	5.03412×10^{22}	1.50919×10^{33}
1 kJ mol^{-1}	1.66054×10^{-21}	1	1.03643×10^{-2}	83.5935	2.50607×10^{12}
1 eV	1.60218×10^{-19}	96.4853	1	8065.55	2.41799×10^{14}
1 cm^{-1}	1.98645×10^{-23}	1.19627×10^{-2}	1.23984×10^{-4}	1	2.99793×10^{10}
1 Hz	6.62607×10^{-34}	3.99031×10^{-13}	4.13567×10^{-15}	3.33564×10^{-11}	1

単位の換算

1 L = 10^{-3} m^3，1 mL = 10^{-6} m^3

1 atm = 1.01325 bar = 101325 Pa（1 atm ≅ 76 cm Hg，1 bar ≅ 75 cm Hg）

1 cal = 4.184 J

1 Å = 100 pm = 0.1 nm

1 u = 1.66054×10^{-27} kg（原子質量単位）

元 素 の

原子量 a)：9.012
元素記号：Be
原子番号：4
元素名：ベリリウム
電子配置：[He]2s^2
第一イオン化エネルギー(eV)：9.32
電気陰性度（ポーリング）：1.5

□ は典型元
■ は遷移元

周期＼族	1	2	3	4	5	6	7	8	9
1	1.008 $_1$H 水素 1s^1 13.60 2.2								
2	6.941 $_3$Li リチウム [He]2s^1 5.39 1.0	9.012 $_4$Be ベリリウム [He]2s^2 9.32 1.5							
3	22.99 $_{11}$Na ナトリウム [Ne]3s^1 5.14 0.9	24.31 $_{12}$Mg マグネシウム [Ne]3s^2 7.65 1.2							
4	39.10 $_{19}$K カリウム [Ar]4s^1 4.34 0.8	40.08 $_{20}$Ca カルシウム [Ar]4s^2 6.11 1.0	44.96 $_{21}$Sc スカンジウム [Ar]3d^{1}4s^2 6.54 1.3	47.87 $_{22}$Ti チタン [Ar]3d^{2}4s^2 6.82 1.5	50.94 $_{23}$V バナジウム [Ar]3d^{3}4s^2 6.74 1.6	52.00 $_{24}$Cr クロム [Ar]3d^{5}4s^1 6.77 1.6	54.94 $_{25}$Mn マンガン [Ar]3d^{5}4s^2 7.44 1.5	55.85 $_{26}$Fe 鉄 [Ar]3d^{6}4s^2 7.87 1.8	58.93 $_{27}$Co コバル [Ar]3d^7 7.86
5	85.47 $_{37}$Rb ルビジウム [Kr]5s^1 4.18 0.8	87.62 $_{38}$Sr ストロンチウム [Kr]5s^2 5.70 1.0	88.91 $_{39}$Y イットリウム [Kr]4d^{1}5s^2 6.38 1.2	91.22 $_{40}$Zr ジルコニウム [Kr]4d^{2}5s^2 6.84 1.4	92.91 $_{41}$Nb ニオブ [Kr]4d^{4}5s^1 6.88 1.6	95.95 $_{42}$Mo モリブデン [Kr]4d^{5}5s^1 7.10 1.8	(99) $_{43}$Tc テクネチウム [Kr]4d^{6}5s^1 7.28 1.9	101.1 $_{44}$Ru ルテニウム [Kr]4d^{7}5s^1 7.37 2.2	102.9 $_{45}$Rh ロジウ [Kr]4d^8 7.46
6	132.9 $_{55}$Cs セシウム [Xe]6s^1 3.89 0.7	137.3 $_{56}$Ba バリウム [Xe]6s^2 5.21 0.9	57〜71 ランタノイド	178.5 $_{72}$Hf ハフニウム [Xe]4f^{14}5d^{2}6s^2 6.78 1.3	180.9 $_{73}$Ta タンタル [Xe]4f^{14}5d^{3}6s^2 7.40 1.5	183.8 $_{74}$W タングステン [Xe]4f^{14}5d^{4}6s^2 7.60 1.7	186.2 $_{75}$Re レニウム [Xe]4f^{14}5d^{5}6s^2 7.76 1.9	190.2 $_{76}$Os オスミウム [Xe]4f^{14}5d^{6}6s^2 8.28 2.2	192.2 $_{77}$Ir イリジウ [Xe]4f^{14}5d 9.02
7	(223) $_{87}$Fr フランシウム [Rn]7s^1 4.0 0.7	(226) $_{88}$Ra ラジウム [Rn]7s^2 5.28 0.9	89〜103 アクチノイド	(267) $_{104}$Rf ラザホージウム [Rn]5f^{14}6d^{2}7s^2	(268) $_{105}$Db ドブニウム [Rn]5f^{14}6d^{3}7s^2	(271) $_{106}$Sg シーボーギウム [Rn]5f^{14}6d^{4}7s^2	(272) $_{107}$Bh ボーリウム [Rn]5f^{14}6d^{5}7s^2	(277) $_{108}$Hs ハッシウム [Rn]5f^{14}6d^{6}7s^2	(276) $_{109}$Mt マイトネリ [Rn]5f^{14}6d

ランタノイド	138.9 $_{57}$La ランタン [Xe]5d^{1}6s^2 5.58 1.1	140.1 $_{58}$Ce セリウム [Xe]4f^{1}5d^{1}6s^2 5.54 1.1	140.9 $_{59}$Pr プラセオジム [Xe]4f^{3}6s^2 5.46 1.1	144.2 $_{60}$Nd ネオジム [Xe]4f^{4}6s^2 5.53 1.1	(145) $_{61}$Pm プロメチウム [Xe]4f^{5}6s^2 5.58 1.1	150.4 $_{62}$Sm サマリウ [Xe]4f^6 5.64
アクチノイド	(227) $_{89}$Ac アクチニウム [Rn]6d^{1}7s^2 5.17 1.1	232.0 $_{90}$Th トリウム [Rn]6d^{2}7s^2 6.08 1.3	231.0 $_{91}$Pa プロトアクチニウム [Rn]5f^{2}6d^{1}7s^2 5.89 1.5	238.0 $_{92}$U ウラン [Rn]5f^{3}6d^{1}7s^2 6.19 1.7	(237) $_{93}$Np ネプツニウム [Rn]5f^{4}6d^{1}7s^2 6.27 1.3	(239) $_{94}$Pu プルトニウ [Rn]5f^{6}7s 5.8

a) ここに示した原子量は，各元素の詳しい原子量の値を有効数字 4 桁に四捨五入してつくったもので，IUPAC 原子量委員会で承認されたものである．安定同位体がなく，同位体の天然存在比が一定しない元素は，その元素の代表的な同位体の質量数を（　）の中に示してある．（2018 年，日本化学会原子量委員会の「4 桁の原子量表」による）